纺织服装高等教育“十二五”部委级规划教材

高职高专染整类项目教学系列教材

纺织面料识别与检测

FANGZHI MIANLIAO SHIBIE YU JIANCE

季莉 贺良震 主编

東華大學出版社

内容提要

纺织面料的识别与检测对于纺织品加工的最终质量至关重要。本书以纺织品的形成过程为切入点，以对常见纺织面料的识别和常用指标的检测为依托，系统地叙述了纤维、纱线、面料的相关知识要点，较详细地阐述了纺织产品加工过程中涉及的纺织面料的相关知识。书中设置了多个项目和相关学习任务，可较好地提升学生的专业技术水平和基本技能，为养成学生的职业综合能力奠定良好的基础。

本书可作为高职院校染整类相关专业的教材，也可供纺织贸易企业、印染企业的技术人员学习、参考。

图书在版编目(CIP)数据

纺织面料识别与检测 / 季莉，贺良震主编．—上海：东华大学出版社，2014.3

ISBN 978-7-5669-0447-8

Ⅰ.①纺… Ⅱ.①季… ②贺… Ⅲ.①纺织品—识别 ②纺织品—检测 Ⅳ.①TS107

中国版本图书馆 CIP 数据核字(2014)第 016508 号

责任编辑：张 静
封面设计：李 博

出　　版：东华大学出版社(上海市延安西路 1882 号，200051)
本 社 网 址：http://www.dhupress.net
天猫旗舰店：http://dhdx.tmall.com
营 销 中 心：021-62193056　62373056　62379558
印　　刷：苏州工业园区美柯乐制版印务有限责任公司
开　　本：787 mm×1 092 mm　1/16
印　　张：15.5
字　　数：387 千字
版　　次：2014 年 3 月第 1 版
印　　次：2024 年 9 月第 4 次印刷
书　　号：ISBN 978-7-5669-0447-8
定　　价：59.00 元

前　言

《纺织面料识别与检测》主要作为高职院校染整技术专业的教学用书。染整属于纺织工业大类，纺织纤维、纱线和织物是染整加工的主要对象。因此，深入了解和熟悉染整加工对象，对于进一步提高纺织品的染整加工品质具有重要意义。

南通纺织职业技术学院染整技术专业作为国家示范性高职院校重点建设专业，染整专业的全体教师在教学实践中不断探索适合高职院校学生的学习认知规律和职业成长规律的课程改革新思路，不断加大课程改革和建设的力度，力图通过编写适合染整技术专业各方向发展的教材，进一步突显高职教育“工学结合”的重要特征。在编写过程中，编者通过“项目引领、任务驱动”来体现课程改革基本思路，通过项目化课程设计充分体现高职课程的重要特征。本教材的编写符合高职院校的人才培养目标，通过项目化教材的编写，为课程改革和专业建设奠定基础，做到理论与实际相结合，可以为后续其他专业课程的学习打下坚实的基础。

在编写本教材的过程中，编者按照项目教学的特点安排内容，同时在内容的选取和安排上尽量做到简洁、有效、实用。本教材主要包含两大块内容——纺织面料识别和纺织面料检测。在学习时，可以独立选取用于课程的教学，也可以组合在一起用于课程的教学。本教材可以在学生进行学习的过程中提供全面的指导，通过教、学、做相结合的方式提高学生的学习效果和综合素质。本教材共设计了5个教学项目，在学习过程中，学生可以通过完成任务来进一步理解学习内容，通过完成项目报告，提高学生的书面表达能力，通过小组分工完成各项任务，培养协作精神，通过小组汇报和小组互评，提升个人的语言表达能力。

本教材的项目1、项目2和项目5中的子项目5-1、5-2、5-3、5-5由南通纺织职业技术学院季莉老师编写；项目3由南通纺织职业技术学院季莉老师和南通佳可贸易有限公司陈伟华先生共同编写；项目4由南通纺织职业技术学院贺良震老师编写；项目5中的子项目5-4由南通纺织职业技术学院黄旭老师编写，子项目5-6由南通纺织职业技术学院邵改芹老师编写。全书由季莉老师统稿。

在编写过程中，南通纺织职业技术学院姜生教授、杨晓红副教授和李朝晖副教授提出了许多宝贵建议，在此表示感谢。本书在编写过程中参阅和引用了国内许多专家出版的专业书籍、系列国家标准和相关网站。在此，一并向他们致意并表示衷心的感谢。

由于本书内容涉及范围较广，加之编者水平有限，因此书中不当之处还请广大读者批评指正。

编 者

2014 年 1 月

目　录

项目 1

纤维的识别与检测

学习目标

1. 通过任务 1-1“常见纺织纤维品种鉴别”，学习常见的纺织纤维种类及其性能等相关知识，能识别常见的纺织纤维，学会纤维的鉴别方法，能自主完成常见纺织纤维的鉴别。

2. 通过任务 1-2“纺织纤维定量分析”，学习常见的纺织纤维定量分析方法，能自主完成常见混纺产品的定量分析。

3. 通过任务 1-3“纺织纤维回潮率检测”，学习纺织品含水率、回潮率等相关知识，知道常见纺织纤维的回潮率大小，能自主完成纺织纤维回潮率的检测。

4. 通过任务 1-4“纺织纤维热收缩率检测”，学习热收缩率等相关知识，能自主完成纺织纤维热收缩率的检测。

项目导入

某检验检疫局接连发现 4 批出口针织服装中标示有“BAMBOO”，即竹纤维制造标识。基于美国、加拿大等国家已明令打击含欺骗性宣传的竹纤维产品，该检验检疫局纺织品检测中心通过鉴别分析，最终确定这些产品实际上由再生纤维素纤维中的黏胶纤维构成，有效地帮助企业规避了贸易风险。

无论在纺织印染生产加工中还是在纺织品贸易中，认识和了解纺织纤维的相关性能和常用指标，都是非常重要的。了解纺织原料的组成和投入比，了解纺织纤维的回潮率和热收缩率等指标，才能更好地进行纺织品的染整加工，也是生产出符合客户要求的产品的重要保证。对于服装贸易企业来说，也必须对所生产的服装产品的面料组成进行挂牌说明。因而，在纺织品加工和纺织品检验分析中，常常要对组成织物的纤维成分及其相关性能指标进行检测。

任务分析 >>>

染整加工的对象是纺织品，而纤维是组成纺织品最基本的材料。组成纺织品的纤维的种类很多，纺织品的性能与组成该产品的纤维性能密切相关。熟悉和掌握纺织纤维的种类、性能及其常用指标的检测，可以帮助我们更好地进行生产，确保染整工艺的顺利实施，以及染整产品的最终质量。

和纺织纤维相关的指标较多，根据本教材的特点和实际教学的需要，在本项目的教学过程中选取具有代表性的四个学习任务。通过任务驱动，使学生在完成各个任务的过程中，熟悉纤维品种、性能及其常用指标的检测方法。

任务 1-1　常见纺织纤维品种鉴别

任务 1-1“常见纺织纤维品种鉴别”是本项目的学习重点，也是首项任务。完成常见纺织纤维的品种鉴别，需要明确纺织纤维的种类、常见纺织纤维的性能和特征、纺织纤维的定性检测方法等。

一、基本要求

通过对常见的纤维样品进行观察、接触，增强对纤维的感性认识，了解常见纤维的特征，并借助一定的方法，将常见纤维区分开来。

二、任务准备

1. 教师布置学习任务，将学生分成若干小组。

2. 教师准备好 6～8 种较为常见的纤维样品，并给每一种纤维编号，以便学生对给定的纤维进行观察、分析。

3. 在完成本任务的过程中，各小组应首先明确任务，确定方案，进行小组分工，准备相关材料。通过对本项目中纺织纤维类别、性能、特征和鉴别方法等相关知识的学习，以及上网查阅资料，进一步了解和掌握完成本任务所需知识。在任务实施前各小组需明确以下问题：

(1) 常见的纺织纤维种类有哪些？
(2) 你们所了解的新型纤维有哪些？
(3) 鉴别纺织纤维类别的方法有哪些？
(4) 准备采用哪些方法进行纤维的鉴别？
(5) 是否了解不同种类的纤维采用某一检测方法进行检测时的异同点？
(6) 检测过程中需要观察和记录哪些现象？
(7) 任务实施过程中有哪些需要注意的地方？

三、实施内容

学生分组完成对未知纤维样品的鉴别，及时进行观察和记录。具体包括：

1. 观察纤维样品，按纤维编号记录各自的外观特征和手感，对纤维进行初步分类。

2. 采用燃烧法对各纤维样品进行检测，记录纤维在靠近火焰、在火焰中、离开火焰、燃烧残留物，以及燃烧时的气味等现象，按编号进行试验和现象记录，对纤维进行进一步区分。

3. 采用溶解法对各纤维样品进行检测，记录纤维的溶解特征，按编号进行试验和现象记录，对纤维进行进一步区分。

4. 结合上述方法对提供的纺织纤维进行最终判定。

5. 若通过上述方法还无法将所给纤维区分开，可采用其他方法进一步进行鉴别。

四、实施后记

1. 学生整理实验结果，按要求完成学习任务报告的撰写。

2. 教师进行点评，总结本次任务的完成情况，形成任务总结。

任务1-2 纺织纤维定量分析

任务1-2“纺织纤维定量分析”，是对混纺纱线或织物的各部分纤维及其含量进行鉴别和分析，需要熟悉纺织纤维定量分析方法。通常较多地采用化学分析方法，即采用化学试剂将混纺成分中的一部分纤维溶解并分离出去，比较分离前后的差异，通过计算而求得各组成成分的百分含量。

一、基本要求

通过化学分析法对常见的混纺纱线或织物样品进行定量分析，熟悉常见混纺纱线或织物的定量分析方法。

二、任务准备

1. 教师布置学习任务，将学生分成若干小组。

2. 教师准备好3～4种较为常见的混纺纱线样品，并给每一种纱线样品编号，以便学生对给定的纺织纤维含量进行定量分析。

3. 在完成本任务的过程中，各小组应首先明确任务，确定方案，进行小组分工，准备相关材料。通过对本项目中混纺产品纤维含量分析等相关知识的学习，以及上网查阅资料等，进一步了解和掌握完成本任务所需知识。在任务实施前各小组需明确以下问题：

(1) 各种纺织纤维在碰到不同的化学药品时有何现象？

(2) 对于分给的任务，准备采用什么方法来进行各组分含量的测试？

(3) 测试过程中需要用到哪些化学试剂？这些化学试剂如何进行配制？

(4) 测试过程中需要记录哪些数据？如何进行数据处理？

(5) 任务实施过程中有哪些需要注意的地方？

三、实施内容

学生分组完成对给定混纺产品的纤维含量的分析，及时进行记录和计算。具体包括：

1. 根据分给的任务，选定用来进行测试的方法。
2. 配制分析测试需要用到的各种化学试剂。
3. 根据测试方法进行操作，记录相关数据。
4. 根据记录的相关数据进行数据处理，确定混纺产品中各类纤维的含量。

四、实施后记

1. 学生整理实验结果，按要求完成学习任务报告的撰写。
2. 教师进行点评，总结本次任务的完成情况，形成任务总结。

任务1-3　纺织纤维回潮率测试

任务1-3“纺织纤维回潮率测试”，是对常见的纺织纤维的回潮率进行测试，需要了解回潮率和含水率的区别，熟悉常见纺织纤维的公定回潮率数值，熟悉纺织纤维回潮率测试方法。

一、基本要求

通过对常见的纤维样品的回潮率进行测试，了解回潮率的概念和检测方法，并能通过烘箱法对常见纺织纤维的回潮率进行检测。

二、任务准备

1. 教师布置学习任务，将学生分成若干小组。
2. 教师准备好3～5种较为常见的纤维样品，并对纤维样品进行编号，以便学生对给定的纺织纤维的回潮率进行测试。
3. 在学习本任务的过程中，各小组应首先明确任务，确定方案，进行小组分工，准备相关材料。通过对本项目中纺织纤维回潮率及其检测相关知识的学习，以及上网查阅资料等，进一步了解和掌握完成本任务所需知识。在任务实施前各小组需明确以下问题：

(1) 什么是回潮率？回潮率和含水率有何区别？
(2) 什么是标准回潮率？什么是公定回潮率？
(3) 你们能说出一些纺织纤维的公定回潮率吗？
(4) 测定回潮率可以采用哪些方法？
(5) 使用烘箱法测试回潮率需要用到哪些仪器和材料？
(6) 测试过程中需要记录哪些数据？如何进行数据处理？
(7) 任务实施过程中有哪些需要注意的地方？

三、实施内容

学生分组完成对给定纺织纤维的回潮率的测试，及时进行记录和计算。具体包括：
1. 确定用来进行纺织纤维回潮率测试的方法。
2. 学会使用八篮恒温烘箱、红外线干燥器等测试仪器。

3. 根据测试方法进行操作，记录相关数据。
4. 根据记录的相关数据进行数据处理，确定纺织纤维的回潮率。

四、实施后记

1. 学生整理实验结果，按要求完成学习任务报告的撰写。
2. 教师进行点评，总结本次任务的完成情况，形成任务总结。

任务1-4　纺织纤维热收缩率测试

任务1-4“纺织纤维热收缩率测试”，是对常见化学纤维的热收缩率进行测试，需要了解热收缩率的概念，了解测定纤维热收缩率的意义，熟悉纺织纤维热收缩率测试方法。

一、基本要求

通过对常见的纤维样品的热收缩率进行测试，了解热收缩率的概念和检测方法，并能对常见纺织纤维的热收缩率进行检测。

二、任务准备

1. 教师布置学习任务，将学生分成若干小组。
2. 教师准备好2～3种较为常见的纤维样品，并对纤维样品进行编号，以便学生对给定的纺织纤维的热收缩率进行测试。
3. 在学习本任务的过程中，各小组应首先明确任务，确定方案，进行小组分工，准备相关材料。通过对本项目中纺织纤维的热收缩率及其检测的相关知识的学习，以及上网查阅资料等，进一步了解和掌握完成本任务所需知识。在任务实施前各小组需明确以下问题：

(1) 什么是热收缩率？哪些纤维需要测定热收缩率？
(2) 测定纺织纤维的热收缩率有何意义？
(3) 测定纺织纤维的热收缩率可以采用哪些方法？
(4) 你们计划用何种方法来进行测试？
(5) 测试需要用到哪些仪器和材料？
(6) 测试过程中需要记录哪些数据？如何进行数据处理？
(7) 任务实施过程中有哪些需要注意的地方？

三、实施内容

学生分组完成对给定的纺织纤维的热收缩率的测试，及时进行记录和计算。具体包括：
1. 选择需要进行热收缩率检测的纤维样品。
2. 选择进行热收缩率测试的方法。
3. 根据测试方法进行操作，记录相关数据。

4. 根据记录的相关数据进行数据处理，确定纺织纤维的热收缩率。

四、实施后记

1. 学生整理实验结果，按要求完成学习任务报告的撰写。
2. 教师进行点评，总结本次任务的完成情况，形成任务总结。

知识准备 >>>

要完成上述四个任务，就需要了解纺织纤维的相关知识，包括纤维的分类、纤维的主要性能、纤维的鉴别方法、纤维常用指标的检测方法等。

一、纺织纤维及其分类

1. 纺织纤维

纤维是一种直径为数微米到数十微米或略粗一些，而长度比直径大许多倍（百倍、千倍甚至更多）的纤细物质的统称。自然界中的纤维种类很多，并不是所有的纤维都可以用于纺纱、织布。只有长度远大于直径，且具有一定的柔韧性，可用于生产纺织品（如纱线、绳带、机织物、针织物、非织造布等）的纤维，才能称为纺织纤维。

2. 纺织纤维分类

纺织纤维的种类很多，按习惯和来源通常可分为天然纤维和化学纤维。天然纤维是从自然界或人工养育的动植物上可以直接取得的纤维，如棉、麻、蚕丝和羊毛。化学纤维又分为合成纤维、再生纤维（人造纤维）和无机纤维。合成纤维是采用低分子化学物质为原料，通过有机合成制得合成高分子化合物，再经纺丝加工而制得的纤维，包括涤纶、锦纶、腈纶、氨纶、丙纶、氯纶、维纶等，其中前四种较为常见。再生纤维由天然高分子化合物经物理或化学方法加工而得，在化学组成上与天然高分子化合物基本相同，如黏胶纤维、富强纤维、醋酯纤维、铜氨纤维等，此外还有天丝、莫代尔、大豆纤维和牛奶纤维等。无机纤维是以矿物质为原料制成的化学纤维，如玻璃纤维、陶瓷纤维、金属纤维等。具体分类情况如下：

- 纺织纤维
  - 天然纤维
    - 纤维素纤维（如棉、苎麻、亚麻等）
    - 蛋白质纤维（如蚕丝、羊毛等）
    - 矿物纤维（如石棉等）
  - 化学纤维
    - 再生
      - 纤维素纤维（如黏胶、铜氨等）
      - 蛋白质纤维（如大豆纤维、牛奶纤维等）
    - 合成
      - 常规（如涤纶、锦纶、腈纶、氨纶等）
      - 差别化（如异形纤维、超细纤维、复合纤维等）
      - 功能性（如抗菌纤维、抗静电纤维、抗紫外线纤维等）
    - 无机（如玻璃纤维、陶瓷纤维、金属纤维等）

纺织纤维按长度可分为短纤和长丝。长丝的长度达几十米或上千米，长度较短的纤维称为短纤维。天然纤维中，除蚕丝外，都是短纤。棉纤维长度较短，一般在 50 mm 以下。羊毛纤维稍长，可达 70 mm 以上。化纤可根据需要加工成长丝和短纤，短纤又可分为棉型、毛型和中长纤维。棉型短纤，长度为 30～40 mm，可用于和棉混纺。如把涤纶长丝切断成与棉纤一样长，按比例与棉纱混合后纺成各种纱线，就是涤/棉棉型混纺纱线，适合制作各种涤/棉面料。毛型短纤，长度为 75 mm～150 mm，用于仿毛或与毛混纺。中长纤维，长度有别于棉型短纤和毛型短纤，一般为 40～75 mm。如把长于棉纱而短于羊毛的黏胶、涤纶、腈纶等纤维，按照一定比例混合纺纱，就是混纺中长纤维。

二、常见纺织纤维的主要性能

(一) 天然纤维

1. 棉纤维

棉纤维是世界上分布最广的一种天然纤维，主要成分为纤维素。成熟棉纤维中，纤维素含量高达 90%以上。棉纤维是由两个互相倒置的葡萄糖组成单元结构，结构如下：

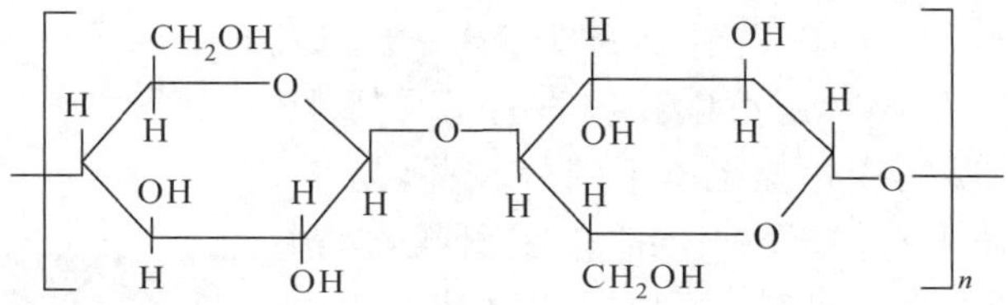

成熟棉纤维的纵向呈扁平带状，具有天然扭曲；横截面呈腰子形或耳状，内有中腔(图 1-1)。棉纤维手感柔软，吸湿性好，具有较高的强度，且湿强大于干强。棉纤维的耐热性较好，耐光性适中。

棉纤维对碱具有较强的承受力。在纺织品染整加工的前处理过程中，退浆、煮练、丝光等工序都用到烧碱。如利用浓碱氢氧化钠，在施加张力的情况下，可对棉织物进行丝光处理。通过丝光工艺可以改善棉纤维的性能，如提高棉纤维的强度、吸附性能和化学反应性，改善织物的光泽和尺寸稳定性。棉纤维对酸的抵抗力较差。在纺织品染整加工过程中也会用到酸来处理织物，如退浆工艺中的碱酸退浆、漂白工艺中的酸洗等。酸会对纤维素大分子中甙键的水解起催化作用，使聚合度降低，纤维受损，因而使用酸处理时必须对工艺条件加以控制。棉纤维在氧化剂存在的条件下会发生氧化，一些氧化剂可以使棉纤维发生严重降解，因此，当棉织物采用氧化剂漂白时必须控制适当的加工条件。

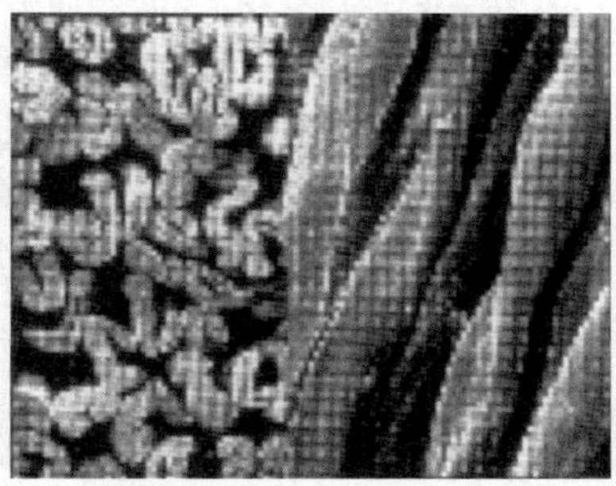

图 1-1　棉纤维的横截面与纵向

2. 麻纤维

麻是世界上最古老的纺织纤维。麻的种类有很多，如苎麻、亚麻、黄麻、剑麻、大麻、罗布麻等。在这些麻纤维中，用于纺织面料的麻纤维主要是苎麻和亚麻，其余麻类纤维多用于制造麻袋、绳索等。

麻纤维同棉一样，其主要成分为纤维素，但纤维素含量低于棉纤维，结构中含有较多的半纤维素和木质素。亚麻纤维纵向有竖纹和横节，截面呈多角形，内有中腔；苎麻纤维纵向有节状凸起，截面多呈椭圆形，也有半圆形、多角形，内有明显中腔(图 1-2)。

麻纤维的取向度和结晶度都高于棉纤维，使得麻类纤维具有较高的强度和较低的伸长。麻纤维光泽好，吸湿放湿快，透气性好，穿着挺爽，特别适合制作夏季服装面料，但易起皱，悬垂性较差，与皮肤接触时有一定的刺痒感。因为麻的主要成分为纤维素，所以在受到酸、碱等化学药品作用时，具有与棉相似的性能。

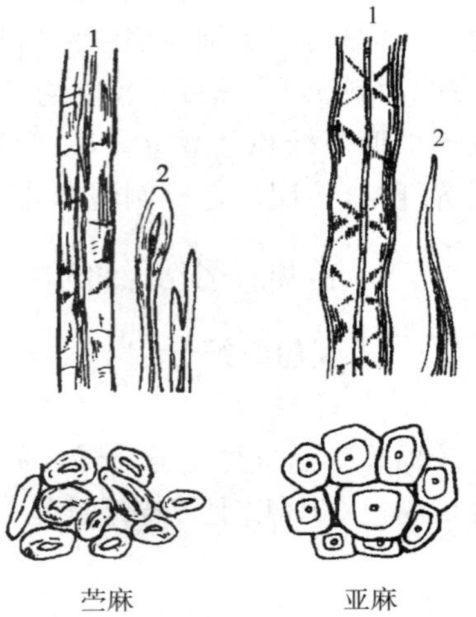

图1-2　苎麻与亚麻纤维的纵向与横截面

3. 毛纤维

(1) 羊毛

通常所说的羊毛一般指绵羊毛。由于绵羊的产地、品种和饲养条件的差异，导致羊毛的品质相差很大。我国的羊毛生产主要在新疆、内蒙古、西藏等地，国外的羊毛生产主要在澳大利亚、新西兰、阿根廷等国。

羊毛在形态结构上可分为三个组成部分：鳞片层、皮质层和髓质层（图1-3）。鳞片层可以保护羊毛不受外界条件的影响而引起性质的变化。粗羊毛鳞片较稀，易紧贴于毛干，使纤维表面光滑，光泽强。细羊毛，纤维细，鳞片紧密，反光小，光泽柔和。此外，鳞片层的存在使羊毛易毡缩。皮质层在鳞片层的里面，是羊毛的主要组成部分，也是决定羊毛物理、化学性质的基本物质。髓质层由结构松散和充满空气的角蛋白细胞组成，细胞间相互联系较差，其含量多少视品种而异：细绒毛无髓质层；较粗的毛中有髓质层，呈连续或不连续的分布。

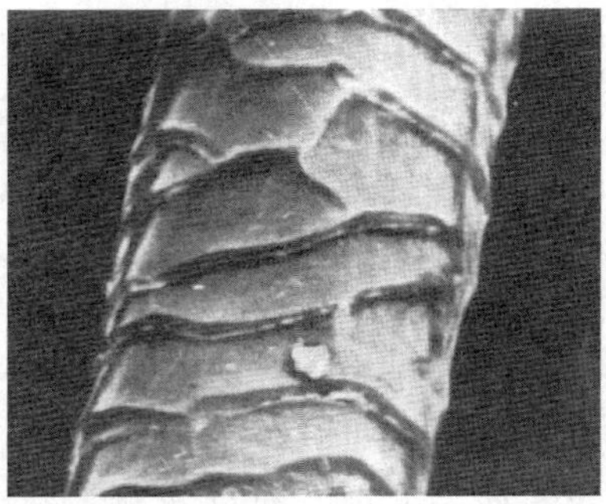

图1-3　电镜下的羊毛纤维

羊毛的吸湿性好，公定回潮率达15%，用手触摸，无潮湿的感觉。羊毛纤维的弹性很好，不易起皱，具有很好的保形性，卷曲蓬松，保暖性好，常用作冬季服装面料。

羊毛是蛋白质纤维，具有既呈酸性又呈碱性的两性性质。羊毛的耐酸性较好，根据酸的类型、浓度高低、温度高低、处理时间长短而不同。例如，80%硫酸溶液，短时间常温下处理，羊毛的强力几乎无损失。稀硫酸的作用比较缓和，煮沸几小时也无大的损伤。所以，常利用这一性质去除夹杂在羊毛纤维中的植物性杂质，在羊毛的染色过程中，也常常用到硫酸、醋酸等。羊毛的耐碱性较差，随着碱浓度的增加、温度的提高、时间的增加，羊毛受到的损伤加大。氧化剂主要用于羊毛的漂白，常用过氧化氢、高锰酸钾等氧化剂。适当的还原剂也经常用于羊毛织物的漂白，如漂毛粉、二氧化硫脲等。卤素对羊毛也具有氧化作用，使羊毛的缩绒性降低，并提高染色速度。生产中常利用这些性质来对羊毛进行防缩处理，使羊毛表面的鳞片变性软化，达到防缩的目的。

羊毛在湿热和化学试剂的作用下，经机械外力反复挤压，纤维集合体逐渐收缩紧密，并相互穿插纠缠的性能，称为羊毛的缩绒性。缩绒可以使羊毛织物具有独特的风格。另一方面，缩绒会使羊毛织物在服用过程中收缩变形。大多数精纺毛织物，经过染整加工，要求纹路清晰，形状稳定。这些都要求减小羊毛的缩绒性。而对于粗纺毛织物，常常利用这一点使织物缩绒，从而使织物具有不露底、绒毛细密平整的特点，具有较好的保暖性。

(2) 其他种类的毛纤维

除羊毛外，还有其他的动物毛，如山羊绒、马海毛、兔毛、牦牛毛、羊驼毛等。这些动物毛/绒纤维，由于产量低、性能优异，通常作为高档纺织原料。这些纤维纯纺或与羊毛等天然纤维混纺或与化学纤维混纺，加工成各种高档机织和针织面料，深受消费者的喜爱。

4. 蚕丝

蚕丝是蚕的腺分泌物在空气中凝固而成的丝状纤维，主要分为桑蚕丝和柞蚕丝。桑蚕丝以桑叶为饲料，是通常意义上所说的真丝。柞蚕丝是在野外柞枫树上放养的蚕所吐的丝，其品质相对较差。

蚕丝纤维主要由丝素和丝胶组成(图1-4)，此外还有一些非蛋白性物质，如脂蜡物质、碳水化合物、色素、矿物质等。在染整加工过程中，利用丝素和丝胶对化学药品的稳定性不同，通过脱胶将丝胶去除，而保留丝素。去除丝胶后的蚕丝截面呈圆角的三角形，使得蚕丝具有非常好的光泽。

蚕丝是高级的纺织原料，有较好的强伸度，纤维细而柔软，平滑，富有弹性，吸湿性好。蚕丝的光泽更是其独特的地方。蚕丝也是两性纤维，结构中同时含有酸性基团和碱性基团。同样，蚕丝耐酸不耐碱，但耐酸性不如羊毛，耐碱性比羊毛稍强，弱的无机酸和有机酸对丝素的作用较稳定，蚕丝的精练通常选用碱性较为缓和的碳酸钠。氧化剂会与丝素中的色氨酸发生作用，生成有色物质，使蚕丝泛黄；含氯的氧化剂还会使蚕丝中的肽链断裂，丝素的聚合度下降，强伸度降低，因而蚕丝织物在染整加工过程中不用次氯酸钠进行漂白。蚕丝的耐光性较差，在日光照射下，蚕丝容易泛黄，强度显著下降，所以蚕丝通常不宜久置于阳光下，蚕丝纤维及其制品更适合阴干。

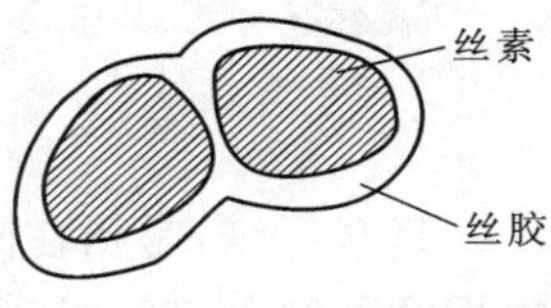

图1-4 桑蚕丝横截面

(二) 化学纤维

1. 化学纤维的分类和命名

按高聚物来源的不同可将化学纤维分为再生纤维和合成纤维。再生纤维是采用天然聚合物为原料，经过化学方法与机械加工而制得，与原聚合物在化学组成上基本相同的纤维，包括再生纤维素纤维(如黏胶、铜氨纤维等，它们都是利用棉短绒、木材、甘蔗渣、芦苇等纤维素制成的)和再生蛋白质纤维(如大豆纤维、牛奶纤维等)。合成纤维是利用煤、石油、天然气、农副产品等制得的低分子化合物为原料，经人工合成与机械加工而制得的纤维，如涤纶、锦纶、腈纶等。

合成纤维按内部组成不同可分为：聚酯纤维，是由有机的二元酸与二元醇经缩聚反应制得的高聚物，大分子中含有酯基；聚酰胺纤维，是分子主链由酰胺键—(CONH)—连接起来的一类合成纤维。其品种很多，有两种分子结构通式：一种是由一种单体缩聚而成的，单体中含有一个端氨基和一个端羧基，其命名采用数字标号法，即以单元结构中所含有的碳原子数命名。如聚酰胺6就是单元结构中有6个碳原子，聚酰胺11就是单元结构中有11个碳原子。另一种由两种单体缩聚而成，一种单体中含有两个端氨基，另一种单体中含有两个端羧基。由二元胺和二元酸制得的聚酰胺，数字标号分别用二元胺和二元酸中碳原子的个数表示，前一个数字表示二元胺的碳原子数，后一个数字表示二元酸的碳原子数。如聚酰胺 66 就是由己二胺[NH_2—$(CH_2)_6$—NH_2]和己二酸[HOOC—$(CH_2)_4$—COOH]制得。聚丙烯腈纤维，是指丙烯腈占 85%以上的共聚纤维，一般由丙烯腈与第二、第三单体共聚而成，基本组成为丙烯腈。其他合成纤维还有聚氨酯纤维、聚丙烯纤维、聚氯乙烯纤维等。

按形态结构不同可将化纤分为常规纤维、异形纤维和复合纤维。常规纤维就是普通的圆形截面的纤维。异形纤维，通常是指用特殊几何形状的喷丝板加工的非圆形截面的纤维。目前生产的异形纤维主要有三角形、五角形、三叶形、四叶形、五叶形、扇形、中空形等（图 1-5）。截面形状的不同，赋予纤维特有的性能，如光泽更好，吸湿性、保暖性增强等。

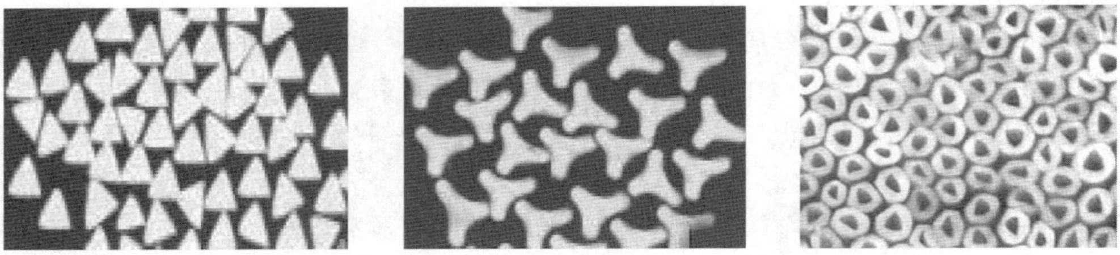

图 1-5　几种异形纤维的截面形状

复合纤维，是指在同一根纤维截面上存在两种或两种以上不相混合的组分（图 1-6）。根据两种组分在纤维横截面上的配置不同，复合纤维又分为皮芯型、并列型、海岛型和裂片型等。利用不同的生产工艺加工出各种不同类型的复合纤维，可具有更好的蓬松性和弹性，还可加工导电纤维、阻燃纤维、抗静电纤维等多种功能性纤维。

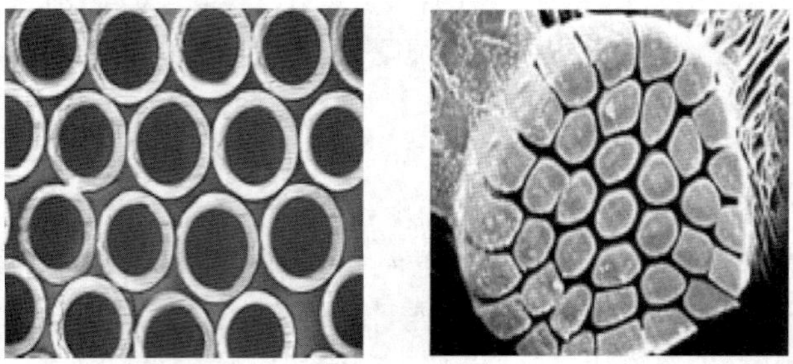

图 1-6　几种复合纤维的截面形状

按纤维的粗细不同可将化纤分为粗、细、超细纤维。细特纤维是指单纤维细度大于 0.044 tex 而小于 0.11 tex 的纤维。超细纤维是指单纤维细度小于 0.044 tex 的纤维。超细纤维大多用于制造人造麂皮，细特纤维大多用于仿丝绸类织物。

2. 常见化学纤维

(1) 黏胶纤维

黏胶纤维属于再生纤维素纤维，根据其长度不同，又分为黏胶长丝和黏胶短纤。黏胶纤维具有光滑凉爽、透气、抗静电等特性。它是以天然纤维素为原料，经碱化、老化、磺化等工序制成可溶性纤维素磺酸酯，再溶于稀碱液制成黏胶纺丝液，最后经湿法纺丝而成。采用不同的原料和纺丝工艺，可以分别得到普通黏胶纤维、高湿模量黏胶纤维（富强纤维）和高强力黏胶纤维等。

黏胶纤维具有良好的吸湿性，公定回潮率为13%。黏胶纤维手感柔软，穿着舒适。普通黏胶纤维的断裂强度比棉小，断裂伸长率大于棉；湿强较低，约为干强的50%，湿态伸长增加约50%；模量比棉低，易起皱，尺寸稳定性差。富强纤维兼具棉和黏胶纤维的优点，其断裂强度特别是湿强比普通黏胶高，湿态与干态的强度比达70%，断裂伸长率较小，尺寸稳定性良好。普通黏胶的耐磨性较差，而富纤则有所改善。高强力黏胶纤维是具有高强度、高韧性和抗疲劳等性能的黏胶纤维，纤维横截面上皮层结构占60%以上，纤维的强度和抗疲劳性能都很高。

黏胶纤维的化学组成与棉相似，所以化学性能与棉相接近，耐碱不耐酸，但耐碱耐酸性均较棉差。富强纤维则具有良好的耐碱耐酸性。黏胶纤维的染色性也与棉相似，染色性能较好，色泽鲜艳，色牢度高。

(2) 铜氨纤维

铜氨纤维也属再生纤维素纤维。它是将棉短绒等天然纤维素原料溶解在氢氧化铜或碱性铜盐的浓氨溶液内，配成纺丝液，在凝固浴中纺丝成形。铜氨纤维截面呈圆形，无皮芯结构，纵向表面光滑。铜氨纤维纤细，表面光滑，光泽柔和，有真丝感，吸湿性与黏胶纤维相似，上染性优于黏胶纤维，干强与黏胶纤维相似，湿强高于黏胶，耐磨性也优于黏胶纤维，极具悬垂感，通常用作高档丝织和针织原料。

(3) 醋酯纤维

醋酯纤维是由纤维素与醋酸酐发生反应而得的纤维素醋酸酯经纺丝而成，包括二醋酯纤维和三醋酯纤维两类。醋酯纤维无皮芯结构，截面为多瓣形叶状或耳状，强度较低，易变形，低伸长下弹性回复性较好，密度小于黏胶纤维，纤维表面平整、有光泽，织物柔软有弹性，悬垂性好。

二醋酯纤维的吸湿性能良好，公定回潮率为6%。长丝光泽优雅，手感柔软，有良好的悬垂性，酷似真丝，适于制作内衣、浴衣、童装、妇女服装和室内装饰织物等。短纤维可与棉、羊毛或合成纤维混纺。三醋酯纤维的性能与二醋酯纤维相似，但回潮率约为3.2%，且耐磨性较差。三醋酯纤维的耐热性较好，能在240～250 ℃的热条件下不变形。醋酯纤维常用作窗帘、床单、高档里料、领带、睡衣等。

(4) 涤纶

涤纶，学名为“聚对苯二甲酸乙二酯”，是合成纤维的典型代表，是合成纤维中比例最大的纤维种类。普通涤纶纤维的截面呈圆形，表面光滑、平整。根据纺丝加工中拉伸倍数的不同，可加工高强低伸、中强中伸、低强高伸等不同类型的涤纶丝。涤纶纤维的模量高，在小负荷下不易变形，尺寸稳定性好。涤纶纤维的强度高，伸长大，弹性回复性能和耐磨性能好。涤纶织物穿着挺括，保形性好。涤纶可以纯纺，也可以与天然纤维或其他种类的化学纤维混纺或交织。涤纶在高温下的耐热性和热稳定性都好。但涤纶纤维的吸湿性差，其公定回潮率仅为0.4%，因而纯涤纶织物穿着会闷热不舒服，易起静电，易吸尘沾污。

涤纶大分子中存在酯键，可被水解，引起相对分子质量的降低。酸、碱对酯键的水解起催化作用，而碱的作用更为剧烈。涤纶耐酸性较好，不溶于有机酸，在低温下对低浓度的无机酸很稳定。由于涤纶结构紧密，热稀碱液使涤纶纤维大分子发生水解，只能由表面逐渐深入，使纤维表面一层层地剥落下来，造成纤维的失重和强度降低，对纤维的芯层则无多大影响。利用这一方法使纤维变细，增加纤维在纱线中的活动性，使涤纶织物经碱处理后获得仿真丝的效果。涤纶纤维对氧化剂和还原剂的稳定性较高，因此染整加工中漂白剂（如次氯酸钠、亚氯酸钠、双氧水）和还原剂（如保险粉、二氧化硫脲）等均可使用。

涤纶分子结构紧密，极性较小，染色较为困难，通常采用分散性染料染色。分散染料是一类分子较小、结构比较简单，且水溶性很低的非极性染料。染色方法有高温高压染色法、热熔染色法和载体染色法等。

（5）锦纶

锦纶，又称"耐纶""尼龙"，学名为"聚酰胺纤维"，是世界上最早的合成纤维品种，主要品种有锦纶6和锦纶66。锦纶6，全名为聚己内酰胺纤维，由己内酰胺聚合而成；锦纶66，全名为聚己二酰己二胺纤维，由己二酸和己二胺聚合而成。

锦纶的强度、耐磨性好，尤其是耐磨性，居所有纤维之首，适合制作尼龙袜、尼龙绳、运动装等。锦纶的弹性较好，其长丝可制成弹力丝，短纤可与棉、腈纶混纺，以提高强度和弹性。锦纶的化学稳定性较好，具有一定的耐碱性和耐还原剂作用，但耐酸性和耐氧化剂性能较差。锦纶的吸湿性在合成纤维中属较好，公定回潮率为4.5%，染色性也比涤纶好。用锦纶制作的服装比涤纶服装穿着舒适。锦纶具有良好的耐蛀、耐腐蚀性能，但耐热、耐光性不够好。锦纶织物的挺括性、抗皱性不如涤纶。

（6）腈纶

腈纶，又称"奥纶""开司米纶"，学名为"聚丙烯腈纤维"。纯粹的丙烯腈纤维，内部结构紧密，染色性差，服用性能差，所以通常要加入第二、第三单体，以改善其性能。第二单体改善弹性和手感，第三单体改善染色性能，提供阳离子染料染色的"染座"。所以，腈纶一般是指用85%以上的丙烯腈与第二、第三单体聚合而成的共聚物，经湿法纺丝或干法纺丝制得的合成纤维。

腈纶的性能与羊毛相似，因而有"合成羊毛"之称。腈纶纤维的弹性较好，具有柔软、蓬松、保暖性高的特点，在纺织品生产过程中常用其代替羊毛纤维，以降低成本。但腈纶的吸湿性较差，其公定回潮率为2.0%，同时易起毛起球，从而影响织物的美观。腈纶能耐酸、氧化剂和一般有机溶剂，耐碱性较差。腈纶的耐晒性能优良，是所有纺织纤维中最好的。腈纶的强度不如涤纶等合成纤维，耐磨性和耐疲劳性也较差。腈纶在实际使用中大多以短纤形式出现，根据不同用途可纯纺或与其他纤维混纺，如与羊毛或棉、黏胶、其他合成纤维混纺，其纺织品被广泛用于服装、装饰、产业等领域。

（7）氨纶

氨纶，又称"Spandex"，学名为"聚氨酯纤维"，又称"弹性纤维"。美国杜邦公司生产的氨纶，又称为"莱卡"(Lycra)或"拉架"（港、台地区的译音）。氨纶是具有高断裂伸长、低模量和高弹性回复性的合成纤维。氨纶能够拉长6～7倍，随外力的消失能迅速回复到初始状态。根据其组成，通常可分为两类：一类为聚酯型；另一类为聚醚型。

氨纶的断裂强度在所有纺织纤维中是最低的。氨纶的吸湿性较差，耐热性也较差。氨纶具有较好的耐化学性，耐大多数的酸、碱、有机溶剂等，但不耐氧化剂，氧化剂易使纤维变黄、强度降低。

氨纶一般不单独使用，而是少量地添加在织物中。一般只用1%～10%的氨纶长丝，就可生产出优质的弹力纱。氨纶多数用于以氨纶为芯纱的包芯纱，称为弹力包芯纱，可获得良好的手感与外观。由于氨纶优异的弹性，通常将其用于制造运动服、健身服、游泳衣、牛仔裤、内衣和袜子等。

(8) 丙纶

丙纶，学名为"聚丙烯纤维"，其单体为等规聚丙烯。丙纶的形态结构与涤纶、锦纶等合成纤维相似。等规聚丙烯大分子具有较高的立体规整性，没有大的侧基，排列紧密，结晶度高。丙纶的强度较高，干强与湿强基本一致，耐磨性较好，仅次于锦纶。弹性回复性好，不易起皱，保形性好。丙纶为碳链纤维，没有极性基团，化学稳定性好，耐酸耐碱；大分子上没有亲水基团，几乎不吸湿，易起静电，染色性能差。丙纶耐晒性差，光照下极易老化。丙纶的导热系数比空气小6倍，所以保暖性非常好。质轻是丙纶最大的特点，其密度为0.91 g/cm^3，比水轻，可浮于水面上。丙纶长丝通常用作仿丝绸、针织物等的原料；丙纶短纤为棉型短纤，可纯纺或混纺，常用作地毯和非织造布等的原料。

(9) 维纶

维纶，学名为"聚乙烯醇缩甲醛纤维"，性能与棉相近，有"合成棉花"之称。维纶纤维纵向平直，有1～2根沟槽，截面为腰子形，有明显的皮芯层结构。维纶的强度、弹性较涤纶等合成纤维差，但均优于棉纤维。维纶纤维中有部分羟基，所以吸湿性较好，是合成纤维中吸湿性最好的品种，公定回潮率为5%。维纶的耐化学稳定性较好，耐碱性较强，不耐强酸。维纶的染色性较差，上染速度低，色泽不鲜艳。维纶一般以棉型短纤为主，纯纺较少，通常与棉、黏胶等混纺，用于床上用品、外衣等。

(10) 氯纶

氯纶，学名为"聚氯乙烯纤维"。氯纶的原料丰富，生产流程短，是合成纤维中生产成本最低的一种。氯纶的吸湿性差，公定回潮率为0，染色困难，电绝缘性好。氯纶的化学稳定性较好，耐强酸强碱，耐腐蚀性强。氯纶的阻燃性好，是纺织纤维中最不易燃烧的纤维。氯纶的耐热性差，70 ℃以上就会收缩，沸水中的收缩率更大。氯纶在工业中的应用较广泛，可用于制作工业滤布、工作服、绝缘布等，也可用于制造针织内衣和家用装饰织物等民用纺织品。

三、新型纺织纤维

1. CDP/ ECDP 纤维

CDP是阳离子染料可染改性涤纶的缩写。CDP是三个组分的共聚体，是在常规涤纶聚合过程中加入少量第三单体——SIPM(间苯二甲酸二甲酯磺酸钠)，从而在涤纶的链段结构中引入可作为阳离子染料染座的磺酸基，大大改进了涤纶的染色性能。由于CDP中有磺酸基，所以可以与阳离子染料形成化学结合，但染色仍须在110～130 ℃的条件下进行，以加剧分子链段运动，提高上染率。ECDP是在CDP的基础上加入第四单体后的改性涤纶，常用的第四单体有二元脂肪族或芳香族羧酸、二元脂肪族或芳香族醇等。通过引入这些柔性链段，改变了涤纶分子排列的紧密程度，降低了结晶度，纤维分子间的瞬间间隙增大，染色可在常压沸染条件下进行，克服了常规涤纶染色困难的缺陷，可取得较好的染色效果。CDP/ECDP纤维还可与其他纤维混纺、交织，再经染色，能获得双色、多色的效果。

2. 大豆蛋白纤维

大豆蛋白纤维是以脱去油脂的大豆废粕为原料，提取豆粕中的球蛋白，并进行提纯，通过助剂、生物酶的作用，使提纯的球蛋白改变空间结构，再添加羟基和氰基高聚物，配制成一定浓度的蛋白纺丝液，最后用湿法纺丝工艺纺成。大豆蛋白纤维的生产过程不会造成环境污染，所使用的辅料、助剂均无毒，且大部分助剂和半成品纤维可回收再利用，提纯蛋白后留下的残渣还可作为饲料。大豆蛋白纤维既具有真丝般的光泽，手感柔软、光滑，吸湿、透气，悬垂性和尺寸稳定性好等优良性能，又具有合成纤维优良的机械性能。大豆蛋白纤维本色为淡黄色，可用酸性染料、活性染料染色，具有较高的耐晒和耐汗渍色牢度。

3. 竹纤维

竹纤维是我国自行开发研制并产业化的以竹子为原料的新型纤维，包括竹原纤维和竹浆纤维。竹原纤维是通过物理、化学相结合的方法对天然竹子进行处理，形成适合在棉纺和麻纺设备上加工的纤维，属于天然纤维，生产的织物具有竹子特有的风格，具有良好的柔软、滑爽、吸湿、透气和悬垂性能，有较好的染色性能，且具有抗菌抑菌、防臭、防紫外线等功能。竹浆纤维则是以竹子为原料，将其制成浆粕，通过类似于黏胶生产工艺的湿法纺丝加工而成的纤维，属于化学纤维。竹浆纤维在显现黏胶纤维特性的同时，也体现出竹子特有的悬垂、飘逸、凉爽等优点，与竹原纤维相比，抗菌防臭、防紫外线的性能有所下降。

4. Lyocell 纤维

Lyocell 纤维的中文译为“莱赛尔”，Tencel（天丝）是莱赛尔纤维的商品名称。该纤维属于再生纤维素纤维，是将以针叶树为主的木浆粕溶解于 N-甲基吗啉的氧化物，经除杂后直接纺丝。该纤维的生产工艺流程短，从投入浆粕到纤维卷曲、切断，整个工艺流程大约需 3 h，且生产中所使用的氧化胺溶剂对人体无害，几乎能完全回收（99.5%以上），可反复使用，生产中原料浆粕所含的纤维素分子不发生化学变化，无副产物，无废弃物排出，不污染环境，属于绿色生产工艺。同时，Lyocell 纤维在泥土中能完全分解，对环境无污染，因而属于绿色纤维。Lyocell 纤维性能优异，具有纤维素纤维的所有天然性能，具有较高的干态和湿态强度，缩水率低，尺寸稳定性好。该纤维织物具有丝绸般的光泽，良好的吸湿性、舒适性和悬垂性，且染色性好，又能与棉、毛、麻、腈、涤等纤维混纺，可纺成各种棉型和毛型纱。Lyocell 纤维的缺点是易原纤化，摩擦后易起毛，但可利用这一特性生产出具有桃皮绒风格的产品。

5. Modal 纤维

Modal 纤维（莫代尔）是一种全新的纤维素纤维，其原料来自于大自然的木材，使用后可以自然降解。由于这类纤维采用天然纤维素为原料，经打浆、纺丝而成，对人体无害，具有生物降解性，并且在纤维生产过程中不产生严重的环境污染问题，是 21 世纪的新型环保纤维。

Modal 的特点是将天然纤维的豪华质感与合成纤维的实用性合二为一，具有棉的柔软、丝的光泽、麻的滑爽，而且吸湿性、透气性能都优于棉，具有较高的上染率，织物颜色明亮而饱满。Modal 可与棉、麻、丝等纤维混纺、交织，以发挥各自纤维的特点。Modal 纤维面料的吸湿性能、透气性能优于纯棉织物，手感柔软、滑爽，悬垂性好，穿着舒适，色泽光亮。

6. PTT 和 PBT 系列纤维

PTT 和 PBT 属于聚酯纤维，是常见的涤纶纤维 PET 的同族产品。PTT 是聚对苯二甲酸丙二酯，PBT 是聚对苯二甲酸丁二酯，两者与 PET 的不同之处在于这两种纤维聚合体中的软段成分，PTT 是丙二醇，PBT 是丁二醇，而 PET 是乙二醇。由于聚合体中软段成分的不同，使得 PTT 和 PBT 纤维的性能与常规涤纶 PET 有很大的不同。这两种纤维本身具有较好的弹性，其弹性可与氨纶包覆丝相仿，织物的弹性一般可达 20%左右。同时，它们的染色温度可从涤纶染色所需的 130 ℃左右下降到 110 ℃左右，对于中浅色，甚至可以在 100 ℃内进行染色，且色牢度较高。用它们制作的服装穿着舒适，触感柔软，尺寸稳定性好，弹性和保形性优。

7. T400 纤维

T400 纤维是美国杜邦公司推出的新型复合聚酯纤维，是由 PTT 与 PET 两种聚酯组分并列复合纺丝而成的一种弹性纤维。由于这两种聚酯组分的收缩率不同，因此该纤维可以产生永久的立体卷曲，从而使纤维自身具有优良的弹性。

该纤维克服了氨纶包芯纱弹力织物的缺点，如氨纶不易染色、织造复杂、尺寸不稳定，以及在使用过程中氨纶易老化等，使织物具有很好的弹性和尺寸稳定性。T400 纤维是一种带沟槽的中空纤维，不仅蓬松性、柔软性优于普通涤纶，而且吸湿、排汗功能也好。同时，T400 纤维具有突出的记忆功能，抗静电和抗污性也优于普通涤纶纤维。PTT 纤维和 PET 纤维虽同属疏水性聚酯纤维，都适合采用疏水性的分散染料染色，但 PTT 纤维特有的不同于 PET 纤维的分子结构与分子构象，使 T400 纤维在染色性能方面，与 PET 纤维有诸多差异。T400 纤维的染色可在较低的温度下完成，且色牢度较高。

8. 甲壳素/壳聚糖纤维

甲壳素是自然界中数量仅次于纤维素的天然有机物，广泛存在于昆虫类、水生甲壳类的外壳和菌类、藻类的细胞壁中，是一种多糖类物质，极具利用价值。壳聚糖是甲壳素经浓碱处理，脱去大部分乙酰基而得到的。甲壳素、壳聚糖与纤维素的结构十分相似，可以分别看作纤维素大分子中 2 位碳元素上的羟基（—OH）被乙酰胺基（$—NHCOCH_3$）或氨基（$—NH_2$）取代后的产物。

壳聚糖溶液具有良好的纺丝性，可以顺利地纺出壳聚糖纤维。甲壳素纤维通常可与棉纤维或其他纤维混纺来改善其可纺性。甲壳素/壳聚糖纤维由于吸湿性好，具有优良的染色性能，可采用直接、活性、还原和硫化等多种染料进行染色，且色泽鲜艳。甲壳素/壳聚糖纤维可用于制作各类服装面料，用其制作的长丝可用作医用缝合线，短纤可用来制作医用辅料，还可用来开发各类功能性保健用品。甲壳素/壳聚糖纤维具有许多优异的性能：

(1) 优异的生物医学功能

甲壳素的大分子结构与人体内的氨基葡萄糖的构成相同，而且具有类似于人体骨胶原组织的结构。这种双重结构赋予它们极好的生物医学特性，是优良的生物医用材料。由甲壳素/壳聚糖纤维制造的医用手术缝合线在预定的时间内有很高的抗张强度，在人体内有良好的适应性，易被人体吸收，术后不必拆线；制造的医用辅料和人造皮肤，能促进创面愈合，对创面无刺激、无过敏、无毒性；还可用于制造人造血管和止血剂，用作伤口止血剂时，能起到止血镇痛作用，促进伤口组织的再生，并使伤口愈合结痂减小。

(2) 优良的吸湿保湿功能

甲壳素/壳聚糖纤维的大分子链上存在大量的羟基（—OH）和氨基（$—NH_2$）等亲水性基团，因此具有很好的亲水性和很高的吸湿性。甲壳素纤维的回潮率一般为 12%～16%。

(3) 生物可降解性

制造甲壳素/壳聚糖纤维的原料，一般采用虾、蟹类水产品的废弃物，一方面可减少这类废弃物对环境的污染，另一方面，甲壳素/壳聚糖纤维的废弃物可生物降解，不会污染周边环境，所以甲壳素/壳聚糖纤维又被称为绿色纤维。

9. 聚乳酸（PLA）纤维

聚乳酸纤维是采用玉米、小麦等淀粉原料，经发酵转化成乳酸，然后经聚合、纺丝而制成的，又称为"玉米纤维"。聚乳酸纤维具有优良的物理机械性能，断裂强度和断裂伸长率较高，弹性、悬垂性和形态稳定性好，同时具有良好的生物相容性和生物降解性。生物降解性是聚乳酸纤维最突出的特点，其废弃物埋入土中，在微生物的作用下，可分解为二氧化碳和水，对地球环境不会造成污染。与其他生物降解性纤维材料相比，聚乳酸纤维的强度、弹性和耐热性等更优。聚乳酸纤维有长丝、短纤、单丝、复丝等品种，可广泛用于内衣、运动衣、室内装饰品、医疗卫生用品等产品。

四、常见纺织纤维表述方法

常见纺织纤维在前文中已经做了简单的介绍。为了更加简洁方便地表述常见的纺织纤维，在日常生产中可用相对比较固定的英文缩写来表示。常见纺织纤维的缩写见表1-1。

表1-1　几种常见纺织纤维的缩写

纤维名称	英文缩写	纤维名称	英文缩写
棉	C	腈纶	A
苎麻	Ra	锦纶	N
亚麻	L	丝	S
毛	W	阳离子可染涤纶	CDP
涤纶长丝	PET/P	阳离子易染涤纶	ECDP
涤纶短纤	T	黏胶短纤	R
醋酯纤维	Ac	人造长丝	V
氨纶	Sp	丙纶	PP

五、纺织纤维的定性鉴别

各种纺织纤维的外观形态或内在性质有相似的地方，也有不同之处。各种天然纤维的形态差异较为明显，而同一种类纤维的形态基本保持一定。许多化学纤维特别是一般合成纤维的外观形态基本相似（异形纤维除外），因而必须结合其他方法进行鉴别。纤维鉴别就是利用纤维外观形态或内在性质的差异，采用不同的分析方法对样品进行测试，从而把它们区分开来。由于各种纤维的物质组成和结构不同，它们的物理、化学性质的差别很大。因此，可根据纤维的物理和化学性质的差异来进行鉴别。鉴别纤维的方法有显微镜观察法、燃烧法、溶解法、药品着色法、熔点法、密度法和双折射法等；此外，也可根据纤维分子结构鉴别纤维，如X射线衍射法和红外吸收光谱法等。虽然鉴别纤维的方法多种多样，但有些方法需要借助于较高档的仪器设备才能完成检测。这在实际生产中缺乏可操作性。下面主要介绍手感目测法、燃烧法、着色法和溶解法：

(一) 手感目测法

通过人体的感官反应,如视觉和触觉的感受,可以初步区分纤维类别(表1-2)。织物通常是由纱线织造而成的,而纱线根据长度不同可以分为短纤纱和长丝纱,短纤纱中的纤维长度通常为几毫米至几十毫米不等;而长丝是连续的纤维,长度通常达数千米,表面光滑。从织物中抽出纱线退捻,根据长度特征进行初步识别:若为长丝,一般是蚕丝或化纤;若为短纤,一般为棉、麻、毛或混纺纤维,也可以是长丝切断制成。

表1-2 几种常见纤维的感官特征

纤维种类	感官特征
棉	纤维细短,长度整齐度较差,有天然卷曲,光泽暗淡,有棉结杂质。手感柔软,弹性小,伸长较小
麻	纤维较粗硬,常因存在胶质而呈小束状(非单纤维状)。纤维比棉纤维长,但短于羊毛。纤维较平直,几乎无卷曲,弹性和光泽较差,伸长小
蚕丝	纤维较长,连续的长丝状,柔软光滑、光泽优雅
羊毛	光泽柔和,有弹性,手感温暖,不易起皱、回复快
黏胶	光泽好,手感柔软平滑,易起皱、回复慢
涤纶	纤维强度高,弹性好,吸湿性极差,手感滑爽、硬挺,光泽明亮,伸长小
锦纶	纤维强度高,弹性较好,光滑,质地轻,有凉爽感
腈纶	光泽好,比棉轻,有柔软蓬松感,用手揉搓时会有轻微响声
维纶	形态与棉纤维类似,但不如棉纤维柔软,弹性差,有凉爽感
丙纶	密度很小,完全不吸湿,强度较高,手感生硬、光滑,有蜡状感
氯纶	手感温暖,摩擦易产生静电,弹性和色泽较差
氨纶	弹性和伸长大,其伸长率可达到400%~700%

(二) 燃烧法

燃烧法是利用纤维的化学组成不同,其燃烧特征也不相同来鉴别纤维的。燃烧法无需高档的仪器,也不需要配制其他辅助的化学试剂,只要随身携带打火机就能完成检测,对于从事染整生产加工或面料采购的人员来说,是较为简单有效的方法,具有极强的可操作性。因为有些纤维的化学组成相似,它们的燃烧特征也非常相似,所以该方法有时不能完全准确的鉴别出纤维种类。燃烧法可为纤维后续的进一步鉴别提供方向性的指导。

1. 实验仪器和材料

各种未知纤维、纱线或织物,酒精灯、试管、镊子等。

2. 测试原理

燃烧法是鉴别纤维的常用方法之一,是利用纤维的化学组成不同,其燃烧特征也不同来区分纤维的种类。但有些纤维燃烧的特征较为相似,此时须和其他方法相结合进行判别。

3. 测试方法

取一小束待鉴别的纤维,用镊子夹住,缓慢地移近酒精灯火焰,仔细观察纤维接近火焰、在火焰中和离开火焰后的燃烧状态、燃烧时散发出的气味,以及燃烧后灰烬的特征,对照纤维的燃烧特征表(表1-3)鉴别其类别。

对于织物来说,应将经、纬向的纱线分开进行判别。纺织品常常有纯纺、混纺和交织等多个品种,以及其他经过特殊加工的织物。燃烧法主要适用于纯纺产品,对于混纺或交织的产品,只能进行初步的判定,很难通过燃烧法完全确定;而经过防火、阻燃和其他整理的纤维和纺织品,则不太适合用燃烧法鉴别。

表1-3　几种纺织纤维的燃烧特征

纤维名称	接近火焰	在火焰中	离开火焰后	残渣形态	气　味
棉/麻/黏纤	不熔不缩	迅速燃烧	继续燃烧	少量灰白色的灰	烧纸味
羊毛/蚕丝	收缩	逐渐燃烧	不易延烧	松脆黑灰	烧毛发臭味
涤纶	熔融收缩	先熔后烧,有熔滴滴下,黄焰,冒黑烟	继续燃烧	硬而光亮的黑褐色小球	特殊芳香味
锦纶	熔融收缩	先熔后烧,有熔滴滴下,蓝焰,冒白烟	自灭	硬而光亮的棕色小球	氨臭味
腈纶	熔融收缩	熔融燃烧,有发光小火花	继续燃烧	松脆黑色小球	有辣味
维纶	熔融收缩	燃烧	继续燃烧	松脆黑色硬块	特殊的甜味
丙纶	熔融收缩	熔融燃烧	继续燃烧	黄褐色硬物	轻微沥青味
氯纶	收缩	熔融燃烧,大量黑烟	自灭	松脆黑色硬块	氯化氢臭味
醋酯纤维	不熔不缩	熔融燃烧,产生火花	继续燃烧	松脆黑色硬块,指压即碎	刺鼻醋酸味
大豆蛋白纤维	收缩	缓慢燃烧	不易延烧	松脆黑色硬块,指压即碎	烧毛发臭味
Lyocell/ Modal	不熔不缩	迅速燃烧	继续燃烧	少量灰白色的灰	烧纸味
竹纤维	不熔不缩	迅速燃烧	继续燃烧	少量灰黑色的灰	烧纸味
甲壳素/壳聚糖纤维	不熔不缩	迅速燃烧,呈圆圈束状	继续燃烧	松脆黑色、灰白色灰	轻度烧毛发臭味

(三) 着色法

1. 实验仪器和材料

各种未知纤维、纱线或织物;HI-1纤维鉴别着色剂、碘-碘化钾溶液;酒精灯、试管、镊子等。

2. 测试原理

药品着色法是根据各种纤维对某种化学药品的着色性能不同,迅速鉴别纤维种类的方法。鉴别纺织纤维用的着色剂分专用着色剂和通用着色剂两种:前者用于鉴别某一类特定纤维;后者由各种染料混合而成,可将各种纤维染成不同的颜色,然后根据所染颜色的不同来区分纤维。

3. 测试方法

药品着色法通常采用的着色剂有碘-碘化钾溶液和HI-1纤维鉴别着色剂。

(1) 碘-碘化钾溶液:将碘20 g溶解于100 mL的碘化钾饱和溶液中。把纤维浸入溶液中0.5~1 min,取出后水洗干净,根据着色不同,判别纤维品种。

(2) HI-1纤维鉴别着色剂:该着色剂是由东华大学和上海印染公司共同研制的一种

着色剂。将试样放入微沸的着色溶液中，沸染 1 min（时间从放入试样后染液微沸开始计算）。染完后倒去染液，冷水清洗，晾干。染好后与标准样对照，根据色相确定纤维类别。

着色法主要适用于未经染色的纤维或纯纺纱线和织物。对于成品面料来说，因织物往往都经过染色加工或含有其他的助剂，所以会影响最终的颜色，无法通过着色法进行有效判别。几种纺织纤维的着色反应见表 1-4。

表 1-4 几种纺织纤维的着色反应

纤维种类	HI-1 纤维鉴别着色剂着色	用碘-碘化钾溶液着色	纤维种类	HI-1 纤维鉴别着色剂着色	用碘-碘化钾溶液着色
棉	灰	不染色	涤纶	红玉	不染色
麻(苎麻)	深紫	不染色	氯纶	—	不染色
蚕丝	深紫	淡黄	丙纶	鹅黄	不染色
羊毛	红莲	淡黄	氨纶	红棕	—
黏胶纤维	绿	黑蓝青	大豆蛋白纤维	—	褐色
醋酯纤维	艳橙	黄褐	Lyocell	—	黑蓝青
维纶	玫红	蓝灰	Modal	—	黑灰色
锦纶	深棕	黑褐	竹纤维	—	黑蓝青
腈纶	桃红	褐色	甲壳素/壳聚糖纤维	—	红褐色

（四）溶解法

化学溶解法是鉴别纤维常用的检测方法，利用不同浓度的化学试剂，结合不同的试验条件（时间、温度）溶解掉相应的纤维，以确定纤维的种类。

1. 实验仪器和材料

各种未知纤维、纱线或织物；盐酸、硫酸、间甲酚、氢氧化钠、二甲基甲酰胺（DMF）、二甲苯等；酒精灯、试管等。

2. 测试原理

溶解法是利用各种纤维在不同温度下、不同化学溶剂中的溶解性能来鉴别纤维的方法。

3. 测试方法

将少量纤维放入试管中，注入某溶剂，常温或沸煮 5 min，用玻璃棒搅动，观察纤维在溶液中的溶解情况，如溶解、部分溶解和不溶解等。由于溶剂的浓度和加热温度不同，对纤维的溶解性能表现不一，因此用溶解法鉴别纤维时，应严格控制溶剂的浓度和加热温度，同时要注意纤维在溶剂中的溶解速度。

若混合成分的纤维或纤维量极少，可在显微镜载物台上放上具有凹面的载玻片，然后在凹面处放入试样，滴上溶剂，盖上盖玻片，直接在显微镜中观察，根据不同的溶解情况，判别纤维种类。

溶解法适用于各种纺织纤维，包括染色纤维或混纺纱线与织物。此外，溶解法还广泛用于分析混纺产品中的纤维含量。常见纤维的溶解性能见表 1-5。

表 1-5 常见纤维的溶解性能

纤维种类	溶剂							
	20%盐酸（室温）	37%盐酸（室温）	75%硫酸（室温）	5%氢氧化钠（煮沸）	85%甲酸（室温）	冰醋酸（室温）	间甲酚（室温）	二甲基甲酰胺（室温）
棉	I	I	S	I	I	I	I	I
羊毛	I	I	I	S	I	I	I	I
蚕丝	I	S	S	S	I	I	I	I
麻	I	I	S	I	I	I	I	I
黏胶	I	S	S	I	I	I	I	I
醋纤	I	S	S	P	S	S	S	S
涤纶	I	I	I	I	I	I	S（加热）	I
锦纶	S	S	S	I	S	I	S	I
腈纶	I	I	I	I	I	I	I	S（加热）
维纶	I	S	S	I	S	I	S	I
丙纶	I	I	I	I	I	I	I	I
氯纶	I	I	I	I	I	I	I	S
大豆蛋白纤维	S（加热）	S（加热）	S（加热）	I	S（加热）	I	I	I
Lyocell	I	S	S	I	I	I	I	I
Modal	I	S	S	I	I	I	I	I
竹纤维	I	S	S	I	I	I	I	I
甲壳素/壳聚糖纤维	I	S（加热）	S（加热）	I	I	I	I	I

注：S——溶解；P——部分溶解；I——不溶解。

（五）显微镜观察法

利用显微镜观察纤维的纵向和截面形态特征来鉴别各种纤维，是广泛采用的一种方法。此法既能鉴别单一成分的纤维，也可用于多种成分混合而成的混纺产品的鉴别。天然纤维有其独特的形态特征，如棉纤维的天然卷曲、羊毛的鳞片、麻纤维的横节竖纹、蚕丝的三角形截面等。而化学纤维的截面多数呈圆形，纵向光滑，呈棒状，在显微镜下不易区分，必须与其他方法结合才能鉴别。在此不再赘述。

常见纤维品种一般常用的鉴别方法如上所述，有显微镜法、溶解法、燃烧法等。纤维鉴别应根据具体条件，选用合适的方法，由简到繁，范围由小到大，同时用几种方法证实，才能准确无误地将纤维鉴别出来。以上介绍的纤维鉴别方法各具特点，将它们很好地配合使用，才能最终得出正确的结论。

六、纺织纤维的定量分析

常规纺织品加工中，原料成本占有最高比例。混纺产品可以发挥各种纤维的优良特性，又能降低产品的成本。如涤纶纤维具有强度高、耐磨、硬挺等优点，同时有易起毛起球、导电性、吸湿性和柔顺性差等缺点；棉纤维具有吸湿性和染色性好、抗皱性差等特点。把涤纶短纤和棉按一定比例混纺成纱，既可保留涤纶和棉的优点，又可克服两种纤维的缺点。通过混纺回避化纤的缺点，可较合理地进行纺织品开发。如用毛/涤/腈三合一短纤包覆聚氨酯弹性纤维，可开发精纺弹力薄型面料。其中涤短纤为毛型纤维，用阳离子可染的改性涤纶代替普通涤纶，可使染色温度降到常温，用阳离子染料染色，织物颜色更鲜艳。

在纺织品贸易中，纤维的成分及其含量也是重要的指标之一。因此，了解混纺产品的混纺比，对混纺产品中的各种纤维含量进行测定和分析，是纺织品生产经营中的一个重要环节。同时，不同的混纺织物有着不同的染整加工性能，掌握混纺织物纤维含量的分析方法，也是合理制定染整工艺的基础。

在纺织纤维定性鉴别部分提到的鉴别方法，较适用于单一纤维或纯纺织物或经纬纱都为单一原料的交织织物。然而在实际工作中，常常会碰到由两种或两种以上的纤维组成的混纺织物，因此，不仅要鉴别出各种纤维的种类，还要鉴别出混纺织物中各种纤维的含量。混纺织物的鉴别，实际上是对组成织物的纱线的各部分纤维及其含量进行鉴别和分析。化学分析方法是混纺织物中各纤维含量分析的主要方法，即用化学试剂将混纺成分中的一部分纤维溶解而分离出去，比较分离前后的差异，通过计算而求得各组成成分的百分含量。

(一) 二组分混纺产品的纤维含量分析

1. 涤/棉混纺产品的纤维含量分析

(1) 实验仪器与材料

电子天平、称量瓶、具塞三角烧瓶(250 mL)、玻璃砂芯坩埚、吸滤瓶、量筒(100 mL)、烧杯(100 mL、200 mL)、干燥器、剪刀、温度计、玻璃棒、恒温水浴锅、硫酸(C. P.)、氨水(C. P.)。

(2) 测试原理

利用纤维素纤维与其他纤维的耐酸稳定性的不同，选择合适浓度的硫酸，溶解涤/棉混纺产品中的棉组分，以求得涤纶组分的净干燥质量含量，并由差值求出棉的净干质量百分率。

(3) 测试方法

① 试样准备

涤/棉混纺纱线或织物。如试样为纱线，则剪成 1 cm 长；如试样为织物，应将其剪成碎块或拆成纱线(注意每个试样应包含组成织物的各种纤维组分)，并去除试样中的油脂、浆料等杂质。每种试样取两份，每份 1 g。

② 溶液制备

a. 75%硫酸溶液：在冷却条件下，将 1 000 mL 浓硫酸(密度为 1. 84 g/mL)慢慢加入到 570 mL 水中。硫酸浓度为 73%～77%。

b. 稀氨水溶液：将 80 mL 浓氨水(密度为 0. 880 g/mL)用水稀释至 1 000 mL。

③ 操作步骤

a. 试样烘干：将预先准备好的试样置于称量瓶内，放入烘箱中，同时将瓶盖放在旁边，在 105 ℃±3 ℃温度下烘至恒定质量(指连续两次称得试样质量的差异不超过 0. 1 %)。

b. 冷却：将烘干后的试样迅速移入干燥器中冷却，冷却时间以试样冷至室温为限（一般不能少于 30 min）。

c. 称量：试样冷却后，从干燥器中取出称量瓶，在电子天平上迅速（在 2 min 内称完）称量，准确称取试样干燥质量 W（精确到 0.001 g）。

d. 溶解：将试样放入三角烧瓶中，每克试样加入 100 mL 75%硫酸，盖紧瓶塞，摇动烧瓶使试样浸湿。将烧瓶保持 50 ℃±5 ℃、60 min，并每隔 10 min 用力摇动一次。

e. 过滤清洗：用已知干燥质量的玻璃砂芯坩埚过滤，将不溶纤维移入玻璃砂芯坩埚，用少量 75%硫酸溶液洗涤烧瓶。真空抽吸排液，再用 75%硫酸溶液倒满玻璃砂芯坩埚，靠重力排液或放置 1 min 后用真空抽吸排液，再用冷水连续洗数次，用稀氨水洗两次，然后用冷水充分洗涤。每次洗液先靠重力排液，再以真空抽吸排液。

f. 最后将玻璃砂芯坩埚和不溶纤维按烘燥试样的同样要求进行烘干、冷却，并准确称取残留纤维的质量 W_A。

g. 计算涤纶和棉纤维的净干含量百分率：

$$涤纶含量百分率 = \frac{W_A}{W} \times 100\%$$

$$棉含量百分率 = 100\% - 涤纶含量百分率$$

式中：W_A——残留纤维的干燥质量(g)；

W——预处理后试样的干燥质量(g)。

2. 其他二组分混纺产品的纤维含量分析

上述方法适合于所有纤维素纤维与涤纶混纺的纱线或织物的纤维含量分析。常见的二组分混纺产品的纤维含量分析可参考表 1-6 进行。

表 1-6 常见的二组分混纺产品的纤维含量分析方法

混纺纱线或织物	溶剂	处理温度和时间	残留纤维
棉、麻等纤维素纤维/涤纶	75%硫酸	50 ℃，60 min	涤纶
羊毛、蚕丝等蛋白质纤维/其他纤维	1 mol/L 碱性次氯酸钠	室温，20 min	其他纤维
锦纶/（涤纶、氨纶）	20%盐酸	室温，20 min	涤纶、氨纶
腈纶/（黏胶、涤纶、羊毛）	二甲基甲酰胺	50 ℃，10 min	黏胶、涤纶、羊毛
锦纶/（棉、黏胶、Lyocell）	80%甲酸	室温，20 min	棉、黏胶、Lyocell
涤纶/氨纶	80%硫酸	室温，20 min	涤纶
黏胶/（棉、麻）	甲酸/氯化锌	40 ℃，2.5 h	棉、麻
大豆纤维/（蚕丝、羊毛）	3%氢氧化钠	95 ℃，30 min	大豆纤维
大豆纤维/（黏胶、Modal）	20%盐酸	25 ℃，30 min	黏胶、Modal

（二）三组分混纺产品的纤维含量分析

1. 毛/黏/涤混纺产品纤维含量分析

(1) 实验仪器与材料

电子天平、称量瓶、具塞三角烧瓶（250 mL）、玻璃砂芯坩埚、吸滤瓶、量筒（100 mL）、烧杯、干燥器、剪刀、温度计、玻璃棒、恒温水浴锅、烘箱、氢氧化钠(C. P.)、硫酸(C. P.)、冰醋酸(C. P.)、氨水(C. P.)、次氯酸钠 (C. P.)。

(2) 测试原理

利用毛、黏、涤三种纤维耐化学试剂的稳定性差异,选择合适浓度的碱性次氯酸钠溶解羊毛纤维,以硫酸溶解黏胶纤维,最终保留涤纶。通过逐个溶解、称量,由不溶解纤维的质量分别算出各组分纤维的百分含量。

(3) 测试方法

① 试样准备

毛/黏/涤混纺纱线或织物。如试样为纱线,则剪成 1 cm 长;如试样为织物,应将其拆成纱线或剪成碎块(注意每个试样应包含组成织物的各种纤维组分)。每个试样取两份,每份试样 1 g。

② 溶液制备

a. 碱性次氯酸钠溶液:在 1 000 mL 浓度为 1 mol/L 的次氯酸钠溶液中加入氢氧化钠 5 g。

b. 0.5%醋酸溶液:吸取 5 mL 冰醋酸,用 1 000 mL 水稀释。

c. 75%硫酸溶液:在冷却条件下,将 1 000 mL 浓硫酸(密度为 1.84 g/mL)慢慢加入到 570 mL 水中。硫酸浓度为 73%~77%。

d. 稀氨水溶液:将 80 mL 浓氨水(密度为 0.880 g/mL)用水稀释至 1 000 mL。

③ 操作步骤

a. 将制备好的试样放入称量瓶内,在 105 ℃±3 ℃下烘至恒定质量,冷却后准确称取试样干燥质量 W。

b. 将已称量的试样放入烧杯中,每克试样加入 100 mL 碱性次氯酸钠溶液,在不断搅拌下于 25 ℃左右处理 30 min。待羊毛充分溶解后,用已知干燥质量的玻璃砂芯坩埚过滤。然后用少量次氯酸钠溶液洗三次,蒸馏水洗三次,再用 0.5%醋酸溶液洗两次,用蒸馏水洗至中性。

c. 将玻璃砂芯坩埚和不溶纤维于 105 ℃±3 ℃下烘至恒定质量,移入干燥器冷却、称量,得不溶纤维质量 R_1。

d. 将上述不溶纤维试样放入三角烧瓶中,每克试样加 75%硫酸溶液 200 mL,盖紧瓶塞,摇动锥形瓶使试样浸湿。将锥形瓶保持 50 ℃±5 ℃、60 min,并每隔 10 min 用力摇动一次。待试样溶解后,经过滤、清洗、烘干,然后称取干燥质量 R_2。

e. 计算各组分纤维的净干燥质量含量百分率:

$$涤纶含量百分率 = \frac{R_2}{W} \times 100\%$$

$$黏胶含量百分率 = \frac{R_1}{W} \times 100\% - 涤纶含量百分率$$

$$羊毛含量百分率 = 100\% - 黏胶含量百分率 - 涤纶含量百分率$$

2. 其他三组分混纺产品的纤维含量分析

常见的三组分混纺产品的纤维含量分析可参考表 1-7 进行。

纺织面料识别与检测

表1-7 常见的三组分混纺产品的纤维含量分析方法

混纺纱线或织物	第一次		第二次		剩余纤维
	溶剂	被溶纤维	溶剂	被溶纤维	
羊毛、蚕丝/黏胶/棉、麻	1 mol/L碱性次氯酸钠	羊毛、蚕丝	甲酸-氯化锌	黏胶	棉、麻
羊毛、蚕丝/锦纶/棉、黏胶	1 mol/L碱性次氯酸钠	羊毛、蚕丝	80%甲酸	锦纶	棉、黏胶
羊毛、蚕丝/棉、黏胶/涤纶	1 mol/L碱性次氯酸钠	羊毛、蚕丝	75%硫酸	棉、黏胶	涤纶
锦纶/腈纶/棉、黏胶、麻	80%甲酸	锦纶	二甲基甲酰胺	腈纶	棉、黏胶、麻
黏胶/棉、麻/涤纶	甲酸/氯化锌	黏胶	75%硫酸	棉、麻	涤纶
锦纶/棉、黏胶、麻/涤纶	80%甲酸	锦纶	75%硫酸	棉、麻、黏胶	涤纶

(三) 四组分混纺产品的纤维含量分析

1. 实验仪器与材料

索氏萃取器(接收瓶250 mL)、恒温水浴锅、真空抽气泵、电热鼓风烘箱、电子天平、干燥器、具塞三角烧瓶(250 mL)、玻璃砂芯坩埚、称量瓶、抽气滤瓶、温度计、量筒、烧杯等、盐酸(C. P.)、硫酸(C. P.)、甲酸(C. P.)、氯化锌(C. P.)、二甲基甲酰胺(C. P.)、次氯酸钠(C. P.)。

2. 测试原理

利用混纺产品中各组分纤维的耐化学试剂稳定性不同,选择适当的试剂,依次溶解混纺产品中的几个纤维组分,从不溶纤维的质量计算出各组分纤维的含量。

3. 测试方法

(1) 试样准备

四组分纤维混纺纱线或织物。试样若为纱线,则剪成1 cm长;若为织物,应拆成纱线或剪成碎块。每种试样取两份,每份试样1 g。

(2) 溶液制备

① 20%盐酸溶液:100 g浓盐酸(质量分数为36.5%),加入82.5 g水。

② 甲酸/氯化锌溶液:20 g无水氯化锌和68 g无水甲酸,加水至100 g。

③ 75%硫酸溶液:在冷却条件下,将1 000 mL浓硫酸(密度为1.84 g/mL)慢慢加入到570 mL水中。硫酸浓度为73%~77%。

(3) 操作步骤

① 将试样置于已知质量的称量瓶内,放入105 ℃±3 ℃烘箱中,烘干后,盖上瓶盖,移入干燥器内,冷却后称取试样干燥质量W。

② 根据试样组成的纤维种类,选择适当的溶剂,按顺序将试样依次溶解,具体步骤见表1-8。

表1-8　常见的四组分混纺产品的纤维含量分析方法

编号	纤维组成	试剂和分析步骤
1	羊毛、锦纶、腈纶、黏胶	(1) 1 mol/L次氯酸钠溶解羊毛 (2) 20%盐酸溶解锦纶 (3) 二甲基甲酰胺溶解腈纶
2	羊毛、锦纶、苎麻、涤纶	(1) 1 mol/L次氯酸钠溶解羊毛 (2) 20%盐酸溶解锦纶 (3) 75%硫酸溶解苎麻
3	羊毛、腈纶、棉、涤纶	(1) 1 mol/L次氯酸钠溶解羊毛 (2) 二甲基甲酰胺溶解腈纶 (3) 75%硫酸溶解棉
4	蚕丝、黏胶、棉、涤纶	(1) 1 mol/L次氯酸钠溶解蚕丝 (2) 甲酸/氯化锌溶解黏胶 (3) 75%硫酸溶解棉
5	蚕丝、锦纶、腈纶、涤纶	(1) 1 mol/L次氯酸钠溶解蚕丝 (2) 20%盐酸溶解锦纶 (3) 二甲基甲酰胺溶解腈纶

③ 将不溶纤维和玻璃砂芯坩埚置于105 ℃±3 ℃烘箱中烘至恒定质量，称取不溶纤维的质量。

④ 计算各组分纤维的净干含量百分率：

$$P_4 = \frac{r_3}{W} \times 100\%$$

$$P_3 = \frac{r_2}{W} \times 100\% - P_4$$

$$P_2 = \frac{r_1}{W} \times 100\% - \frac{r_2}{W} \times 100\%$$

$$P_1 = 100\% - (P_2 + P_3 + P_4)$$

七、纺织纤维回潮率及其检测

(一) 回潮率

1. 回潮率与含水率

纺织品中的水分含量一般用回潮率表示。回潮率是指试样的湿量与干燥质量之差对干燥质量的百分数，表示如下：

$$W = \frac{G - G_0}{G_0} \times 100\%$$

式中：W——纺织纤维的回潮率；

G——纺织纤维的湿量(g)；

G_0——纺织纤维的干燥质量(g)。

对于某些纺织品，有时也用含水率指标来表示其水分含量。含水率是指试样的湿量与干燥质量之差对湿量的百分数，表示如下：

$$M=\frac{G-G_0}{G}\times 100\%$$

式中：M——纺织纤维的含水率；

G——纺织纤维的湿量(g)；

G_0——纺织纤维的干燥质量(g)。

2. 标准回潮率与公定回潮率

各种纺织纤维及其制品的实际回潮率随大气的温湿度条件而变化。为了比较各种纺织纤维的吸湿能力，往往把它们放在统一的标准大气条件下(我国规定标准大气状态是标准大气压下，温度为20 ℃±3 ℃，相对湿度为65%±3%)一定时间，使它们的回潮率达到一个稳定值。这时的回潮率称为标准大气状态下的回潮率，即标准回潮率。

在贸易和成本计算中，纺织纤维并非处于标准温湿度状态，为了计重和核价的需要，以便于使处于不同条件下的纺织品具有可比性，必须对各种纺织纤维的回潮率做统一规定，称为公定回潮率。表1-9为常见纺织纤维的回潮率。

表1-9　常见纺织纤维的回潮率

纺织纤维	标准回潮率(%)	公定回潮率(%)	纺织纤维	标准回潮率(%)	公定回潮率(%)
棉	7～8	8.5	涤纶	0.4～0.5	0.4
苎麻	12～13	12.0	锦纶	3.5～5.0	4.5
羊毛	15～17	15.0	腈纶	1.2～2.0	2.0
蚕丝	8～9	11.0	维纶	4.5～5.0	5.0
黏胶	13～15	13.0	丙纶	0	0

对于混合原料的纤维，可按混纺比例和混合纤维的公定回潮率加权平均计算，计算公式为：

$$\text{混纺材料的公定回潮率}=\sum W_i P_i$$

(二)回潮率测试

纺织纤维回潮率的测试方法有很多种，可分为直接测试法和间接测试法。其中：直接测试法有烘箱法、红外线干燥法、真空干燥法和干燥剂干燥法等；间接测试法有电阻法、电容法和微波法等。通常，较多采用的是烘箱法和红外线干燥法。

1. 烘箱法

烘箱法是最基本的测试方法，使用较为普遍。这种方法的测试精度高，重复性好。试样的烘干称量会使测试产生误差。称量方法有箱内热称量和箱外冷称量。箱内热称量是利用烘箱顶上配套的天平，直接对箱内的试样称量，操作简便，结果比较稳定；生产中多采用该法。箱外冷称量是把烘干后的试样连同容器盖好，放到干燥器中冷却后再称量；此法较费时。

(1) 实验仪器与材料

DR747K 型全自动快速八篮恒温烘箱(图 1-7)、各种纺织纤维。

(2) 测试原理

烘箱法是利用箱内电阻丝,通电加热,使箱内空气温度上升,增加纤维中水分子的热运动;另外,箱内温度升高,饱和水蒸气压增加,相对湿度降低,使试样逐渐脱湿。试样在烘箱中暴露于自由流动的规定温度的热空气中,直至达到恒定质量。烘燥过程中的全部质量损失都作为水分。试样在烘干过程中,质量不断减少,当烘至每隔 10 min 两次的质量变化不大于 0.05%时,称得的试样质量即视为干燥质量。

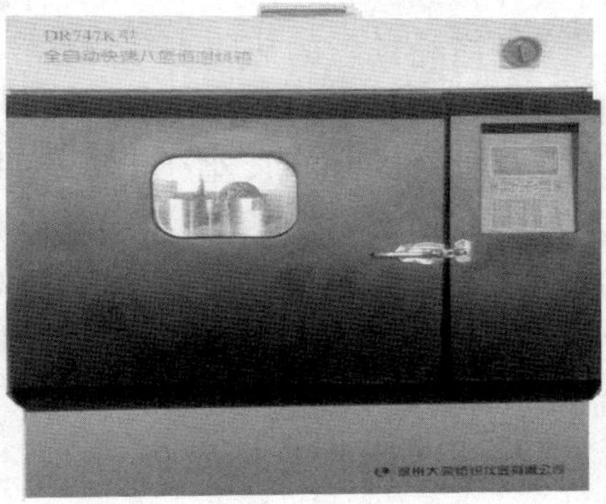

图 1-7　DR747K 型全自动快速八篮恒温烘箱

(3) 测试方法

① 试验条件

预调湿用标准大气:温度不大于 50 ℃,相对湿度 10%～25%;调湿和试验用标准大气:温度 20 ℃±3 ℃,相对湿度 65%±3%。

② 测试步骤

a. 开启烘箱电源开关和升温开关,根据不同纤维,设定工作温度等相关参数。烘箱法所用烘燥温度,视纺织纤维种类而定,一般纤维的烘燥温度设定为 105 ℃±3 ℃,腈纶为 110 ℃±3 ℃,氯纶为 70 ℃±2 ℃,家蚕丝为 140 ℃±5 ℃。

b. 称取试样,每个试样质量为 50 g,将试样放入烘篮内;打开转篮开关,在烘干试样过程中保持烘篮旋转。

c. 待箱内温度回升至规定温度时,恒温烘试样 2 h 后开始称量,每隔 10 min 称量一次,烘至恒量(即前后两次的质量差异不超过后一次称量的 0.05%)。称量在关闭烘箱电源后 30 s 进行。

d. 计算纤维的回潮率。平均回潮率为多个测试数据的算术平均值。回潮率计算至小数点后三位,最后保留小数点后两位。

2. 红外线干燥法

红外线干燥法是利用红外线辐射去除纺织纤维中的水分。通常采用多功能红外水分仪,通过远红外辐射加热技术、单片微机技术,与电子天平联机组成水分测试系统。红外线辐射的能量高,能够使纺织纤维表面在短时间内达到较高的温度,从而将水分去除。红外线干燥法速度快、效率高、节省能源,但是在烘干过程中温度不易控制,辐射能力不均匀,测定的结果不稳定。

红外线干燥法的测试过程:打开多功能红外水分仪的电源开关,校准电子天平正常工作;开启上盖,将试样放入称盘中,然后关闭上盖;设置工作温度和加热时间;开始加热,完成测试;读取所需测试结果。

八、纺织纤维热收缩率及其检测

合成纤维受热会产生收缩,称为热收缩。合成纤维在纺丝成形的过程中,由于受到外力的反复作用，纤维内部积存着内应力，遇到热作用时，纤维就会发生收缩。不同品种的合成纤维，因其加工工艺的不同，收缩率也存在一定的差异。

以涤纶长丝的热收缩率检测为例：涤纶长丝在沸水中的收缩程度，可以表征该批号的涤纶长丝在湿热状态下的收缩状态；涤纶长丝在热空气加热箱中的收缩程度，则可以表征该批号的涤纶长丝在干热条件下的收缩状态。测试涤纶长丝在沸水和热空气加热箱中的收缩率，是研究涤纶长丝热收缩性能的常用手段之一。比较不同批号的涤纶长丝的热收缩性能，可以提高产品染色和定形工序的工艺制定的稳定性。当涤纶长丝的热收缩率提高时，染色加工后的织物门幅会明显收缩；绒类织物成品定形时，应适当降低定形温度，适当提升定形车速。

(一) 沸水收缩率测试

1. 实验仪器与材料

立式量尺(最小分度值为 1 mm)、YG086 型缕纱测长仪、预加张力重锤、烧杯、电炉、合纤长丝或变形丝若干。

2. 测试原理

在规定条件下用沸水处理试样，测量处理前后试样长度的变化，计算其对原试样长度的百分比，由此得到热收缩率。

3. 测试方法

(1) 绞丝法(适用于牵伸丝)

① 试样准备

将样品插在筒管架上，引出丝头，舍去表面可能受伤的丝条。将丝条引入张力装置，使丝头固定在测长机纱框的夹片上，保证丝条均匀、平整地卷绕在纱框上，绕取 25 m，首尾打结。小心地从纱框上将丝绞取下，防止乱绞。将丝绞放置在标准大气中，按表 1-10 进行热处理前平衡。

表 1-10　热处理前平衡时间

合纤类别	涤纶	锦纶	丙纶
平衡时间(h)	≥2	≥3	≥5

② 测试步骤

a. 将试样悬挂在立式量尺上，使丝绞内侧对准立式量尺的刻度，在丝绞下端小心地施加规定的标准预张力重锤。长度测量时，预张力重锤为标准预张力：牵伸丝 0.05 cN/dtex±0.005 cN/dtex，变形丝 0.10 cN/dtex±0.01 cN/dtex，高弹变形丝 0.20 cN/dtex±0.02 cN/dtex。绞丝法预张力重锤的计算：标准预张力(cN/dtex)×线密度(dtex)×圈数×2。并防止丝绞扭转，待 30 s±3 s 后，读取试样沸煮前长度 L_0，精确至 1 mm。

b. 取下试样，将其对折再对折，将试样扭成"8"字形，以松弛状态放入网袋中。

c. 把装有试样的网袋放入沸水中，使之完全浸没，沸煮 30 min。

d. 取出试样，用吸水纸吸干，在无张力和松弛状态下，于 55 ℃±5 ℃、60 min 条件下烘干试样。

e. 取出试样，将试样松弛地、无张力地挂起来，在规定的标准大气中，按表 1-11 进行热处理后平衡。

表 1-11　热处理后平衡时间

合纤类别	涤纶	锦纶	丙纶
平衡时间(h)	⩾2	⩾4	⩾3

f. 将平衡后的丝绞悬挂在立式量尺上，在丝绞下端施加规定的标准预张力重锤，30 s±3 s 后，读取试样沸煮后长度 L_1，精确至 1 mm。

(2) 单根法(适用于变形丝)

① 试样准备

从每个实验室样品上退去表面可能受伤的丝条。每个卷装剪取 60～70 cm 的试样，平放在绒板上。将试样放置在标准大气条件下，进行热处理前平衡(条件同表 1-10)。

② 测试步骤

a. 将试样悬挂在立式量尺上，在丝条的下端小心地施加规定的标准预张力重锤，待30 s ±3 s 后，在立式量尺的零点(上夹持点)和 50 cm 处(M 点)做标记，即为试样的沸煮前长度 L_0，精确至 1 mm。

b. 取下试样，将其对折再对折，呈松弛状态放入网袋中。

c. 把装有试样的网袋放入沸水中，使之完全浸没，沸煮 30 min。

d. 取出试样，用吸水纸吸干，在无张力和松弛状态下，于 55 ℃±5 ℃、60 min 条件下烘干试样。

e. 取出试样，将试样松弛地、无张力地挂起来，在规定的标准大气中，按表 1-11 进行热处理后平衡。

f. 将平衡后的试样悬挂在立式量尺上，下端施加规定的标准预张力重锤，待 30 s±3 s 后，记录两个标记点之间的长度，即试样的沸煮后长度 L_1，精确至 1 mm。

4. 结果计算

$$沸水收缩率 = \frac{L_0 - L_1}{L_1} \times 100\%$$

式中：L_0——试样煮前长度(cm)；

L_1——试样煮后长度(cm)。

(二) 干热空气收缩率测试

1. 实验仪器与材料

立式量尺(最小分度值为 1 mm)、YG086 型缕纱测长仪、预加张力重锤、烧杯、电炉、合纤长丝或变形丝若干。

2. 测试原理

在规定条件下于干热空气中处理试样，测量处理前后试样长度的变化，计算其对原试样长度的百分比，由此得到热收缩率。

3. 测试方法

(1) 绞丝法(适用于牵伸丝)

① 试样准备(同沸水收缩率测试中的绞丝法)

② 测试步骤

a. 将试样悬挂在立式量尺上，使丝绞内侧对准立式量尺的刻度，在丝绞下端小心地施加规定的标准预张力重锤(长度测量时,预张力重锤为标准预张力:牵伸丝 0.05 cN/dtex±0.005 cN/dtex;变形丝 0.10 cN/dtex±0.01 cN/dtex;高弹变形丝 0.20 cN/dtex±0.02 cN/dtex)。绞丝法预张力重锤的计算:标准预张力(cN/dtex)×线密度(dtex)×圈数×2。防止丝绞扭转,待 30 s±3 s 后,读取试样处理前长度 L_0,精确至 1 mm。

b. 取下试样,将其对折再对折,扭成"8"字形。

c. 将烘箱在空气循环的运行方式下预热到规定的干热处理温度。把带有试样的试样架快速地放入烘箱,以便把温度的降低程度减到最小,热处理温度和时间按规定进行。可根据不同产品需要,采用不同的热空气温度和热处理时间。一般,涤纶、锦纶的热处理温度和时间推荐采用温度 190 ℃±3 ℃、时间 15 min±1 min。

d. 经干热处理后,小心地取出试样和试样架,在规定的标准大气中,按表 1-11 的规定进行热处理后平衡。

e. 将平衡后的丝绞悬挂在立式量尺上,在丝绞下端施加规定的标准预张力重锤,30 s±3 s 后,读取试样的处理后长度 L_1,精确至 1 mm。

(2) 单根法(适用于变形丝)

① 试样准备(同沸水收缩率测试中的单根法)

② 测试步骤

a. 将试样悬挂在立式量尺上,在丝条的下端小心地施加规定的标准预张力重锤,待30 s±3 s 后,在立式量尺的零点(上夹持点)和 50 cm 处(M 点)做标记,即为试样的处理前长度 L_0,精确至 1 mm。

b. 测试过程(同绞丝法)。

c. 处理后长度测量:将平衡后的试样悬挂在立式量尺上,下端施加规定的标准预张力重锤,待 30 s±3 s 后,记录两个标记点之间的长度,即试样的处理后长度 L_1,精确至 1 mm。

4. 结果计算

$$\text{干热空气收缩率} = \frac{L_0 - L_1}{L_1} \times 100\%$$

式中:L_0——试样处理前长度(cm);

L_1——试样处理后长度(cm)。

阅读材料 >>>

纺织品标准

纺织品标准按照标准化层级及其有效范围,可划分为不同层次和级别的标准,即国际标准、区域标准、国家标准、行业标准、地方标准和企业标准。为了对纺织品进行检验,常常需要参考一定的标准进行检测,且客户不同,对检测标准的要求有时也不一样。我国纺织行业只有在了解国际标准的基础上,使自己的标准与国际标准接轨,才能使自己更加适应新的全球经济一体化的国际贸易合作。

1. 国际标准

国际标准是指适用于国际间,经国际标准化组织通过的标准;或在一定情况下,经从事标准化活动的国际组织通过的技术规格。国际标准化组织(International Organization for Standardization,简称ISO)是世界上最大、最有权威的非政府性标准化专门机构,在国际标准化中占主导地位。该机构于1947年正式成立,总部设在瑞士日内瓦。ISO负责制定在世界范围内通用的国际标准,以推进国际贸易和科学技术的发展,加强国际间经济合作。ISO的主要活动是制定国际标准,协调世界范围内的标准化工作,组织各成员国和技术委员会进行情报交流,以及与其他国际性组织进行合作,共同研究有关标准化问题。ISO技术工作的成果是正式出版的国际标准,即ISO标准。ISO制定的标准推荐给世界各国采用,而非强制性标准。但是,由于ISO颁布的标准在世界上具有很强的权威性、指导性和通用性,对世界标准化进程起着十分重要的作用,所以各国都非常重视ISO标准。

2. 区域标准

区域标准是指适用于世界某一区域,经区域性标准化组织通过的标准;或在一定情况下,经从事标准化活动的区域性组织通过的标准。欧洲标准化委员会发布的欧洲标准(EN)就是区域标准。Oeko-Tex Standard 100(生态纺织品标准100)也属于区域标准。1989年,维也纳奥地利纺织研究院的Wilhelm Herzog教授建立了一套检测纺织品上所含有害物质的标准——《奥地利纺织标准öTN》,是世界上第一个关于纺织品生态学的标准。该标准首次规定了纺织品上有害物质的测试规范和极限值。1991年1月,Wilhelm Herzog教授与德国海恩斯坦研究院做同样工作的J. Mecheels教授商谈合作,并将öTN 100转变为Oeko-Tex Standard 100。1992年4月7日,欧洲13个国家的协会组成的国际纺织品生态研究和检验协会(International Association for Research and Testing in the Field of Textile Ecology)颁布并正式出版了历史上第一部生态纺织品标准《Oeko-Tex Standard 100》。符合Oeko-Tex标准的产品,生产厂商必须保证其产品全部符合所有检验项目的要求,任何时候可以在生产或销售场所随机取样检查。以致欧洲一些著名零售店都推出具有Oeko-Tex标志的商品作为卖点。例如,在法国、德国和瑞士等地都有连锁店的C & A百货公司,于1998年10月起,只出售有Oeko-Tex标志的服饰。这种趋势在许多营销渠道迅速传开。2002年5月15日,欧共体理事会通过了关于制定共同体纺织品生态标签规范并修订1999/178/EC的决议,同时颁布了生态标签(Eco-Label)。Oeko-Tex标准100与Eco-Label两者是目前公认的生态纺织品标准法规,都属于区域性标准,都是生态纺织品标志认证的技术条件,申请授予标志是申请者的自愿行为。

3. 国家标准

国家标准是指经全国性标准组织通过的标准,是适用于一个国家的标准。大多数国家都有自己的一系列国家标准。如GB(中国国家标准)、ANSI(美国国家标准)、BS(英国国家标准)、NF(法国国家标准)、DIN(德国国家标准)、CAN(加拿大标准),以及JIS(日本国家标准)等。

我国的国家标准用大写的汉语拼音"GB"表示"国标"。国标就是国家标准的简称,是国内的质量指标水平最高的标准,每隔一段时间,都会有新的标准替代老的标准。国家和地方的质量技术监督局和各行业协会,都有专家负责跟踪国外特别是发达国家和地区的产品标准的发展和变更。国家质量技术监督局、行业协会和业内专家十分关心纺织品类的各种检测方法标准。此类标准中的国家标准,大多等同采用相关的国际标准。国家颁布的产品标准具有强制性。有时候国家会发布一些推荐标准,以便于企业跟踪本行业国际前沿的发展趋势。此类标准用大写的汉语拼音"GB/T"表示。当企业一旦采用国家级的推荐标准，对于企业来讲，推荐标准就自动升级为强制标准。我国国家标准的表示方式为 GB ×××× —××（GB 编号—年份），如 GB 18401—2010《国家纺织品基本安全技术规范》和 GB/T 23329—2009《纺织品　织物悬垂性的测定》等。

JIS，全名为"Japanese Industrial Standards"，是由日本工业标准调查会 JISC 组织制定和审议的。JIS 是日本国家级标准中最重要、最权威的标准。其内容包括产品标准（产品形状、尺寸、质量、性能等）、方法标准（试验、分析、检测与测量方法和操作标准等）、基础标准（术语、符号、单位、优先数等），专业包括建筑、机械、电力、冶金、运输、化工、采矿、纺织、造纸、医疗设备、陶瓷和日用品、信息技术等。JIS 标准按其标准对象分类，目前共有"土木建筑""汽车""钢铁""有色金属"等 18 类，各用英文字母表示（标于标准号中的"JIS"和"××××（标准号）"之间）。我国有许多的纺织面料和服装出口到日本，所以经常会参考日本标准进行检测。

4. 行业标准

行业标准是指由行业标准化团体或机构发布的，在某行业或相关行业范围内统一实施的标准。如 AATCC（American Association of Textile Chemists and Colorists，美国纺织化学家和染色家协会）标准、ASTM（American Society of Testing Materials，美国材料试验协会）标准等，就是国际上有权威性的行业标准，在各自的行业内享有很高的信誉。

在纺织行业，AATCC 标准为国际上许多国家采用，也是对我国的纺织品出口检测影响较大的标准之一。AATCC 是辨别与分析纺织品的色牢度、物理性能和生物性能的非官方机构，职责是采用标准化办法普及纺织品染料和化学物质的深层知识。AATCC 标准的适用范围为纺织产品化学性能和纺织品研究测试方法。

ASTM 是美国最大的非盈利性的标准学术团体之一，主要任务是制定材料、产品、系统和服务等领域的特性和性能标准、试验方法和程序标准等。

中国的行业标准主要是原来的纺织工业部颁布的部颁标准。如 FZ/T 01053《纺织品　纤维含量的标识》。自从纺织工业部转变成国家纺织工业总会以后，纺织行业的行业标准大多以国家标准的形式发布。在新发布的纺织类国家标准中，技术方法和测量方法的标准越来越多，产品标准则越来越少。这说明了纺织类产品的多样性越来越明显。

5. 地方标准

地方标准是指由一个国家的地方部门制定并公开发布的标准，通常由省级标准化行政主管部门统一组织制定、审批、编号和发布。通常情况下，以地名出现的纺织产品数量不少，但是纺织产品的地方标准却很少出现。例如南通特产的蓝色印花布就是一种具有鲜明地方特色的纺织产品，但是该产品没有地方标准，只有企业标准。当一个行业的产品可以极大地影响或改变人们的日常生活时，业内人士才会关心此类产品的产品标准。如电子计算机的操作系统标准、第三代手机的 G3 标准等等。作为行业的领跑者，有权力制定高水平的行业标准，以此提高本行业的准入条件，把竞争者远远地甩在后面。

6. 企业标准

企业标准是指由企事业单位自行制定、发布的标准，是对企业范围内需要协调、统一的技术要求、管理要求和工作要求所制定的标准。《中华人民共和国标准化法》规定：企业生产的产品没有国家标准和行业标准的，应当制定企业标准，作为组织生产的依据。在形式上，企业标准处于标准水平的底端，但企业产品标准却在我国现行产品标准中占有重要地位。一些大型企业或者新开发的产品，通常都有企业标准。

除上述提到的各类标准外，客户标准在纺织行业中越来越重要。客户标准，对于纺织印染企业来说，就是加工协议中关于纺织品的基本质量要求。而对于外贸加工产品来说，通过成品检验发现织造和染整加工过程中在织物表面留下的各种疵点，则是纺织品外观质量检验的主要目的。因此，在与印染厂和纺织厂签订加工协议时，应该实事求是，不可提出过分的质量要求。当贸易公司提出过分的质量要求时，无论是纺织厂还是印染厂，都不会轻易在这份加工协议上签字。

纺织品纤维含量的标识

某检验检疫局在实施出口服装的检验监管过程中，多次遇到纤维成分标识不符合要求的情况。为此，该局及时对出口产品开具了不合格通知单和整改通知单，加强与出口企业及其客户现场沟通解决。事实上，纤维成分标识不规范已成为当前出口服装检验中不容忽视的一个突出问题。

纤维成分标识不符合要求，主要有三种表现形式：一是纤维含量不符，含量偏差超标；二是纤维标注名称与产品实际不符；三是唛标纤维成分与合同标示成分不符。

纺织品纤维含量的标识可参考中华人民共和国纺织行业标准 FZ/T 01053《纺织品　纤维含量的标识》。该标准的适用范围为国内市场上销售的纺织产品，即以天然或化学纤维为主要原料，经纺、织、染等加工工艺或再经缝制、复合等工艺而制成的产品，如纱线、织物及其制成品。

1. 纤维含量和纤维名称标注原则

纤维含量以产品中某种纤维含量占纤维总量的百分数表示。纤维含量一般采用净干质量结合公定回潮率计算的公定质量百分率表示。纤维名称应使用规范名称，并符合有关国家标准或行业标准的规定。对于国家标准或行业标准中没有统一名称的纤维，可标为“新型(天然、再生、合成)纤维”；在纤维名称的前面或后面，可以添加如实描述纤维形态特点的术语，如涤纶(七孔)、丝光棉等。

2. 纤维含量表示方法

(1) 仅有一种纤维成分的产品，在纤维名称的前面或后面加“100%”“纯”或“全”表示。

(2) 含两种和两种以上纤维组分的产品，一般按纤维含量递减顺序列出每种纤维的名称，并在名称的前面或后面列出该纤维含量的百分比；当各种纤维的含量相同时，顺序可任意排列。

(3) 如果采用提前印制的非耐久性标签，标签上的纤维名称按一定的顺序列出，且留有空白处，用于填写纤维含量百分比。这种情况下不需按含量优先的顺序排列。

(4) 含量≤5%的纤维，可列出该纤维的具体名称，也可用“其他纤维”表示；当产品中有两种和两种以上含量分别≤5%的纤维且总含量≤15%时，可集中标为“其他纤维”。

(5) 含有两种和两种以上化学性质相似且难以定量分析的纤维，列出每种纤维的名称，也可列出其大类纤维名称，合并表示其总含量。

(6) 含有里料的产品，应分别标明面料和里料的纤维名称和含量，若为同种织物可合并标注；含有填充物的产品，应分别标明外套和填充物的纤维名称和含量，羽绒填充物应标明羽绒类别和含绒量。

(7) 由两种和两种以上不同织物构成的产品，应分别标明每种织物的纤维名称和含量，面积不超过产品表面积15%的织物可不标；含有两种和两种以上明显可分的纱线系统、图案或结构的产品，可分别标明各系统纱线或图案的纤维成分含量，也可作为一个整体标明每种纤维含量，对纱线、图案、结构变化较多的产品，可仅标注较大面积部分的含量；由两层和两层以上材料构成的产品，可分别标明各层的纤维含量，也可作为一个整体标明每种纤维含量。

(8) 当产品的某个部位上添加有起加固或其他作用的纤维，但比例较小时，应标出主要纤维的名称及其含量，并说明包含添加纤维的部位和纤维名称。

(9) 当产品中存在易于识别的花纹或图案的装饰纤维或纱线(若拆除装饰纤维或纱线会破坏产品的结构)，当纤维含量≤5%时，可表示为"装饰部分除外"，也可单独将装饰线的纤维含量标出。如果需要，可以标明装饰线的纤维成分及其含量。

(10) 在产品中起装饰作用的部分或不构成产品主体的部分，如花边、滚边、腰带、松紧口、口袋等，其纤维含量可不标。若单个部件的面积或同种织物多个部件的总面积超过产品表面积的15%时，则应标注该部件的纤维含量。

(11) 含有涂层、黏着剂等难以去除的非纤维物质的产品，可仅标明产品中每种纤维的名称；结构复杂的产品，可仅标注主要部分或贴身部分的纤维含量；对于因不完整或不规则花型等造成的纤维含量变化较多的织物，可仅标注纤维名称。

3. 纤维含量允差

(1) 产品或产品的某一部分完全由一种纤维组成时，用"100%""纯"或"全"表示纤维含量。如：棉纤维含量为100%的产品，标记为"100%棉"或"纯棉"；蚕丝纤维含量为100%的产品，标记为"100%蚕丝"或"纯蚕丝"；麻纤维含量为100%的产品，标记为"100%麻"或"纯麻"(应注明麻纤维种类)；化学纤维含量为100%的产品，标为"100%化纤"或"纯化纤"(应注明化学纤维名称)；羊绒含量为100%的产品，标记为"100%羊绒"；羊绒含量达95%或以上的产品，也可标为"100%羊绒"。

(2) 产品或产品的某一部分中含有能判断为装饰纤维或特性纤维(如导电纤维、弹性纤维等)，且这些纤维的总含量≤5%(纯毛粗纺产品≤7%)时，可使用"100%""纯"或"全"表示纤维含量，并说明"××纤维除外"。

(3) 产品或产品的某一部分含有两种和两种以上纤维时，除了许可不标注的纤维外，在标签上标明的每一种纤维含量允许偏差为5%，填充物的允许偏差为10%。

(4) 当标签上的某种纤维含量≤15%时(填充物≤30%)，纤维含量允许偏差为标称值的30%。

(5) 当产品中某种纤维含量≤0.5%时，可不计入总量，标为"含微量××"。

思考题

1. 简述燃烧法鉴别的依据，以及常见纺织纤维的燃烧特征。
2. 如何鉴别棉、黏胶、羊毛、涤纶、锦纶、腈纶六种常用纤维？
3. 黏胶纤维与棉纤维的异同点是什么？
4. 什么是异形纤维？什么是复合纤维？

5. 你能说出几种新型纤维？它们各有何特点？

6. 如何鉴别全毛、毛/涤混纺和涤/黏仿毛产品？

7. 你能说出常见纺织纤维的缩写吗？

8. 烘箱法测定纺织纤维回潮率的原理是什么？如何用烘箱法检测回潮率？

9. 红外干燥法测定纺织纤维回潮率的原理是什么？

10. 什么是纤维的热收缩率？如何检测纺织纤维的沸水收缩率？如何检测纺织纤维的热空气收缩率？

11. 纺织品标准如何分类？

12. 如何对纺织纤维的含量进行标识？

项目2

纱线的识别与检测

学习目标

1. 通过任务2-1“纱线种类识别”,学习纱线的分类等相关知识,能识别纱线的种类,能自主完成纱线种类的识别。

2. 通过任务2-2“纱线捻向与捻度的检测”,学习纱线的捻向、捻度等相关知识,能自主完成纱线捻向与捻度的检测。

3. 通过任务2-3“纱线细度检测”,学习定重制、定长制等纱线细度的表示方法,能自主完成纱线细度的检测。

4. 通过任务2-4“纱线强度检测”,学习纱线强度等相关知识,能自主完成纱线强度的检测。

项目导入

某外贸公司从原料销售商处采购了一批棉纱,结果做出来的面料成品凹凸不平。该外贸公司将棉纱送到相关检测机构进行检测后,发现此次采购的棉纱细度和他们实际需要的棉纱细度竟有3^S～4^S的偏差。这是造成面料成品出现凹凸不平的主要原因。一般情况下,棉纱细度偏差1^S左右是正常的,而多达3^S～4^S就属于质量问题。如果原料销售商明知棉纱细度不符合客户需求,仍进行出售,就是欺诈行为。

纱线的捻向、捻度、细度等相关指标对纺织品的内在和外在质量有着重要的影响,因而,熟悉纱线的相关指标,并学会分析和检测这些指标,对于生产出符合客户要求的优质产品具有非常显著的作用。

任务分析

和纱线相关的指标较多,根据本教材的特点和实际教学的需要,在本项目的教学过程中选取具有代表性的四个学习任务。通过任务驱动,使学生在完成各个任务的过程中,熟悉纱线品种及其常用指标的检测方法。

任务 2-1　纱线种类识别

任务 2-1“纱线种类识别”是本项目的首项任务。完成纱线种类的识别，需要明确纱线的分类情况、各类纱线的特点等相关内容。

一、基本要求

通过对各种纱线样品进行观察、接触，增强对纱线的感性认识，了解纱线的各种分类方法，能正确地写出所提供的各类纱线的名称。

二、任务准备

1. 教师布置学习任务，将学生分成若干小组。

2. 教师准备好 4～5 种纱线样品，并给每一种纱线样品编号，以便学生对纱线进行观察、分析，确定纱线的类别。

3. 在学习本任务的过程中，各小组应首先明确任务，进行小组分工，准备相关材料。通过对本项目中纱线分类、常见纱线名称解释、常见纱线代号等相关知识的学习，以及上网查阅资料等，进一步了解和掌握完成本任务所需知识。在任务实施前各小组需明确以下问题：

(1) 纱线有哪些分类方法？

(2) 根据不同的分类方法可将纱线分成哪些种类？它们的特点是什么？

(3) 你们了解常见纱线名称间的区别吗？

(4) 你们了解纱线常见的品种代号吗？

(5) 实施过程中有哪些需要注意的地方？

三、实施内容

学生分组完成纱线的分类、识别，及时进行观察和记录。具体包括：

1. 将所发样品按短纤、长丝进行分类。

2. 将所发样品按单纱、股线、复捻股线进行分类，或按单丝、捻丝、复合捻丝等进行分类。

3. 将所发样品按纯纺、混纺进行分类。

4. 在纱线样品编号后写出所给样品按不同的分类方法进行分类后的具体名称。

四、实施后记

1. 学生整理实验结果，按要求完成学习任务报告的撰写。

2. 教师进行点评，总结本次任务的完成情况，形成任务总结。

任务 2-2　纱线捻向与捻度的检测

完成任务 2-2“纱线捻向与捻度的检测”，需要明确什么是纱线的捻向，什么是纱线的捻度，纱线的捻向和捻度的检测方法等相关内容。

一、基本要求

通过对纱线捻向与捻度进行检测，了解纱线捻向与捻度的概念，熟悉纱线捻向与捻度的检测方法，能够独立完成纱线捻向与捻度的检测，并能正确表达纱线的捻向与捻度。

二、任务准备

1. 教师布置学习任务，将学生分成若干小组。

2. 教师准备好 4～5 种纱线样品，并给每一种纱线样品编号，以便学生对纱线进行观察、分析和测试，确定纱线的捻向和捻度。

3. 在学习本任务的过程中，各小组应首先明确任务，进行小组分工，准备相关材料。通过对本项目中纱线的捻度、捻向及其检测等相关知识的学习，以及上网查阅资料等，进一步了解和掌握完成本任务所需知识。在任务实施前各小组需明确以下问题：

(1) 什么是纱线的捻向？什么是纱线的捻度？

(2) 纱线的捻向与捻度如何表示？

(3) 检测纱线捻向与捻度的仪器是什么？

(4) 测试过程中需要记录哪些数据？如何进行数据处理？

(5) 任务实施过程中有哪些需要注意的地方？

三、实施内容

学生分组完成纱线捻向与捻度的检测，及时进行观察和记录。具体包括：

1. 检测纱线的捻向，并进行正确的描述。
2. 学会使用纱线捻度仪。
3. 按纱线捻度测试要求准备测试样品。
4. 根据测试方法进行操作，记录相关数据。
5. 根据记录的相关数据进行数据处理，确定所发样品的捻度，并进行正确表述。

四、实施后记

1. 学生整理实验结果，按要求完成学习任务报告的撰写。
2. 教师进行点评，总结本次任务的完成情况，形成任务总结。

任务 2-3　纱线细度检测

任务 2-3“纱线细度检测”是本项目的学习重点。完成纱线细度的检测，需要明确衡量纱线细度的指标、各类纱线细度的单位、各类纱线细度单位间的换算关系、纱线细度的检测方法等。

一、基本要求

通过对纱线细度进行检测，了解纱线细度的检测方法，能够独立完成纱线细度的检测，初步估算出纱线的细度，并能正确表达纱线细度。

二、任务准备

1. 教师布置学习任务，将学生分成若干小组。

2. 教师准备好 4～5 种纱线样品，并给每一种纱线样品编号，以便学生对纱线进行观察、分析和测试，确定纱线的细度。

3. 在学习本任务的过程中，各小组应首先明确任务，进行小组分工，准备相关材料。通过对本项目中纱线的细度、纱线细度的检测方法等相关知识的学习，以及上网查阅资料等，进一步了解和掌握完成本任务所需知识。在任务实施前各小组需明确以下问题：

（1）什么是纱线细度？衡量纱线细度的指标有哪些？

（2）不同种类的纱线在表述细度时有何区别？

（3）不同的纱线细度单位间如何进行换算？

（4）检测纱线细度的仪器是什么？

（5）测试过程中需要记录哪些数据？如何进行数据处理？

（6）任务实施过程中有哪些需要注意的地方？

三、实施内容

学生分组完成纱线细度的检测，及时进行观察和记录。具体包括：

1. 学会使用电子缕纱测长仪。

2. 根据测试方法进行操作，记录相关数据。

3. 根据记录的相关数据进行数据处理，确定纱线的细度。

4. 根据纱线细度指标间的换算关系，将所得细度数据用不同的单位表示。

四、实施后记

1. 学生整理实验结果，按要求完成学习任务报告的撰写。

2. 教师进行点评，总结本次任务的完成情况，形成任务总结。

任务 2-4　纱线强度检测

任务 2-4“纱线强度检测”是本项目的最后一个任务。完成纱线强度的检测，需要明确衡量纱线强度的指标、纱线强度的检测方法等相关内容。

一、基本要求

通过对纱线强度进行检测，明确衡量纱线强度的指标，了解纱线强度的检测方法，能够独立完成纱线强度的检测。

二、任务准备

1. 教师布置学习任务，将学生分成若干小组。

2. 教师准备好 4～5 种纱线样品，并给每一种纱线样品编号，以便学生对纱线进行观察、分析和测试，确定纱线的强度。

3. 在学习本任务的过程中，各小组应首先明确任务，进行小组分工，准备相关材料。通过对本项目中纱线强度、纱线强度的检测方法等相关知识的学习，以及上网查阅资料等，进一步了解和掌握完成本任务所需知识。在任务实施前各小组需明确以下问题：

(1) 什么是纱线强度？

(2) 检测纱线强度的仪器是什么？

(3) 测试过程中需要记录哪些数据？如何进行数据处理？

(4) 任务实施过程中有哪些需要注意的地方？

三、实施内容

学生分组完成纱线强度的检测，及时进行观察和记录。具体包括：

1. 学会使用电子单纱强力仪。

2. 根据测试方法进行操作，记录相关数据。

3. 根据记录的相关数据进行数据处理，确定所发样品的强度。

四、实施后记

1. 学生整理实验结果，按要求完成学习任务报告的撰写。

2. 教师进行点评，总结本次任务的完成情况，形成任务总结。

知识准备 >>>

要完成纱线品种识别与常用指标测定，需要了解纱线的相关知识，包括纱线的分类、纱线的常用指标及其检测方法等。

一、纱线分类

根据形成纱线的纤维的长短不同，可将纱线分为短纤纱和长丝，短纤纱和长丝依据不同的分类方法可以进一步地进行分类。

(一) 短纤纱

1. 按并合加捻情况分

(1) 单纱：只有一股纤维束捻合而成的纱(图 2-1 中的 a)。

(2) 股线：由两根或两根以上的单纱并合加捻而成的线(图 2-1 中的 b)。

(3) 复捻股线：由两根或两根以上的股线并合加捻而成的线(图 2-1 中的 c)。

2. 按组成纱线的纤维种类分

(1) 纯纺：纱线中只含有单一的纤维。如棉纱、亚麻纱、羊毛纱或单一的化纤纱等。

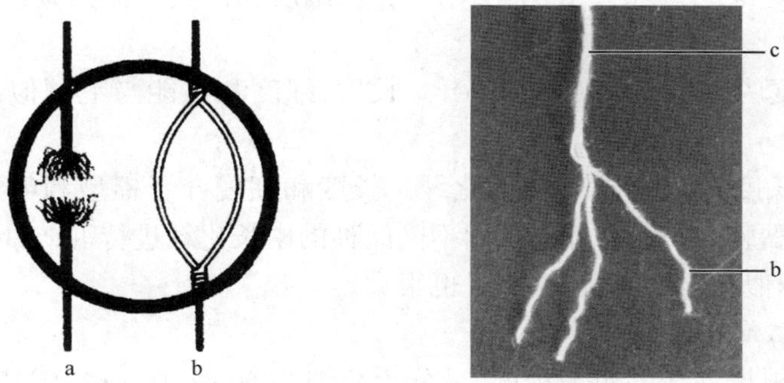

图 2-1　单纱、股线与复捻股线

a—单纱　b—股线　c—复捻股线

(2) 混纺：由两种或两种以上的纤维，按一定比例混合纺制的纱线。如涤/棉混纺纱、涤/黏混纺纱等。

3. 按纺纱工艺流程分

(1) 棉纱分为普梳、精梳(图 2-2)。

图 2-2　普梳纱与精梳纱

(2) 毛纱分为粗梳、精梳(图 2-3)。

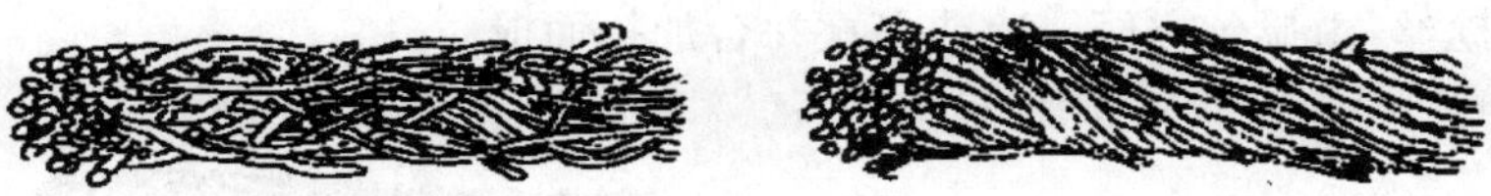

图 2-3　粗梳纱与精梳纱

普梳与精梳、粗疏与精梳是用于短纤维纱线的术语，表达了加工的深度和质量。精梳纱线的特点是条干均匀，内部纤维排列平行顺直，毛羽少，光泽优良，外观品质好。这种纱线必须用质量好的原材料，经过多道加工而得到。用此类纱线可以生产出更为优质的纺织面料。

以棉为例。若棉纤维在一般纺纱工艺中，经梳棉机一次梳理而纺制成的纱，称为普梳纱。棉纤维中含有部分短绒和籽屑，纤维的平行程度较差，纱的表面多毛茸和棉结杂质。如果棉纤维在一般纺纱工艺中加入一道精梳工艺，即在梳棉机梳理之后经过精梳机梳理，然后纺成的纱，则为精梳纱。精梳工艺的目的是梳去规定长度以下的短纤维，同时将大部分棉结和杂质梳去，使纤维的平均长度和整齐度提高，纤维更平行伸直，棉结等杂质减少。因此，精梳棉纱的强力、条干均匀度均优于普梳棉纱，纱条外观光洁，富有弹性。

4. 按化纤的长度分

化学纤维除了可以生产化纤长丝外，也可在纺丝后加工中切断成各种长度规格的短纤维，根据其长度和风格的不同可分为：

(1) 棉型:长度为 30～40 mm 的化纤。长度、细度和性能与棉相似,可以纯纺或与棉混纺,应用量最大。

(2) 毛型:长度为 70～150 mm 的化纤。长度、细度和性能与毛相似,可以纯纺或与毛混纺。

(3) 中长型:长度为 51～65 mm 的化纤。长度和细度介于棉型和毛型纤维之间,常见的有涤纶、腈纶和黏胶中长纤维等。利用不同品种的中长化纤进行混纺,可以制成各种风格与羊毛织物非常相似的仿毛面料,应用量也很大。

5. 按纱线的粗细程度分

棉或棉型纱,根据纱线的粗细程度,可分为特细特纱(≤10 tex)、细特纱(11～20 tex)、中特纱(21～31 tex)和粗特纱(≥32 tex)。

毛或毛型纱,根据纱线的粗细程度,可分为特细特纱(≤12 tex)、细特纱(12～31 tex)和粗特纱(>31 tex)。

6. 按纺纱方法分

按纺纱方法的不同,可将纱线分为环锭纱和新型纱线:

(1) 环锭纱:指用传统的环锭纺纱机纺得的纱线。

(2) 新型纱线:可再分为转杯纺纱线、喷气纺纱线、摩擦纺纱线、自捻纺纱线、涡流纺纱线等。

(二) 长丝

由化学纤维加工得到的连续丝条,不经过切断工序的,称为长丝。长丝按其并合加捻情况可分为以下几类:

(1) 单丝:由单孔喷丝头形成的一根长丝,通常是长度很长的单根连续纤维。

(2) 复丝:由两根或两根以上的单丝并合在一起的丝束(图 2-4)。

(3) 捻丝:由复丝加捻而成(图 2-4)。

(4) 复合捻丝:由捻丝再经一次或多次并合加捻而成。

图 2-4　复丝与捻丝

除上述长丝外,还有一大类不经过加捻,使长丝纤维交络而成的纱线,称为变形丝。变形丝可分为弹力丝(高弹丝、低弹丝)、空气变形丝、网络丝等。

变形丝是利用合成纤维的热塑性,对普通合纤长丝进行热加工或机械加工,使其具有较高的伸缩性和蓬松性。经过不同的变形技术而制得的变形丝有不同的纤维交络结构,因而制成的纱线性能和风格也不相同。

高弹丝或高弹变形丝主要是锦纶高弹丝,具有很高的蓬松性,多用于袜类、游泳衣、针织内衣和外衣等。低弹丝或变形弹力丝由高弹丝经过热定形而制成,具有适度的伸缩性和蓬松性,主要是涤纶低弹丝。

空气变形丝是以化纤长丝经气流喷嘴的涡流气旋形成丝圈丝弧,使长丝具有短纤维的外观。空气变形丝在生产时省略了将化纤长丝切断,再纺成纱的生产过程。由空气变形丝织成的织物，外观和手感接近用短纤维织成的织物。网络丝是指丝条在网络喷嘴中，经喷射气流作用，使单丝互相缠结而呈周期性网络点的长丝。各类变形丝的结构如图 2-5 所示。

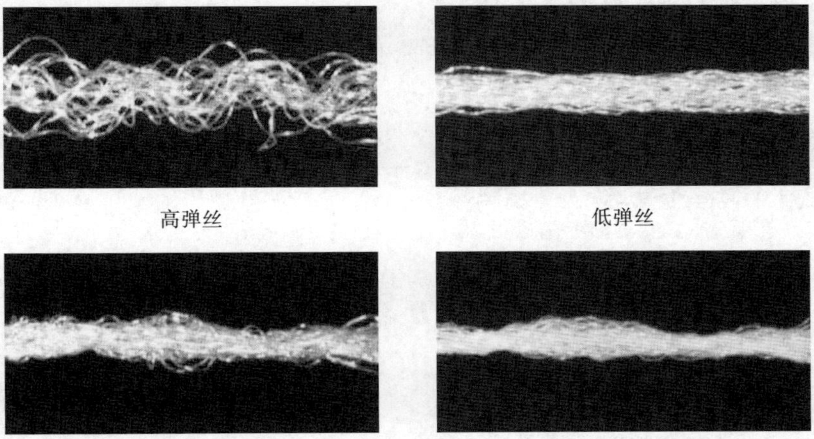

高弹丝　低弹丝

空气变形丝　网络丝

图 2-5　各类变形丝

（三）其他类型的纱线

1. 色纺纱

以纤维状态进行染色，再将两种或两种以上的纤维充分混合纺成的纱。

2. 膨体纱

膨体纱是将不同收缩率的纤维混纺成纱线，再经过蒸汽、热空气或沸水处理而制成。由于各混纺组分的收缩率不同，收缩率高的纤维产生较大收缩而位于纱的中心，收缩率低的纤维因为收缩小而被挤压在纱线的表面形成圈形。膨体纱蓬松、丰满，富有弹性。

3. 花式纱线

花式纱线指具有特殊外观效果的纱线(图 2-6)。大多数花式纱线由芯纱和饰纱加捻而成，表面带有疙瘩、环圈、螺旋线圈等。如：大肚纱，纺丝过程中形成非常明显的一段粗、一段细的风格；竹节纱，可以在纺丝过程中形成一段粗、一段细的风格，也可以在后续加工时由拉伸所致。此外，金银丝、雪尼尔纱也是特殊的花式纱线。金银丝具有闪闪发光的外观，如涤纶金银丝，主要作为装饰用。雪尼尔纱的外观特征如刷子，是纤维被握持在合股的芯纱上所形成的，主要用于绒类织物和装饰织物。

蝴蝶纱　结子纱

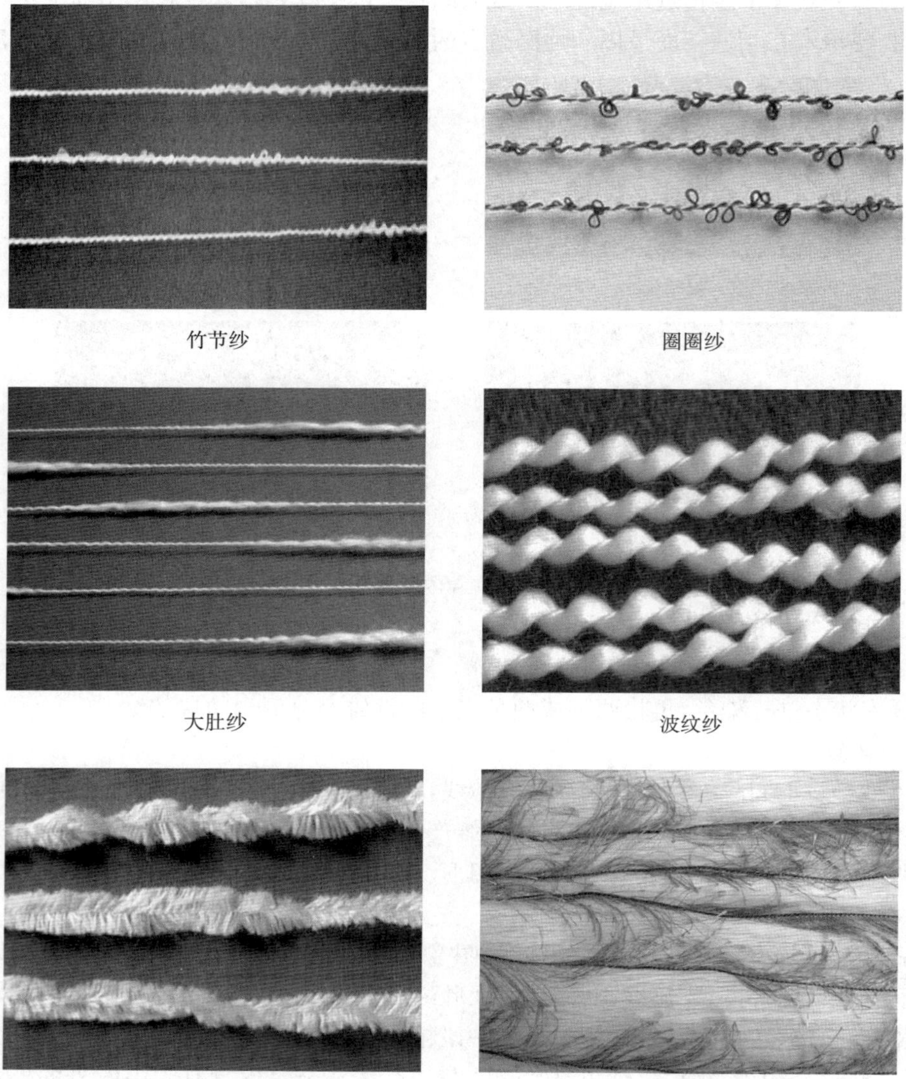

竹节纱　圈圈纱　大肚纱　波纹纱　雪尼尔纱　羽毛纱

图 2-6　各类花式纱线

二、常见纱线名称解释

1. 包芯纱与包覆纱

包芯纱一般以强度和弹力都较好的合成纤维长丝为芯丝，常用的纱芯长丝有涤纶长丝、锦纶长丝、氨纶长丝等，外包棉、毛、黏胶纤维等短纤维，一起加捻纺制而成。拉伸时芯丝一般不会外露。包芯纱兼有长丝芯纱和外包短纤维的优良性能。比较常见的包芯纱，有涤/棉包芯纱，以涤纶长丝为芯纱，外包棉纤维；还有氨纶包芯纱，是以氨纶长丝为芯纱，外包其他纤维制成的纱线。由氨纶包芯纱织成的织物制成服装后，穿着时伸缩自如，舒适合体。

包覆纱也是以氨纶丝为芯，并以非弹性短纤维或长丝按螺旋形的方式对伸长的氨纶丝予以包覆而形成的弹力纱，在张紧状态下有露芯现象。

2. POY，FDY，DTY 与 ATY

POY(Pre-oriented Yarn，预取向丝)。当高速纺丝的速度为 3 000～3 600 m/min 时，可制得预取向丝。在高卷绕速度下，纤维产生一定的取向度，结构比较稳定。POY 不可单独用作经线或纬线，必须与其他长丝复合。POY 可伸长 1.6 倍，是低弹丝的半成品。

FDY(Fully Drawn Yarn，全拉伸丝)。在纺丝过程中引入拉伸作用，可获得具有高取向度和中等结晶度的卷绕丝，为全拉伸丝，通称 FDY，单丝平行、光滑、均匀。

DTY(Draw Textured Yarn，低弹丝)。指涤纶 POY 在加弹机上经过拉伸定形后的丝，与 FDY 比，具有蓬松性和卷曲性，看上去更像纱线，在纺丝过程中，在微小区域内形成皱缩。DTY 是在一台机器上进行连续或同时拉伸、变形加工后的成品丝，单纤维弯曲，低伸缩，蓬松。

ATY(Air Textured Yarn，空气变形丝)。利用压缩空气，使化学纤维长丝发生变形，丝束外圈局部起小卷，再使它们部分断裂，形成若干头端而露在纱体外面。空气变形丝织物的外观和手感类似于短纤织物。

一般情况下，涤纶 POY 产品很少单独使用，通常与涤纶 FDY 加工成复合丝，用于开发仿毛型产品。涤纶 POY 长丝也可通过加捻与涤纶 DTY 长丝加工仿毛产品。在涤纶面料中，POY 的含量越高，产品的仿毛属性越明显；FDY 的含量越高，产品的仿真丝属性越突出；而 DTY 的含量越高，产品的仿麻属性越显著。

3. 有光丝与消光丝

在白色颜料中，二氧化钛(TiO_2)具有最大的消光效果，通常作为消光剂使用。根据对成品纤维的光泽要求的不同，可加入不同数量的消光剂，以生产有光丝(SB)、消光丝(FD)或半消光丝(SD)。有光丝(或大有光丝)，是指不消减光泽，通常不在纤维纺丝液中加入起消光作用的二氧化钛，或者利用三叶形或三角形的纤维截面来增强光反射能力的长丝。

三、纱线品种代号

为了更加简洁方便地表述纱线的品种，在纺织印染生产中可用相对比较固定的英文缩写作为其代号。常见纱线品种代号见表 2-1。

表 2-1　纱线品种代号

纱线品种	代号	纱线品种	代号
经纱	T	半精梳纱线	BJ
纬纱	W	绞纱	R
针织用纱	K	筒纱	D
精梳纱线	J	烧毛纱线	G

四、纱线的捻向、捻度及其检测

纱线质量取决于原料质量和工艺质量。纱线质量的好坏直接影响织物的美观和使用价值。衡量纱线质量的指标主要有纱线的捻度和捻向、细度、强度等。

纱线捻度不仅影响纱线强度，还影响纱线染色后的颜色准确性和筒子纱的蓬松程度。所以，当纱线捻度较高时，可以适当提高筒子纱染色过程中的倒筒速度，适当延长筒子纱染色的工艺时间，以提高匀染程度。绞纱染色是纱线染色的另外一种重要的加工形式。当绞纱的捻度较高时，纱线在湿热状态下的收缩也越明显，纱线的线密度就会明显地提高。

(一) 纱线的捻向与捻度

纺纱过程中将纤维条回转搓捻，使纤维相互抱合成纱的工艺，称为加捻。短纤维在纺纱过程中必须加捻。加捻的多少，以及纱线和织物中捻度、捻向的配合，对织物的外观和许多物理性能都有很大的影响。

1. 捻向

捻向是指纱线加捻的方向。它是根据加捻后纤维在纱线中或单纱在股线中的倾斜方向而定的，有“S”捻和“Z”捻之分(图 2-7)。

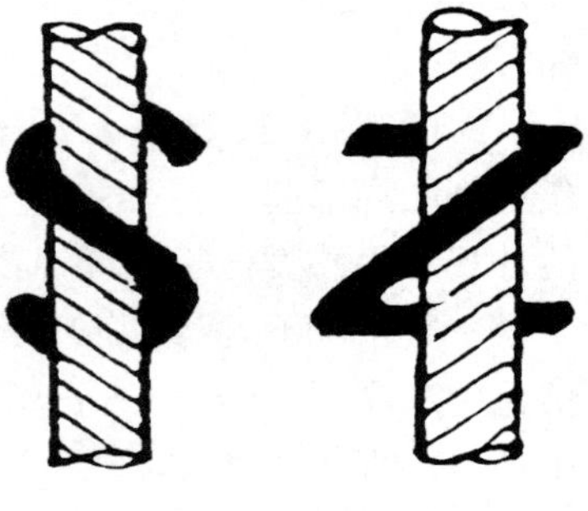

图 2-7　纱线的捻向

单纱一般采用 Z 捻；对于股线或复捻股线，其捻向的表示方法为：第一个字母表示单纱的捻向，第二个字母表示股线的捻向，第三个字母表示复捻捻向。如单纱为 Z 捻，股线为 Z 捻，复捻为 S 捻，则复捻股线的捻向为“ZZS”。

2. 捻度

捻度是纱线中纤维被搓捻的松紧程度，通常用纱线单位长度内的捻回数(一个捻回即回转 360°)来度量，是表示纱线加捻程度的指标之一。通常，短纤纱的单位长度为“10 cm”，长丝为“1 m”。一定长度内的纱线被搓捻的圈数越多，捻度就越高，纤维彼此就抱合得更紧(表 2-2)。

表 2-2　纱的捻度

纱的名称	弱捻纱	中捻纱	强捻纱	极强捻纱
捻度(捻/m)	300 以下	300～1 000	1 000～3 000	3 000 以上

(二) 纱线捻向与捻度的检测

1. 实验仪器和材料

Y331 型纱线捻度仪(图 2-8)、各种纱线。

2. 测试方法

(1) 试样准备

图 2-8　Y331 型纱线捻度仪

先将试样暴露在一级标准大气(对于非仲裁试验，可用二级标准大气)中至少 16 h。经向取 1 块条样，纬向在不同部位取 5 块条样。试样长度至少比试验长度长 70～80 mm，宽度应满足足够的试验根数(表 2-3)。在采用不止 1 块条样的场合，试验根数在各条样之间的分配大致相等。若需达到特殊要求的精确度，最少的试验数量应通过统计确定。对于某些含浆料或其他非纤维物质的织物试样，可进行预处理，以便于纱线解捻。对于某些印花织物，取样应避开染料部分。

表 2-3　试验长度与试验根数

纱线种类	股线	长丝纱	短纤纱
最少试验根数	20	50	50
试验长度(mm)	200	200	25

注:对于某些棉纱,可用 10 mm 的最小试验长度。

(2) 测试步骤

① 拆下长度约 100 mm 的纱线,使其处于竖直位置,观察捻回螺线的倾斜方向,与字母“S”中间部分一致的,为 S 捻;与字母“Z”中间部分一致的,为 Z 捻。

② 在不使纱线意外伸长和退捻的条件下,将纱线一端从织物试样中侧向拆出,夹紧于捻度试验仪的一个夹钳中。在夹紧另一端之前,使纱线受到适当的伸直张力(表 2-4)。

表 2-4　伸直张力

纱线种类	线密度(tex)	伸直张力(mN)
棉和棉型纱	≤7 >7	75×线密度值 (20×线密度值)+400
粗梳毛纱、精梳毛纱 毛型纱、中长型纱	15～60 60～300	(20×线密度值)+400 (7×线密度值)+1 200
非变形长丝纱	各种线密度	50×线密度值

③ 转动旋转夹钳,使纱线进行退捻,直至单纱内纤维全部平行或股线中单纱全部分开。

④ 记录旋转夹钳的回转数。

⑤ 拆取条样中的纱线,重复上述过程,直至达到足够的试验根数。

⑥ 如需进一步测试股线中单纱(长丝纱或短纤纱)的捻度,可根据待测单纱的线密度计算预加伸直张力;再调整张力,去除不测的单纱,使待测单纱调整至表 2-3 所规定的试验长度;然后按上述程序进行测试。根据测试结果,按下式对每种试样的经纬纱分别计算平均捻度(精确至整数位):

$$平均捻度(捻/m)=\frac{记录回转数的总和\times 1\,000}{试验长度(mm)\times 试验次数}$$

五、纱线细度及其检测

(一) 纱线细度

纱线细度即纱线的粗细程度,是纱线很重要的物理特性和几何特征之一,反映了纱线的质量和其长度的关系。它不仅影响纺织加工和产品质量,而且与织物的服用性能密切相关。纱线的细度影响到纺织品的物理机械性能、手感和风格等。

纱线的细度有多种表示形式,一般采用与纱线截面积成比例的间接指标,分定长制和定重制两类,主要有线密度 Tt、纤度 N_d、英制支数 N_e 和公制支数 N_m。

1. 定长制

定长制是指一定长度的纱线在公定回潮率时所具有的质量,数值越大,表示纱线越粗。

目前常用的单位有“特(tex)”“分特(dtex)”“旦(D)”等。

(1) 线密度

我国法定计量制的线密度单位为“特克斯”(tex)，简称“特”。线密度指 1 000 m 长的纱线在公定回潮率时的质量克数，算式如下：

$$\mathrm{Tt} = \frac{G}{L} \times 1\,000$$

式中：G——纱线的公定质量(g)；

L——纱线的长度(m)。

特克斯是法定计量单位，适用于各类纱线。显然，其值越高，纱线就越粗。如棉纱常见的规格有 13 tex、14.5 tex、28 tex 等。这些主要表示单纱的细度。若为股线，则可表示为 14.5 tex×2，14.5 为单纱线密度，2 为合股数，即表示由 2 根细度为 14.5 tex 的单纱加捻而成的股线。当股线中单纱的线密度不同时，则以单纱的线密度相加来表示。如(16＋18) tex，即表示 1 根 16 tex 的单纱和 1 根 18 tex 的单纱组成的股线。化纤长丝或蚕丝的复丝细度为组成该复丝的单丝细度之和，通常用组成复丝的单丝根数和总特克斯值表示。如 12.5 tex/36 f，12.5 tex 为复丝总细度，36 为单丝根数，纺丝时使用的喷丝板有 36 孔，即该纤维有 36 根单丝。

(2) 纤度

纤度的单位为“旦尼尔”，简称“旦”(D)。纤度指 9 000 m 长的纱线在公定回潮率时的质量克数，算式如下：

$$N_d = \frac{G}{L} \times 9\,000$$

式中：G——纱线的公定质量(g)；

L——纱线的长度(m)。

旦尼尔通常用于长丝(蚕丝或化纤丝)的细度表示。如 100 D 表示长度为 9 000 m 的丝的公定质量为100 g，150 D 表示长度为 9 000 m 的丝的公定质量为 150 g。由此可知，旦尼尔值越大，表示长丝越粗，即 150 D 的长丝比 100 D 的长丝粗。长丝的复丝细度为组成该复丝的单丝细度之和。通常长丝用组成复丝的单丝根数和总细度表示。如 100 D/36 f，100 D 为复丝总细度，36 为纺丝时使用喷丝板的孔数，也就是该规格的丝具有的单丝根数，其含义为由 36 根单丝并合成的细度为 100 D 的复丝。

2. 定重制

(1) 英制支数

英制支数的单位为“英支”(^{S})，指 1 lb(1 lb＝453.59 g)的纱线在公定回潮率时所具有的长度为 840 yd(1 yd＝0.914 4 m)的倍数。

$$N_e = \frac{L}{G \times 840}$$

式中：L——纱线的长度(yd)；

G——纱线的公定质量(lb)。

英支通常用于表示棉及其混纺纱线的细度。如 20^{S}，表示 1 lb 纱线的长度为 20×840

yd，32^S表示 1 lb 纱线的长度为 32×840 yd。由此可知，纱线的英支数越大，纱线越细，即32^S比20^S细。如常见棉纱有20^S、21^S、30^S、32^S、40^S、45^S、60^S、80^S等。一般60^S以上即为高支纱。

若为股线则写成$40^S/2$，其含义为由 2 根40^S的单纱并合加捻而成的股线。如果组成股线的单纱的英支数不同，则应把单纱的英支数并列，用斜线分开，如$24^S/48^S$。若是棉/氨弹力纱线，应把氨纶也表示出来，因为氨纶是长丝，所以可表示为"32^S＋40 D"。当然，英支在其他天然短纤维中也有应用，且与棉纱有所区别。表 2-5 所示为各种纱线支数制的规定。

表 2-5　各种支数制的定义

支数名称	定重标准	每支定长	适用纱线种类
英支棉纱支数	1 lb	840 yd	棉纱、绢纺纱、化纤短纤纱
英支精梳毛纱支数	1 lb	560 yd	精梳毛纱
麻纱支数	1 lb	300 yd	麻纱

(2) 公制支数

公制支数指 1 g 的纱线在公定回潮率时所具有的长度米数，通常用于表达毛纱、麻纱、绢丝的粗细。同样，公支数越大，纱线越细。其算式如下：

$$N_m = \frac{L}{G}$$

式中：L——纱线的长度(m)；

G——纱线的公定质量(g)。

(二) 纱线细度测试

1. 绞纱法

(1) 实验仪器与材料

YG086 型电子缕纱测长仪(图 2-9)、烘箱、电子天平、纱线。

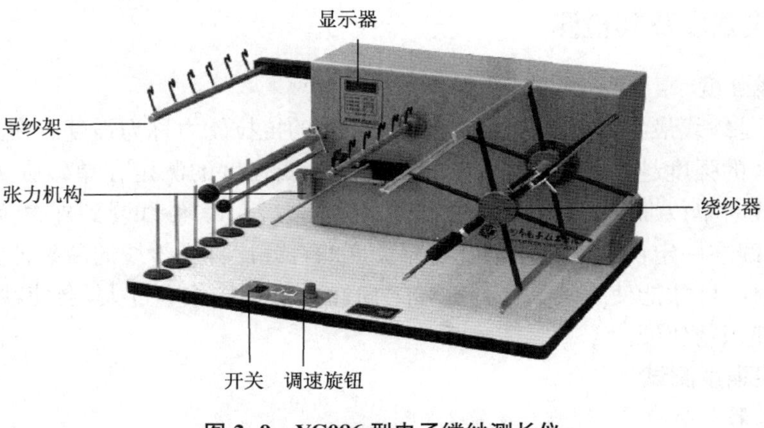

图 2-9　YG086 型电子缕纱测长仪

(2) 测试原理

缕纱测长仪启动后，按规定绕取一定长度的缕纱，逐缕称量后作为试样。将绕取的缕纱放在烘箱内烘干并称量，根据称量结果进行计算，得出纱线细度。

(3) 测试方法

① 在 YG086 型电子缕纱测长仪上设置有关参数，如缕纱长度、纱框回转速度和卷绕张力等。

对于一般纱线来说，当细度小于 12.5 tex 时，每缕试样长度取 200 m；当细度为 12.5～100 tex 时，取 100 m；当细度大于 100 tex 时，取 10 m。

一般而言，对于管纱，纱框回转速度取 205 r/min±10 r/min；若为成品绞纱，纱框回转速度取 110 r/min±5 r/min。

卷绕张力设定，一般纱线为 0.5 cN/tex±0.1 cN/tex。

② 在 YG086 型纱框测长机上绕取 5 个缕纱，把每个缕纱的头尾接好(纱的头尾结头应短于 1 cm)，分别取下缕纱。

③ 称取缕纱质量，精确至 0.01 g。

④ 结果计算：

$$\mathrm{Tt}=\frac{G}{L}\times 1\,000$$

式中：G——缕纱的公定质量(g)；

L——缕纱的长度(m)。

2. 比较测定法

(1) 实验仪器与材料

放大镜、已知细度的纱线、各种不同细度的待测纱线。

(2) 测试方法

① 细度纱线样卡的准备。注意收集各类不同细度的纱线，以不松弛且不受太大张力的状态，将其缠绕于硬纸板上，在纱线旁注上已知的细度，做成一套细度纱线样卡。

② 将纱线放在放大镜下，仔细地与已知细度的纱线进行比较，然后确定纱线的细度。

六、纱线强度及其检测

(一) 纱线强度

纱线强度是纱线最主要的性能指标之一。纱线的抗拉能力称为强度。在其他条件相同的情况下，纱线的强度越高，则织物越坚固耐用。纱线强度的测定在单纱强力测试仪上进行，用拉断纱线时单位细度的纱线所承受的最大拉伸力表示。纱线受到外力拉伸时，即发生伸长变形。纱线在一定负荷下拉伸长度对原长度的百分比称为纱线的断裂伸长率。纱线应具有适当的延伸性，才能使纱线具有弹性和柔韧性。断裂伸长率过大，会使纱松弛；断裂伸长率过小，会使织物变硬。

(二) 纱线强度测试

1. 实验仪器与材料

YG061F 型全自动电子单纱强力仪(图 2-10)、待测纱线若干。

2. 测试原理

试样的一端夹持在电子单纱强力仪的上夹持器中，另一端按标准规定加上预张力后用下夹持器夹紧，采用每分钟100%隔距长度（相对于试样长度）的速度进行定速拉伸，直至试样断裂。此时，测力传感器把上夹持器受到的力转换成相应的电压信号，经放大电路放大后进行A/D转换，最后把转换成的数字信号送入计算机进行处理。仪器自动记录每次测试的断裂强力、断裂伸长等指标，测试结束后，数据处理系统会给出所有指标的统计值。

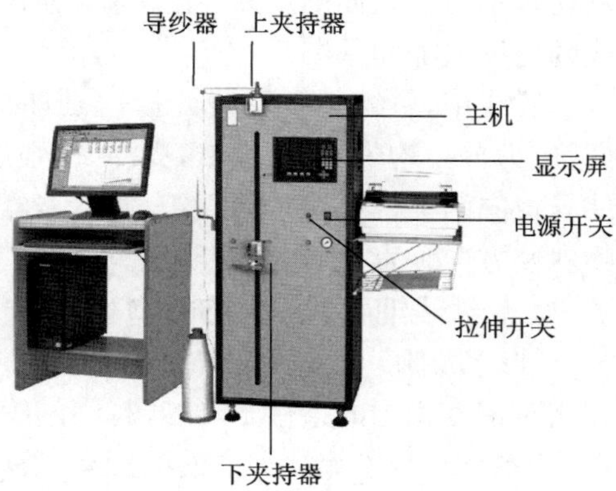

图 2-10　YG061F 型全自动电子单纱强力仪

3. 测试方法

① 设置参数。隔距长度一般采用“500 mm”，伸长率大的试样采用“250 mm”；拉伸速度设置，500 mm隔距长度时采用500 mm/min，250 mm隔距长度时采用250 mm/min，特殊情况下允许采用更高的速度；输入其他参数，如测试次数、纱线细度等；选择测试方法，如定速拉伸测试、定时拉伸测试、弹性回复率测试等。

② 按“试验”键，进入测试状态。

③ 将纱管放在纱管支架上，牵引纱线经导纱器进入上、下夹持器的钳口后，夹紧上夹持器。

④ 按表 2-6 所示给试样施加预张力。

表 2-6　几种纱线的预张力

聚酯和聚酰胺纱	醋酯和黏胶纱	双收缩和膨体纱
2.0 cN/tex±0.2 cN/tex	1.0 cN/tex±0.1 cN/tex	0.5 cN/tex±0.05 cN/tex

⑤ 夹紧下夹持器，按“拉伸”开关，下夹持器下行，纱线断裂后下夹持器自动返回。在试验过程中，检查钳口之间的试样滑移不能超过2 mm，如果多次出现滑移现象，须更换夹持器或者在钳口处衬垫。舍弃出现滑移时的试验数据，并且舍弃纱线断裂点距离钳口或夹持器5 mm以内的试验数据。

⑥ 重复步骤③～⑤，继续测试，直至拉伸到设定次数，测试结束。

⑦ 打印统计数据。测试完毕，关闭电源。

阅读材料 >>>

纱线对织物的影响

一、纱线捻向与捻度对织物的影响

对短纤维来说，加捻是成纱的必要手段；对长丝和股线来说，加捻是为了形成一个不易被横向外力破坏的紧密结构。加捻的多少，以及纱线和织物中的捻向、捻度的配合，对织物有很大的影响。纱线通过加捻，使纤维之间的抱合力增大，断裂强度和断裂伸长率增加，抗皱性和耐磨性增强；但捻度太大，织物硬挺度过高，折边处易磨损和断裂。捻向对织物外观有着很大的影响。纱线无捻，光线从每根纱线上反射，成纱表面较暗；纱线的捻度适当，光线从比较平滑的表面上反射，光泽达最强；捻度过大，光线在纱线表面凸凹之间被吸收，反射光线随捻度增加而减弱。

股线中，单纱一般采用 Z 捻，合股时采用 S 捻。采用这种配置方式，纤维之间抱合性好，应力分布均匀，股线柔软，光泽好，强度高。机织物中经纬纱捻向配置有经纬同捻向和经纬异捻向两类。如对于斜纹织物而言，经纱采用 S 捻，纬纱采用 Z 捻，则经纬纱的捻向与织物斜纹方向垂直，织物纹路明显。

二、纱线细度对织物的影响

纱线的细度直接决定着织物的规格、品种、风格、用途和物理机械性能等。在织物组织和相对密度相同的条件下，纱线越细的织物表面比纱线粗的织物细腻而紧密，轻薄且柔软。在同一织物中，经纬纱细度的配置有三种方式：经纬纱粗细相同；经纱细于纬纱；经纱粗于纬纱。在实际生产织造中，多采用前两种方式。

三、纱线强度对织物的影响

对于需要进行拉毛加工的针织涤纶产品而言，涤纶丝的断裂强度对织物表面绒毛的均匀程度的影响是显而易见的。原料的断裂强度过大，拉毛时磨毛机的负载增加，磨毛针布的损耗加剧，织物绒面的露底现象会明显增加。因此，为了保持涤纶针织拉毛产品的绒面质量，须保持涤纶长丝断裂强度的相对稳定。

纱线断裂强度的检测结果，可以作为制定拉毛工艺的依据之一。当涤纶长丝的断裂强度下降时，既可以采用旧针布拉毛，也可以降低拉毛张力，避免出现长毛绒现象。而棉纱强度的变化对于全棉磨毛织物的绒面影响也是非常直接的。当棉纱的捻度增加，纱线断裂强度相应增加以后，也需要适当调整全棉磨毛类产品的磨毛工艺参数和磨毛砂纸的型号与规格，否则容易造成磨毛类全棉织物的强度损伤，最终影响面料质量。

思考题

1. 什么是纯纺纱线？什么是混纺纱线？
2. 什么是英制支数？$50^S/2$ 表示什么含义？
3. 什么是单纱？什么是股线？
4. 什么是旦尼尔？哪些纤维的细度用此单位表示？
5. 什么是普梳纱？什么是精梳纱？
6. 你能说出常见纱线品种的代号吗？
7. 什么是纱线的捻度？如何检测纱线的捻度？
8. 什么是纱线的捻向？如何检测纱线的捻向？
9. 什么是纱线的细度？纱线细度有哪些表示单位？如何检测纱线的细度？
10. 什么是纱线的强度？如何检测纱线的强度？

项目 3

纺织面料识别与规格检测

学习目标

1. 通过任务3-1“织物的初步认识”，学习织物的分类方法，能自主完成对常见的织物进行分类。

2. 通过任务3-2“纺织面料规格识别与检测”，学习匹长、幅宽、经纬密度、质量、厚度等相关知识，能自主完成纺织面料规格的检测，并能对纺织面料的规格进行准确表述。

3. 通过任务3-3“常见织物组织识别”，学习织物组织、组织循环、组织点飞数、机织物组织结构、纬编织物组织结构、经编织物组织结构等相关知识，能自主完成常见织物组织结构的分析。

4. 通过任务3-4“常见纺织面料品种识别”，学习常见纺织面料的品种及其特点等相关知识，能识别常见的纺织面料品种。

5. 通过任务3-5“常见纺织面料成本核算”，学习常见纺织面料成本的构成，能初步核算出纺织面料的成本。

项目导入

某纺织品贸易公司接到一日本客户寄来的样品，要求公司进行报价。负责公司面料采购的小李，拿到布样后对其成分、规格、品种等进行了分析，初步核算了该面料的成本，并与供应商进行了沟通，确定了该样品的最终报价。

染整专业的学生将来的工作主要面对纺织印染产品加工和纺织品流通企业，主要从事染整产品生产加工、纺织品跟单、面料采购、产品质量检测等相关工作。为此，认识和了解纺织面料的规格、品种，能对客户来样进行分析鉴别，都是非常重要的。只有这样，才能更好地进行纺织品的染整加工，才能合理地进行报价，也是生产出符合客户要求的产品的重要保证。

任务分析 >>>

根据本教材的特点和实际教学的需要，在本项目的教学过程中选取具有代表性的五个学习任务。通过任务驱动，使学生在完成各个任务的过程中，熟悉纺织面料品种及其规格指标的检测方法。

任务3-1　织物的初步认识

任务3-1"织物的初步认识"是本项目的首项任务。完成织物的初步认识，需要明确织物的种类、各类织物的特点等相关内容。

一、基本要求

通过对常见的织物进行观察、接触，了解各类织物的特征，并根据各类织物的特点，将所给织物进行初步分类。

二、任务准备

1. 教师布置学习任务，将学生分成若干小组。

2. 教师准备好6～8种不同类别的织物样品，并给每一种织物样品编号，以便学生对织物进行观察、分析，确定织物类别。

3. 在学习本任务的过程中，各小组应首先明确任务，进行小组分工，准备相关材料。通过对本项目中织物分类等相关知识的学习，以及上网查阅资料等，进一步了解和掌握完成本任务所需知识。在任务实施前各小组需明确以下问题：

(1) 什么是织物？

(2) 织物有哪些分类方法？

(3) 根据不同的分类方法可将织物分成哪些种类？它们的特点是什么？

(4) 任务实施过程中有哪些需要注意的地方？

三、实施内容

学生分组完成织物的分类、识别，及时进行观察和记录。具体包括：

1. 将所发样品按机织物、针织物和非织造布进行分类。

2. 将所发样品按纯纺织物、混纺织物和交织物进行分类。

3. 将所发样品按本白布、漂白布、染色布、印花布和色织布进行分类。

4. 在织物样品编号后写出所给样品按不同的分类方法进行分类后的具体类别。

四、实施后记

1. 学生整理实验结果，按要求完成学习任务报告的撰写。

2. 教师进行点评，总结本次任务的完成情况，形成任务总结。

任务 3-2 纺织面料规格识别与检测

任务 3-2“纺织面料规格识别与检测”是本项目的学习重点。完成纺织面料规格识别与检测，需要明确纺织面料的规格指标、纺织面料规格的表示方法、纺织面料规格的检测方法等相关内容。

一、基本要求

通过对纺织面料规格进行检测，了解纺织面料的门幅、经纬密度等指标的检测方法，能够独立完成门幅、经纬密度等指标的检测，并能正确完整地表述纺织面料的规格。

二、任务准备

1. 教师布置学习任务，将学生分成若干小组。

2. 教师准备好 6～8 种织物样品，并给每一种织物样品编号，以便学生对织物进行观察、分析和测试，确定织物的规格。

3. 在学习本任务的过程中，各小组应首先明确任务，进行小组分工，准备相关材料。通过对本项目中纺织面料规格及其检测、纺织面料规格描述等相关知识的学习，以及上网查阅资料等，进一步了解和掌握完成本任务所需知识。在任务实施前各小组需明确以下问题：

(1) 衡量纺织面料的规格指标有哪些？

(2) 为了全面地检测纺织面料的规格，需要用到哪些仪器？

(3) 在检测纺织面料各项规格指标的过程中需要记录哪些数据？如何进行数据处理？

(4) 如何完整表述纺织面料的规格？

(5) 表述纺织面料的规格有几种方式？你能否准确进行换算？

(6) 任务实施过程中有哪些需要注意的地方？

三、实施内容

学生分组完成纺织面料规格的检测，及时进行观察和记录。具体包括：

1. 检测所给纺织面料的门幅，并进行准确的描述。

2. 确定所给纺织面料的经纬向，并在织物上表示。

3. 使用照布镜、密度分析镜、玻璃板密度仪等工具检测所给纺织面料的经纬密度，并进行准确的描述。

4. 检测所给纺织面料的纱线细度，并进行准确的描述。

5. 检测所给纺织面料的质量，并进行准确的描述。

6. 检测所给纺织面料的厚度，并进行准确的描述。

7. 将测试所得的规格指标进行整理，完整地表述所给样品的规格。

8. 将纺织面料的规格用两种方式进行准确表述。

四、实施后记

1. 学生整理实验结果，按要求完成学习任务报告的撰写。
2. 教师进行点评，总结本次任务的完成情况，形成任务总结。

任务 3-3　常见织物组织识别

要完成任务 3-3"常见织物组织识别"，需要了解织物的组织结构特征、织物基本组织、织物组织分析方法等相关内容。

一、基本要求

通过对织物的组织进行分析，了解织物的织造规律和不同织物组织的特点，能够独立完成常见织物组织的分析。

二、任务准备

1. 教师布置学习任务，将学生分成若干小组。

2. 教师准备好 6～8 种织物样品，并给每一种织物样品编号，以便学生对织物进行观察、分析，确定织物组织。

3. 在学习本任务的过程中，各小组应首先明确任务，进行小组分工，准备相关材料。通过对本项目中织物组织结构等相关知识的学习，以及上网查阅资料等，进一步了解和掌握完成本任务所需知识。在任务实施前各小组需明确以下问题：

(1) 什么是织物组织？
(2) 是否了解织物组织中相关的概念？
(3) 织物的基本组织有哪些？它们各有何特点？
(4) 织物组织如何表示？
(5) 如何对织物组织结构进行分析？
(6) 任务实施过程中有哪些需要注意的地方？

三、实施内容

学生分组完成织物组织分析，及时进行观察和记录。具体包括：

1. 确定织物的正反面。
2. 确定织物的经纬向。
3. 分析织物组织。
4. 绘制织物组织结构图。
5. 写出织物组织分式表示方法。

四、实施后记

1. 学生整理实验结果，按要求完成学习任务报告的撰写。

2. 教师进行点评，总结本次任务的完成情况，形成任务总结。

任务 3-4　常见纺织面料品种识别

要完成任务 3-4“常见纺织面料品种识别”，需要了解常见纺织面料的品种及其结构特点和风格特征等相关知识。

一、基本要求

通过对常见的纺织面料进行观察、接触，了解各类纺织面料的特征，并根据不同品种的纺织面料的特点，将所给面料进行分类。

二、任务准备

1. 教师布置学习任务，将学生分成若干小组。

2. 教师准备好各类织物样品若干，并给每一种织物样品编号，以便学生对织物进行观察、分析，确定织物的品种。

3. 在学习本任务的过程中，各小组应首先明确任务，进行小组分工，准备相关材料。通过对本项目中常见纺织面料品种等相关知识的学习，以及上网查阅资料等，进一步了解和掌握完成本任务所需知识。在任务实施前各小组需明确以下问题：

(1) 各类纺织面料常见的品种有哪些？

(2) 不同纺织面料品种的特征是什么？

(3) 任务实施过程中有哪些需要注意的地方？

三、实施内容

学生分组完成常见纺织面料品种的识别，及时进行观察和记录。具体包括：

1. 确定织物的正反面。

2. 确定织物的经纬向。

3. 分析所给织物的结构特点和风格特征，重点观察相似品种的区别。

4. 确定织物品种，在织物样品编号后写出所给样品的具体名称。

四、实施后记

1. 学生整理实验结果，按要求完成学习任务报告的撰写。

2. 教师进行点评，总结本次任务的完成情况，形成任务总结。

任务 3-5　常见纺织面料成本核算

要完成任务 3-5“常见纺织面料成本核算”，需要了解纺织面料的成本构成，影响纺织面料成本构成的主要因素，以及纺织面料成本的计算方法等。

一、基本要求

通过学习，了解纺织面料的成本构成，以及影响成本构成的相关因素，并根据纺织面料成本的计算方法，初步核算出常见纺织面料的成本。

二、任务准备

1. 教师布置学习任务。
2. 通过对本项目中纺织面料成本核算等相关知识的学习，以及上网查阅资料等，进一步了解和掌握完成本任务所需知识。在任务实施需明确以下问题：
(1) 纺织面料的成本由哪几个方面构成？
(2) 影响纺织面料成本的因素有哪些？
(3) 如何进行纺织面料成本的计算？

三、实施内容

学生独立完成纺织面料成本的初步核算。具体包括：
1. 计算纺织面料的原料成本。
2. 计算纺织面料的织造费用。
3. 估算纺织面料的其他费用。
4. 核算纺织面料的最终成本。

四、实施后记

1. 学生整理实验结果，按要求完成学习任务报告的撰写。
2. 教师进行点评，总结本次任务的完成情况，形成任务总结。

知识准备 >>>

一、织物分类

织物是指以纺织纤维为原料，运用各种方法制成的柔软片状物。其分类方法有很多种，常用的分类方法如下：

(一) 织物按形成方法进行分类

织物按其形成方法主要分为机织物、针织物和非织造布(图 3-1)。

1. 机织物

机织物也叫梭织物，由相互垂直的经纬纱，在织机上根据一定的规律交织而成。在日常纺织品加工中，机织物的比例较高。

2. 针织物

针织物是由一组纱线，经相互编织成圈而成。线圈是针织物的基本结构单元，是该类织物区别于其他织物的标志。纱线形成线圈的过程，可以沿横向或纵向进行，因而针织物可分为经编织物和纬编织物。

(1) 经编针织物:经编针织物是由一组或几组平行的纱线,同时沿织物经向顺序成圈,并相互串套连接而成的织物。

(2) 纬编针织物:纬编针织物是由一组或几组平行的纱线,同时沿织物纬向顺序成圈,并相互串套连接而成的织物。

针织物的手感一般较为柔软,具有较大的延伸性和弹性、良好的透气性和抗皱性,但易脱散,尺寸较难控制,也容易勾丝,纬平针织物还有明显的卷边现象。

3. 非织造布

非织造布也叫无纺布,由散纤维用物理或化学的方法黏合而成。其特点是不经过纺纱、织造工序,直接由纤维形成絮片状。常用于医疗卫生用布、衬里、环保袋等方面。

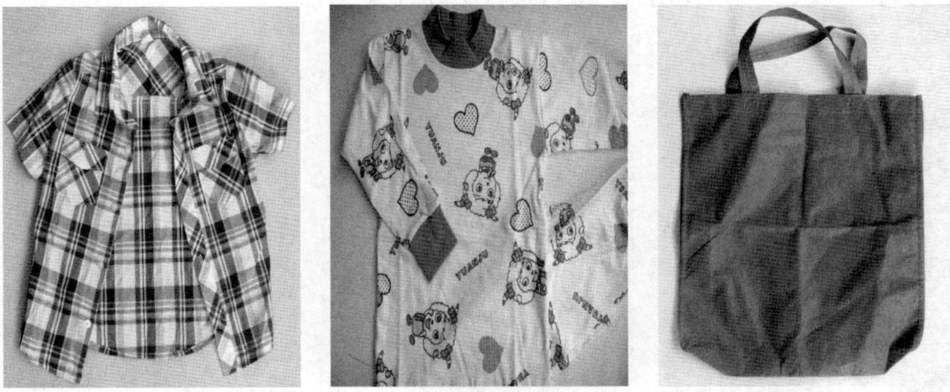

机织物　　针织物　　非织造布

图 3-1　织物按形成方法的分类

(二) 织物按使用原料不同进行分类

按使用的原料不同,可把织物分为纯纺织物、混纺织物和交织织物。

1. 纯纺织物

当构成织物的原料都采用同一种纤维时,为纯纺织物。如纯棉织物、纯毛织物、涤纶织物、锦纶织物等,都属于纯纺织物。

2. 混纺织物

当构成织物的原料采用两种或两种以上不同种类的纤维混纺而成的纱线时,为混纺织物。如涤/棉织物、涤/黏织物、毛/涤织物等。一般把混纺纱中含量多的组分放在织物名称的前面,把含量较少的组分放在织物名称的后面。如 T/R 65/35 涤/黏织物。当每种组分的比例相同时,按天然纤维、合成纤维、再生纤维的次序命名。

3. 交织物

当构成织物的经纬两个方向的原料分别采用不同纤维的纱线时,则为交织织物。如织物经向用锦纶长丝,纬向用棉纱所形成的锦/棉交织面料。命名时一般经纱在前,纬纱在后。如:锦/棉织物的经纱是锦纶,纬纱是棉;棉/锦织物的经纱是棉,纬纱是锦纶。

(三) 织物按染整加工方式不同进行分类

织物按染整加工方式不同,可分为本白布、漂白布、染色布、印花布和色织布(图 3-2)。

1. 本白布

通常，将纺织企业生产的坯布，或经过退浆等部分前处理加工而未经漂白加工的织物，称为本白布。

2. 漂白布

经过漂白加工，或进一步进行增白处理的织物，称为漂白布。

3. 染色布

经过染整前处理加工的织物，再进行染色的织物，称为染色布。

4. 印花布

经过染整前处理加工后的织物，再进行印花的织物，称为印花布。

5. 色织布

对纱线进行染色，然后使用有色纱线进行织造的，即为色织布。

染色布　　印花布　　色织布

图 3-2　织物按染整加工方式不同的分类

(四) 织物按其用途分类

按织物用途，可分成服用纺织品、装饰用纺织品和产业用纺织品。

1. 服用纺织品

服用纺织品包括制作服装用的纺织面料、里料、衬料、辅料、绒线，以及针织成形产品（如袜子、手套）等。

2. 装饰用纺织品

装饰用纺织品（图 3-3）又称家用纺织品，可分为床上用品、家具织物、室内装饰用品、餐厅和盥洗室用品、户外用品等：床上用品有床单、被面、被里、被罩、床罩、毛毯、枕套、枕巾等；家具织物包括沙发套和椅套等；室内装饰用品包括窗帘、地毯、壁毯、绣品等；餐厅和盥洗室用品包括台布、餐巾、毛巾、浴巾等；户外用品有遮阳伞、帐篷等。

图 3-3　装饰用纺织品

3. 产业用纺织品

产业用纺织品（图 3-4）在工业、农业、渔业、交通运输、医疗保健、化工、国防、食品加工等各个领域都有广泛的应用。如医疗用品、宇航服、土工布、毛毯包边布等，都属于产业用纺织品。对产业用纺织品，视产品的用途不同，有不同的要求。

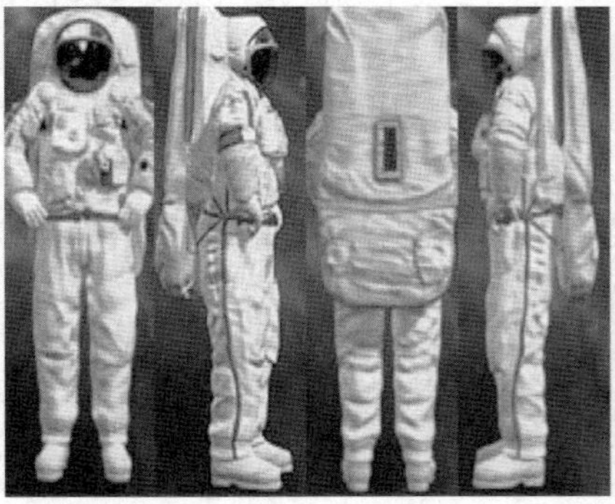

图3-4　产业用纺织品

二、纺织面料规格及其检测

纺织品是染整加工的主要对象。纺织品的规格指标主要包括匹长、幅宽、纱线细度、织物经纬密度、质量和厚度等。

(一) 匹长及其检测

1. 匹长

各种纺织品都有长度和宽度。与布边平行的长度称为匹长，通常指在零张力且无折叠、无折皱的状态下，织物两端最外边的完整的纬纱之间的距离，用 L 表示，单位为“米(m)”。棉织物的匹长，一般为27～40 m；毛织物的匹长，一般大匹为60～70 m，小匹为30～40 m。织物长度的测试可在标准条件或非标准条件下进行。在工厂里，其测试常在普通大气条件下进行。匹长也可由检验机上的自动计长装置进行测量，可直接读出数据。

人们常把面料供应商提供的布匹的实际长度少于码单上标注长度的现象称为短码。由于布匹本身有一定的伸缩性，再加上织物经过染整加工后会有一定的缩水现象，所以，按照行业规定，允许有一定的误差，如果超出误差范围，就属于短码。若短码现象较严重，则会造成面料供应商和面料采购商之间的矛盾。

2. 匹长测试

(1) 实验仪器和材料

钢尺、织物。

(2) 测试方法

① 先用钢尺测量折幅长度，均匀地测量10处(10个折幅)，单位为“cm”，精确到“0.1 cm”。

② 求出折幅长度的平均值，计算精确到“0.01 cm”，修约到“0.1 cm”。

③ 数出整段织物的折数。

④ 测量其剩余的不足一折幅部分的实际长度，精确到“0.1 cm”。

⑤ 计算：

$$匹长=\frac{平均折幅长度\times折数+不足一折的实际长度}{100}(\mathrm{m})$$

纺织面料识别与检测

(二) 织物幅宽及其检测

1. 幅宽

与布边相垂直的长度称为幅宽，又称门幅，通常用织物两端最外边的经纱间的距离表示，单位习惯用“英寸”或“厘米”。很多工厂依然习惯用英寸来表示幅宽，所以需知道两个单位之间的转换关系：1 英寸＝2.54 cm。织物幅宽一般根据织物加工过程中的收缩程度、用途、机械设备能力和染整加工条件等因素而定。织物幅宽的经常性检验是在验布或叠布时进行的，一般在测定织物长度的同时测定其幅宽。幅宽的测试可在标准条件或非标准条件下进行。在工厂里，其测试常在普通大气条件下进行。

机织物幅宽的测量相对较简单。将织物一端展开并平铺于检验台上，使织物中的纬纱处于松弛状态，用钢卷尺垂直于布边测量，连续测量多点，取平均值，即作为该匹织物的门幅。测量时必须注意，织物的毛边部分应不计在有效门幅之内。测量结果以“厘米”为单位，可精确到小数点后一位。

检验经编针织物的幅宽时，必须注意，将卷曲的布边全部舒展开以后，方可进行测量。为了防止展开经编针织物时将其门幅拉宽，实际测量时，可以考虑将坯布一端的布边对齐后，在松弛状态下平铺于检验台上，然后测量双层织物的幅宽。记录测量结果时，可将记录数据直接调整为经编针织物的实际门幅数据。

在测量筒状的纬编针织物时，虽然不会遇到卷边的问题，但是，若双层织物的内部因含有空气而出现织物表面不平整，势必会影响测量结果。用测量工具在被测织物上轻轻滑过，可使织物表面迅速平整。轻轻抬起筒状织物的一边，并缓慢升高，然后将双层织物缓慢置于检验台上，也可使筒状织物迅速平整。如用力过猛导致织物变形，则会影响测量结果。

对于纺织面料，常见的门幅通常有 36 英寸、44 英寸、56～60 英寸等，分别称作窄幅、中幅与宽幅；高于 60 英寸的面料为特宽幅，一般常叫作宽幅布，比较多地用于家用纺织品。在表示织物规格时，幅宽一般标记在织物密度之后。

客户往往会对织物的门幅有一定的要求。而在染整加工过程中，织物会发生一定程度的收缩，若纬向缩水率太大，常常会使门幅达不到客户的要求。若经过测量发现门幅与客户要求不相符合，可以在最后的拉幅定形过程中予以调整，并对不符合客户要求的织物进行必要的回修，以满足客户要求。

2. 幅宽测试

(1) 实验仪器和材料

钢尺、全幅织物。

(2) 测试方法

① 测试准备：把被测织物放在测定桌上，轻轻拉动织物，直到织物中间 2～3 cm 的部分在桌面上放平，去除张力，然后在这部分织物的布边做 4 个标记，标记之间应相距 50 cm(至少 25 cm)。

② 调湿处理：把标记部分的织物暴露于标准大气中，直到连续测量 4 个标记处的幅宽差异小于最后一次每个标记处幅宽的 0.25%时为止。记录最后 4 个读数的平均值。

③ 测量出标记部分的织物调湿前后 4 个标记处的幅宽，并求出标记处的平均幅宽，修正系数等于调湿后织物标记处的平均幅宽与调湿前织物标记处的平均幅宽的比值。

④ 结果计算：

$$w_c = w_r \times \frac{w_{sc}}{w_s}$$

式中：w_c——调湿后的织物幅宽(cm)；

w_r——织物松弛后在普通大气中的织物幅宽(cm)；

w_{sc}——调湿后织物调湿部分标记处的平均幅宽(cm)；

w_s——调湿前松弛织物调湿部分标记处的平均幅宽(cm)。

(三) 织物中纱线线密度检测

1. 实验仪器与材料

直尺、剪刀、电子天平、织物若干。

2. 测试原理

从长方形的织物试样中拆下纱线，测定其中一部分的伸直长度，其质量应在试验用标准大气中调湿后测定。根据质量与伸直总长度，计算纱线线密度。具体参考FZ/T 01093。

3. 测试方法

① 试样准备：将试样在 GB/T 6529 规定的预调湿用标准大气中预调湿 4 h，然后在试验用标准大气中调湿 24 h；或将试样放在烘箱中加热至 105 ℃，并烘至恒定质量，直至每隔 30 min的质量递变不大于 0.1%。

② 把试样摊平，不受张力，并免除折皱，在试样上标记长度为 250 mm、宽度至少含有 50 根纱线的长方形，经纬向各 2 块。裁剪长度应大于 250 mm。当织物由大面积的浮长差异较大的组织组成图案时，抽取各个面积中的纱线进行测定。

③ 对每个试样，各测 10 根纱线的伸直长度(精确至 0.5 mm)，计算平均伸直长度。

④ 从每个试样中拆下至少 40 根纱线，与同一试样中已测取长度的 10 根形成一组。

⑤ 将 2 组经纱合并称量，2 组纬纱合并称量。

⑥ 结果计算：

$$纱线的线密度 = \frac{纱线的质量(g) \times 1\,000}{平均伸直长度(m) \times 参与称量的纱线根数}$$

若为股线，则上述测试过程测定得股线的线密度值，其结果表示最终线密度。如形成股线的单纱的线密度不同，可先分离股线，然后按上述方法测定单纱的伸直长度和质量，再进行计算，最后以准确的方式进行表述。

(四) 织物经纬密度及其检测

1. 织物经纬向的识别

纺织面料的长度方向为经向，此方向的纱线称作经纱；面料的幅宽方向为纬向，此方向的纱线称作纬纱。判断出织物中哪个方向是经向，哪个方向是纬向，便于人们对织物密度、经纬纱细度和织物组织等做出正确的分析。由于织物的用途极广，因而对织物原料和组织结构的要求是多种多样的，因此在判断时，还要根据织物的具体情况进行确定。区别织物经纬向的主要依据如下：

(1) 布边识别：与布边平行的是经向，与布边垂直的是纬向。

(2) 浆料识别：若织物为坯布，则含有浆料的是经纱方向，不含浆料的是纬纱方向。

(3) 密度识别：一般，织物密度大的一方为经向，密度小的一方为纬向。

(4) 筘痕识别：筘痕明显的织物，则筘痕方向为织物的经向。

(5) 纱线结构：织物中若干纱线的一组是股线，而另一组是单纱时，通常股线方向为经向，单纱方向为纬向。

(6) 纱线捻向：若单纱织物的成纱捻向不同时，则Z捻纱为经向，S捻纱为纬向。

(7) 纱线捻度：捻度大的多数为经向，捻度小的为纬向。

(8) 如织物的经纬纱细度、捻向、捻度都差异不大，则纱线条干均匀、光泽较好的一组为经纱。

(9) 织物花色：

① 毛巾类织物，起毛圈的纱线为经纱，不起毛圈的纱线为纬纱。

② 条子织物，条子方向通常是经向。

③ 若织物中有一个系统的纱线具有不同细度，这个方向则为经向。

④ 纱罗织物，有扭绞的纱线为经纱，无扭绞的纱线为纬纱。

⑤ 含不同纱线的织物，一般以花式纱、膨体纱等为纬向纱线。

(10) 织物原料：

① 一般而言，棉/毛或棉/麻交织的织物，棉为经纱。

② 毛/丝交织物中，丝为经纱。

③ 毛/丝/棉交织物中，则丝、棉为经纱。

④ 天然丝与绢丝交织物或天然丝与人造丝交织物中，天然丝为经纱。

2. 织物经纬密度的表示方法

织物单位长度内排列的经纬纱根数，称为织物的经纬纱密度。经纬密度直接影响织物的外观、手感、厚度、强力、抗折性、透气性、耐磨性和保暖性能等物理机械性能，同时也关系到产品的成本和生产效率，是织物品质评定的一项重要指标。

经纱密度简称经密，是沿织物纬向单位长度内经纱的排列根数；纬纱密度简称纬密，是沿织物经向单位长度内纬纱的排列根数。经纬密度一般以1英寸或10 cm内经纬纱排列根数表示。我国国家标准规定使用10 cm内纱线的根数表示，但很多纺织企业仍习惯用1英寸内纱线的根数表示，习惯上将经密和纬密自左至右连写，且中间加符号“×”。如133×72，前者为经密，后者为纬密，表示该织物长宽各1英寸内，经纱排列133根，纬纱排列72根。如果将经纬纱细度与经纬密度同时表示，可写成“40×40/133×72”，前两个数字表示该织物的经纬纱均为细度是40^{S}的单纱，后两位数字分别为经、纬密。一般情况下，织物经、纬密的配置采用经密大于或等于纬密。

在涤纶、锦纶等轻薄化纤织物中，如涤丝纺、涤塔夫、尼丝纺、春亚纺等，也常用每英寸织物中含有的经纱和纬纱数量之和来表示织物的密度。此类织物的经纬密相对接近。如：210T尼丝纺，即表示每英寸中的经纬根数之和为210根；180T涤塔夫，即表示每英寸中经纬纱根数之和为180根。常见的涤塔夫规格有175T、180T、185T、190T、210T等。

3. 织物经纬密度的检测

机织物由经纱和纬纱交织而成，测量密度时需通过仪器分别测试织物的经纱密度和纬纱密度。常用密度镜有三种，分别为照布镜、玻璃板密度镜和往复移动式密度镜。传统表示方法以每英寸内含有的纱线根数计量。现在国际统一单位以 10 cm 内含有的纱线根数计量。测量时需要辅助工具，并及时记录。

织物密度的测定可利用直接测数法和织物分解法。这两种方法适用于所有的机织物。测定时，可以根据被测织物的特征，选择其中的一种方法。若织物组织特别复杂或密度特别大等而难以准确计数经、纬密时，最好用织物分解法。

(1) 直接测数法

① 实验仪器与材料

照布镜、织物密度分析镜、玻璃板密度仪、不同经纬密度的织物若干。

② 测试原理

直接测数法是在织物试样上，以一定的测试方法测定织物经向或纬向一定长度内的纱线根数，然后折算成 10 cm 长度的纱线根数。直接测数法是借助照布镜或织物密度分析镜来完成的，最小测量距离见表 3-1。

表 3-1　织物密度测定的最小测量距离

每厘米纱线根数	最小测量距离(cm)	被测量的纱线根数	精确度百分率 (计数到 0.5 根纱线以内)
10	10	100	>0.5
10～25	5	50～125	1.0～0.4
26～40	3	75～120	0.7～0.4
>40	2	>80	<0.6

③ 测试方法

a. 试样准备。样品平整无折皱、无明显纬斜，在经、纬向均不少于 5 个不同的部位进行测定，部位的选择应尽可能有代表性。试验前，织物在试验用标准大气中调湿至少 16 h。

b. 操作步骤。采用照布镜分析法时，将待测织物摊平，放上照布镜(图 3-5)。选择一根纱线，使其平行于照布镜窗口的一边，由此逐一点数窗口内的经或纬纱根数。照布镜的窗口尺寸正好是 2.54 cm×2.54 cm，点数的结果即为 1 英寸内的经纬纱根数。或计数照布镜窗口内的组织循环数，则测定窗口内的纱线根数就等于一个组织循环的纱线根数与组织循环数的乘积再加上剩余的纱线根数。然后，使照布镜窗口的一边与另一系统纱线平行，按上述操作进行测试。

图 3-5　照布镜

采用直接测数法时，还可使用往复移动式密度镜(图 3-6)。往复移动式织物密度镜的刻度尺长度为 5 cm，在试样上 5 个不同的位置测试经纬密度，然后分别求出平均值。工厂在实际生产中检验密度时，把密度镜放在布匹的中间部位，纬密必须沿布匹经向 5 个不同的位置检验，经密必须沿布匹幅宽方向 5 个不同的位置检验。

将密度镜放在试样上符合规定的部位，转动密度镜的螺杆，使放大镜下面的标志线与刻度尺上的的“0”刻度线对齐。将“0”刻度线对准被测试样两根纱线的中间，以此为起点。用手缓缓转动螺杆，边移动镜头边计数标志线所滑过的纱线根数，直到标志线与刻度尺上的“5 cm”刻度线对齐，即得织物 5 cm 长度内经、纬纱的根数。在点数纱线根数时，要以两根纱线之间的中央位置为起点。若起点位于两根纱线中间，终点位于最后一根纱线上，不足 0.25 根的不计，0.25～0.75 根计作 0.5 根，0.75 根以上计作 1 根。将测得的 5 cm 长度织物内的纱线根数乘“2”即得经、纬向密度。按上述操作步骤测量其他部位的经、纬密度，然后取其算术平均值为测定结果。

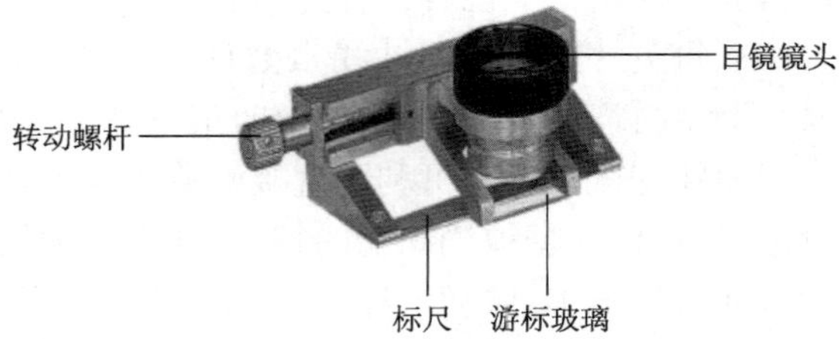

图 3-6　往复移动式织物密度分析镜

玻璃板密度仪(图 3-7)可以粗略地测定织物的经纬密度，具有简易、直观的特点，在纺织印染企业中应用较多。如用在定形机落布处，测试织物的纬密，以衡量织物在加工过程中的稳定性。

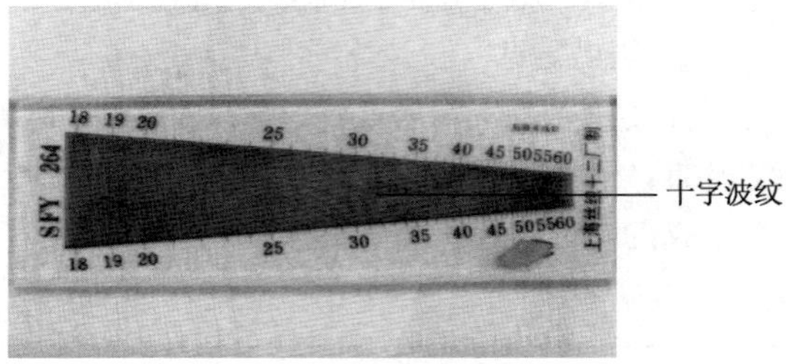

图 3-7　玻璃板密度仪

密度仪上有许多规则排列的细线组。将密度仪放在织物上，密度仪上的细线与织物的纱线部分重合，即产生黑白条纹的波纹图形。测试时，将密度仪的长边与待测的纱线方向平行，然后调整密度仪，直到出现十字波纹效果；读取密度值，十字形的两短边所对应的刻度即为密度值。读数后，观察密度仪两边的单位标识，不同厂家生产的密度仪，有时会有不同的单位刻度，有“厘米”和“英寸”之分。

(2) 织物分解法

① 实验仪器与材料

钢尺、分析针、剪刀、不同经纬密度的织物若干。

② 测试原理

织物分解法是分解一定尺寸的织物试样，计数纱线根数，然后折算成 10 cm 长度的纱线根数。这种方法适用于密度大的、纱线细的规则组织的织物。

③ 测试方法

a. 剪取一矩形试样，使其略大于表 3-1 所规定的最小测量距离。

b. 在试样边部拆去部分纱线，用钢尺测量，使试样经纬向的长度均满足最小测量距离的规定。

c. 从试样边缘起逐根拆解计数，即可得到一定长度内的经、纬纱根数。

d. 将测得的一定长度内的纱线根数折算成 10 cm 长度内的纱线根数。

(五) 织物质量及其检测

1. 织物质量

织物质量关系到产品的成本和织物的内在品质，是织物的一项重要的技术指标，也是对织物进行经济核算的主要指标之一，尤其对于针织面料而言。粗纺毛呢通常也把质量作为重要的技术指标。质量有干燥质量和自然质量之分，国标上要求采用干燥质量，但工厂中基本都采用自然质量。干燥质量是指将织物放在 105～110 ℃的烘箱中烘至质量恒定时称得的质量；自然质量就是直接裁取面料所称得的质量。

织物质量一般用单位长度、单位面积或单位体积织物的质量表示，其中以单位面积（一般为 1 m^2）的质量应用最为普遍。有些织物也会用其他的单位来表示质量。如毛织物的门幅相对固定，所以用每米质量进行衡量；帆布面料用每平方码（yd^2）的质量盎司（oz）数表示；牛仔面料一般也用每平方码的质量盎司数表达，如 7 盎司、12 盎司牛仔布等。它们间的换算关系是：

$$1\ \text{yd}\approx 0.9144\ \text{m},\ 1\ \text{oz}\approx 28.3\ \text{g}$$

$$1\ \text{oz/yd}^2\approx 28.3\ \text{g}/(0.9144\ \text{m}\times 0.9144\ \text{m})\approx 33.9\ \text{g/m}^2$$

蚕丝织物常用“姆米”表示其质量。姆米与面密度的关系式为：

$$\text{姆米(m/m)}=\text{面密度(g/m}^2\text{)}\div 4.3056$$

不同品种规格的织物应有规定的面密度。如棉织物通常为 70～250 g/m^2，精梳毛织物通常为 130～350 g/m^2，薄型丝织物多为 20～100 g/m^2。一般情况下，根据织物面密度不同，可将织物分为轻薄型、中厚型和厚重型三大类：195 g/m^2 以下的织物，属轻薄型织物；195～315 g/m^2 的织物，属中厚型织物；315 g/m^2 以上的织物，属厚重型织物。对于粗梳毛织物而言，通常为 300～600 g/m^2，其中 300 g/m^2 以下的织物属轻薄型织物，300～450 g/m^2 的织物属中厚型织物，450 g/m^2 以上的织物属厚重型织物。

2. 织物质量测试

(1) 实验仪器与材料

圆盘取样器（图 3-8）、电子天平、织物。

(2) 测试方法

① 用圆盘取样器快速、精确、安全地切取 100 cm^2 的圆形试样。

② 用电子天平称出圆形试样的质量 m，精确到 0.01 g。

③ 计算（面密度＝$m\times 100$ g/m^2）。

图 3-8　圆盘取样器

这种方法简单快捷，可信度较高，便于保存测试实物，缺点是需要精度较高的天平、圆盘取样器和取样垫。只要具备精度为 0.01 g 的电子天平、圆盘取样器和取样垫，随时可以进行测定。

圆盘取样器需妥善保管，否则刀片易折断。取样垫以软质胶皮为宜，用软木片或其他材料制成的取样垫的使用寿命都较短。取样时织物需在垫子上铺平，样品不可过于靠近织物的边部，否则将严重影响数据的准确性。可以考虑取样三次，以其平均值作为最后的测试结果。若三次测试值的偏差大于平均值的 10%，需要重新取样、测量。这种测量方法既适用于纺织生产现场的质量控制，也适用于纺织品生产商与贸易商之间关于成品质量的确认。一般情况下，用圆盘取样法测量的织物质量略高于用其他方法测量的织物质量，弹力织物的偏差会稍大一些。

3. 检测织物质量的其他方法

测量质量是为了控制质量，及时准确、简单快捷地取得测量数据，对于成品质量的控制具有重要意义。测量织物质量的方法很多，除圆盘取样法以外，还有画方取样法、整匹称量法、整缸称量法、纬向密度测量法等。这几种方法各有特点。在不同的场合和工艺阶段，可以采用不同的方法测量织物质量。

(1) 画方取样法

在没有圆盘取样器的情况下，为了测量织物的质量，往往采用画方取样的方法。用直尺和圆珠笔，在织物的合适部位精心地画出三个边长为 10 cm 的正方形，将正方形剪下，分别在天平上称量。托盘天平和精度为 0.01 的电子天平，都可以满足测量的需要。虽然测量结果的准确程度较差，但是在没有相关测量设备的前提下，这种方法可以粗略地估算织物质量。

(2) 整匹称量法

有的客户对织物质量的要求比较严格，因为织物质量过高或过低都会影响产品的销售。为了满足客户要求，定形工序需要适时的控制。某一品种的第一匹定形落布以后，及时计量该匹的米数，称量该匹的质量，由计量人员计算出该匹的平均质量；定形班长根据测得的质量数据，及时调整定形工艺参数，以满足客户的要求。一般连续称量 2～3 匹，就停止定形工艺调整，否则织物定形回修批数过多，会影响正常的生产效率。在定形机尾安置一台小型磅秤或电子台秤，就可以满足要求。

(3) 整缸称量法

如果大型电子地磅设置在成品仓库内，那么整缸称量可以在成品仓库进行。一般情况下，染厂的白坯仓库和成品仓库是相通的。计量人员算出整缸织物的米数以后，运送成品的拉布工就可以在大型电子地磅上称取整缸织物的质量。由此可以计算出整缸织物的平均质量。如果大型电子地磅设置在定形机尾，那么计算整缸织物的平均质量就更为方便。有时候，一个客户的产品需要在一起连续定形，以便于比较平稳地控制工艺条件。及时计算出每缸织物的平均质量，对于严格控制产品的内在质量是非常重要的。

(4) 纬向密度测量法

这种测量方法往往和整匹测量法结合在一起使用。采用连续的单匹测量织物质量的方法，可以监控织物的质量。用上述方法获得较满意的结果以后，就可以采用纬向密度测量法。质量稳定的织物，其纬向密度也是相对稳定的。用玻璃制的织物密度仪测量织物的纬向密度，可以简单快捷地控制织物的质量。采用相同的测量方式，可解决斜纹织物的纬向密度较难判断的问题。用这种方法控制弹力织物，特别是经弹织物或双弹织物的弹力和质量，效果更加明显。

(六) 织物厚度及其检测

1. 织物厚度

织物厚度是指织物的厚薄程度，一般指织物在承受规定压力下，织物正反两面间的垂直距离。将试样放置在基准板上，通过与基准板平行的圆形压脚，将规定压力施加于试样的规定面积上，在规定的时间后测定并记录两板之间的垂直距离，即为试样厚度的测定值，通常以“毫米”表示。根据织物的厚度不同，可把织物分为轻薄型、中厚型和厚重型三类(表 3-2)。

表 3-2 各类织物的厚度

织物厚度类型	棉与棉型织物	精梳毛与毛型织物	粗梳毛与毛型织物	丝与丝型织物
轻薄型	0.25 mm 以下	0.40 mm 以下	1.10 mm 以下	0.14 mm 以下
中厚型	0.25～0.40 mm	0.40～0.60 mm	1.10～1.60 mm	0.14～0.28 mm
厚重型	0.40 mm 以上	0.60 mm 以上	1.60 mm 以上	0.28 mm 以上

织物的厚度取决于纱线种类、纱线细度、织物组织、密度、织物中纱线的弯曲程度和染整加工工艺等。织物的厚度对织物的蓬松性、刚柔性、体积质量、舒适性、透气性、悬垂性等性能有较大的影响。

2. 织物厚度测试

(1) 实验仪器与材料

YG141D 型数字式织物厚度仪(图 3-9)、织物若干。

图 3-9 YG141D 型数字式织物厚度仪

(2) 测试方法

① 试验准备:根据被测织物的要求,更换压脚,加上压重块。压脚面积、直径和压重块压力的确定可参照表 3-3 与表 3-4。

表 3-3 织物测厚仪的压脚面积和直径

压脚面积(mm^2)	50	100	500	1 000	2 000
压脚直径(mm)	7.98	11.28	25.23	35.68	50.46
适用织物厚度(mm)	1.60	2.26	5.04	7.14	11.29

表 3-4 各类织物的压力推荐值

织物类型	毡子和绒头织物	针织物	粗纺毛织物	精纺毛织物	丝织物	棉织物	粗布和帆布类织物
压力[kPa(cN/cm^2)]	0.2, 0.5(2, 5)	1, 2(10, 20)	1, 2(10, 20)	2, 5(20, 50)	2, 5(20, 50)	5, 10(50, 100)	10(100)

② 根据需要将压重时间调至“10 s”或“30 s”,试验次数调至“单次”或“连续”,接通电源,按“开”按钮,使仪器运行。

③ 电子数显百分表调零:调整零位,空试几次,待零位稳定后,正式进行测试。接通电源,打开电源开关,指示灯亮。使按钮处于“单次”位置,按“启动”键,使仪器正常工作。当压脚和基准板相接触时,读数指示灯亮,再按数显百分表的“清零”键,即可使百分表至零位。

空试零位，零位漂移不超过±0.005 mm时，即可进行测试。

④ 按"开"按钮，当压脚升起时，将被测织物在无折皱和不受张力的情况下放置在基准板上。

⑤ 单次测试：在压脚压住被测织物30 s(或10 s)时，读数指示灯闪亮，此时所显示的数值即为厚度值，做好记录。

⑥ 采用"连续"测试时，读数指示灯熄后，压脚自动上升，自动进行下一次测试。若采用"单次"测试，压脚不再往复运动。

⑦ 利用压脚上升和下降的时间间隙，可移动织物，调整测试部位，并逐一记录其厚度值。测定部位离布边应大于150 mm，并按阶梯形均匀排布，各测试点都不在相同的纵向和横向位置上。每块织物测定10个数据，取平均值。

⑧ 做第二次试验，若已改变被测织物品种，需重新调零。

⑨ 测试完毕，取出织物，在压脚回到初始位置(即与基准板贴合)后，关闭电源。

(七) 针织物密度及其检测

1. 针织物密度

针织物的密度以单位长度内的线圈数量表示，分为横向密度和纵向密度：横向密度，简称横密，是沿织物横向50 mm长度内线圈的纵行数；纵向密度，简称纵密，是沿织物纵向50 mm长度内线圈的横列数。针织物的厚度、强度、弹性、保暖性和透气性等，都与针织物的密度有很大的关系。

2. 针织物密度测试

(1) 实验仪器与材料

空框塑料板量尺、密度镜、量尺、针织物若干。

(2) 测试原理

针织物密度的测试原理是量度针织物横向和纵向单位长度内的线圈数，单位为"个/5 cm"。

(3) 测试方法

① 将试样无拉伸地平放在实验台上。

② 将密度镜或量尺或塑料玻璃空框放在试样上，距边至少5 cm。测量标准线与线圈横列平行。换位测量时要避免因移动位置而使试样变形。

③ 沿纵行方向，数取5 cm长度内的线圈横列数。在试样的不同位置上测量3次。

④ 用同样方法数取线圈纵行数，得到线圈纵行数。

⑤ 结果计算：分别计算横列、纵行线圈数的算术平均值。

测量时，读数保留到0.5个线圈，最后计算结果精确到0.5个线圈。

(八) 针织物线圈长度、纱线线密度及其检测

1. 线圈长度

针织物线圈长度是指针织物中一个完整线圈的纱线长度，单位为"mm"。针织物线圈长度与针织物密度、针织物的脱散性、延伸性、弹性、勾丝性等有很大关系。

2. 线圈长度、纱线线密度测试

(1) 实验仪器与材料

纱线长度测量仪、扭力天平、量尺、针织物若干。

（2）测试原理

测试针织物多个线圈脱散后的长度，再换算为线圈长度。

（3）测试方法

① 在试样的适当区域内数 100 个线圈纵行，并做好标记。

② 将标记间的纱线拆下。当编织该针织物的进线路数已知时，测试次数为进线路数的 3 倍，并且同一路编织而成的线圈至少测量 3 处；当进线路数未知时，测试次数至少为一个完全组织进线路数的 3 倍。

③ 利用纱线长度测量仪逐根测量两标记间的伸直长度。测量伸直长度时的预加张力：短纤维纱用相当于长度为 250 m 的纱的重力，普通长丝为 2.94 cN/tex，变形丝为 8.82 cN/tex。

④ 将已测量长度的纱线取下，剪取两记号间的纱线，在扭力天平上称量。

⑤ 结果计算：

$$线圈长度=\frac{L}{m}$$

式中：L——脱散后纱线两记号间的伸直长度（mm）；
　m——脱散后纱线两记号间的线圈数。

$$纱线线密度=\frac{G}{L}\times 1\,000$$

式中：G——脱散后纱线两记号间的质量（mg）；
　L——脱散后纱线两记号间的伸直长度（mm）。

三、纺织面料规格描述

织物规格通常在产品标签中注明。无论是坯布还是成品，织物规格通常包括经纬纱原料构成、经纬密度和门幅。有时会在规格描述中标出质量指标。对于针织物和羊毛织物，质量是非常重要的衡量指标。

下面介绍纺织面料规格的表示方法及其含义：

（1）60×60/90×88/57″

含义：经纬纱都是 60^{S} 的棉纱；经纱密度为 90 根/英寸，纬纱密度为 88 根/英寸；门幅为 57 英寸。

（2）60×(60+30 D)/172×76/44″

含义：经纱是 60^{S} 的棉纱，纬纱是 60^{S} 的棉/氨包芯纱（其中芯为 30 D 的氨纶丝）；经纱密度为 172 根/英寸，纬纱密度为 76 根/英寸；门幅为 44 英寸。

（3）42^{S}/2×(21^{S}+70 D)/133×72/57″

含义：经纱是单纱为 42^{S} 的双股线，纬纱是 21^{S} 的棉/氨包芯纱（其中芯为 70 D 的氨纶丝）；经纱密度为 133 根/英寸，纬纱密度为 72 根/英寸；门幅为 57 英寸。

上述几例是纺织企业沿用已久的传统表达方式。通过单位的换算，可将传统的表达方式用较为标准的单位表示。

(4) 某纯棉织物规格的传统表述方式如下：

$$32^S \times 32^S/110\times 76/60/62''$$

其中：$32^S \times 32^S$ 表示该织物经纬纱均是 32^S 单纱；110×76 表示该织物每英寸内经纱有 110 根，纬纱有 76 根；60/62″则表示该坯布门幅为 60～62 英寸。

在国际单位中，门幅用“厘米(cm)”表示，密度用 10 cm 内的纱线根数表示，纱线粗细用“特(tex)”或“分特(dtex)”表示。经过换算，上述全棉织物规格可表示为：

184 dtex×184 dtex/433×299/152.4/157.5 cm

(5) 某涤纶长丝织物规格的传统表达方式如下：

300 D×300 D/80×68/57/58″

同样，经过换算，上述涤纶长丝织物规格可表示为：

333 dtex×333 dtex/315×268/145/147 cm

(6) 某全涤纬向弹力织物规格的传统表达方式为：

P200 D×(P150 D+Sp40 D)/108×72/57/58″

经过换算，上述全涤纬向弹力织物规格可表示为：

222 dtex×(165 dtex+44 dtex)/425×283/145/147 cm

四、机织物组织结构

(一) 织物组织基本概念

1. 织物组织

机织物中经纬纱相互交织的规律称为织物组织(图 3-10)。

2. 组织点

机织物中经纱和纬纱相互沉浮的交叉处称为组织点。经纱浮在纬纱之上的组织点，称为经组织点；纬纱浮在经纱之上的组织点，称为纬组织点。

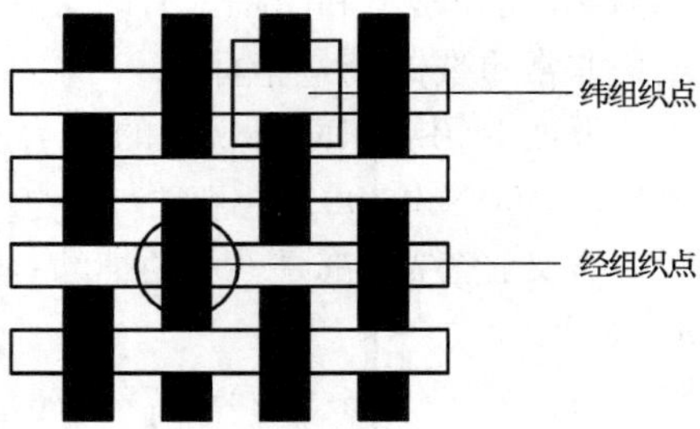

图 3-10　织物组织

3. 浮长

机织物中一根纱线上相邻两个组织点之间的纱线长度称为浮长，以一根经(纬)纱跨越的纬(经)纱根数表示。经浮长是指在一根经纱上，连续两个或两个以上的经组织点；纬浮长是指在一根纬纱上，连续两个或两个以上的纬组织点。

4. 组织循环

当织物组织达到循环时即为一个组织循环(完全组织)。

5. 纱线循环数

构成一个组织循环的经纱或纬纱根数称为纱线循环数。一个组织循环中的经纱根数称为组织循环经纱数，用 R_j 表示；一个组织循环中的纬纱根数称为组织循环纬纱数，用 R_w 表示。

6. 组织点飞数

同一系统中相邻两根纱线上相应的经组织点（或纬组织点）之间相隔的另一系统的纱线数，称为组织点飞数，常用字母 S 表示。沿经向的相邻两根经纱上相应的两个组织点间相隔的纬纱根数，称为经向飞数，用 S_j 表示；沿纬向的相邻两根纬纱上相应的两个组织点间相隔的经纱根数，称为纬向飞数，用 S_w 表示。经向飞数 S_j 向上为正，向下为负；纬向飞数 S_w 向右为正，向左为负。

（二）基本组织

在一个组织循环中，若一个系统的每根纱线（经纱或纬纱）只与另一系统的纱线交织一次，称为基本组织或原组织。机织物的基本组织有平纹、斜纹和缎纹三种，又称三原组织。这三种组织的共性为：①一个组织循环中，每根纱线上只有一个经（纬）组织点，其余是纬（经）组织点；② $R_j = R_w$；③ $S =$ 常数。

1. 平纹组织及其典型面料

（1）平纹组织

每根经（纬）纱在一根纬（经）纱上按一上一下的规律交替所形成的组织结构，称为平纹组织。平纹组织是所有织物组织中最简单、最基本的一种（图 3-11）。图中：纵列表示经纱，横行表示纬纱；■表示经纱浮在纬纱上，称为经组织点；□表示纬纱浮在经纱上，称为纬组织点。平纹组织的组织循环由 2 根经纱和 2 根纬纱构成。

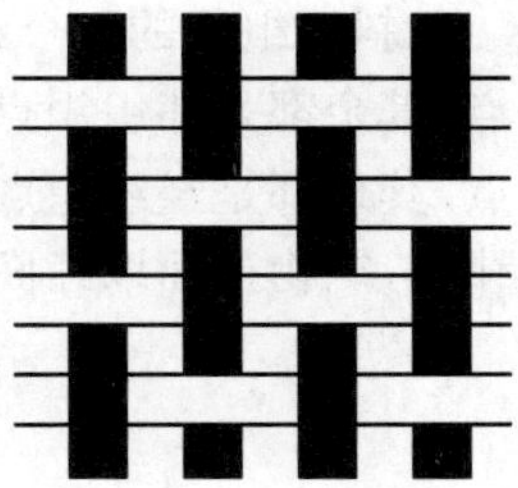

图 3-11　平纹组织

平纹组织的组织参数：$R_j = R_w = 2$；$S_j = S_w = \pm 1$。

平纹组织可用以下两种方法表示：

① 组织图。如图 3-12 所示。

② 分式结构。平纹组织可用分式符号“$\frac{1}{1}$”表示，读作“1 上 1 下”。其中分子表示第一根经纱上连续经组织点的个数，分母表示连续纬组织点的个数。

图 3-12　平纹组织图

（2）平纹组织的特点与品种

平纹组织的交织点最多，织物正反面基本相同（图 3-13）。平纹织物布面光滑平整，厚度和强力适中，手感细腻柔软，宜作春夏面料。棉织物中的平布、府绸、巴里纱、帆布等，麻织物中的夏布、亚麻细布等，丝织物中的电力纺、乔其纱等，毛织物中的派力司、凡立丁等，均属平纹组织。

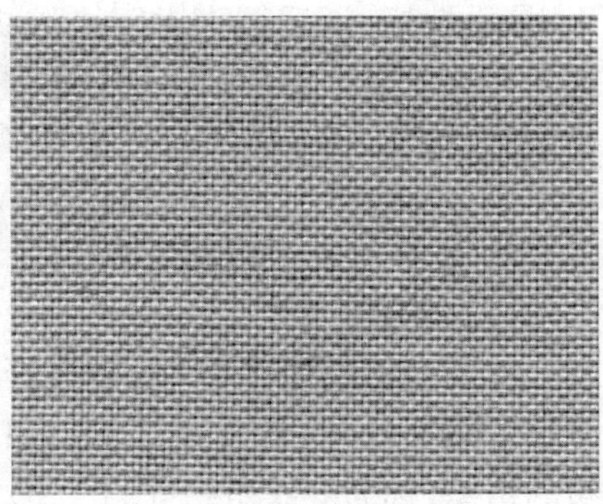

图 3-13　平纹组织织物

2. 斜纹组织及其典型面料

（1）斜纹组织

一个组织循环内至少有 3 根经纱和 3 根纬纱相互交织，每根纱上只能有一个经（纬）组织点，在织物表面由连续的组织点构成斜向纹路的组织，称为斜纹组织

(图 3-14)。

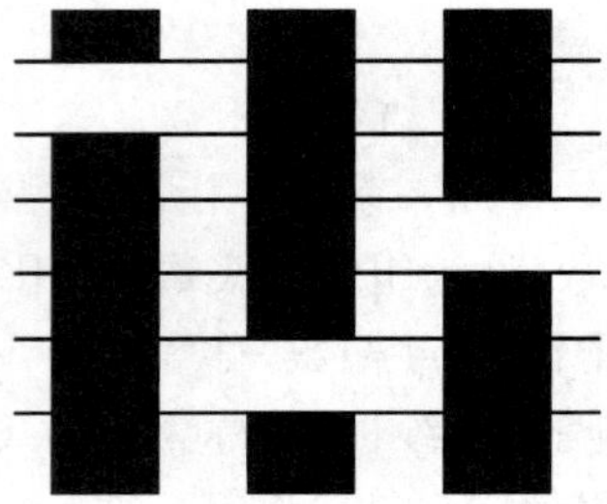

图 3-14 斜纹组织

斜纹组织按其斜纹方向有左斜纹和右斜纹之分：斜纹方向从右下方指向左上方的，称为左斜纹；斜纹方向从左下方指向右上方的，称为右斜纹。

斜纹组织的组织参数：$R_j = R_w \geqslant 3$；$S_j = S_w = \pm 1$（右斜纹为“+1”，左斜纹为“−1”）。

斜纹组织可用以下两种方法表示：

① 组织图。如图 3-15 所示。

② 分式结构。如$\frac{1}{2}\nearrow$，读作“1 上 2 下右斜纹”。其中分子表示连续经组织点数，分母表示连续纬组织点数，箭头表示斜纹线的方向。

图 3-15 斜纹组织图

$$R_j = R_w = 分子 + 分母$$

斜纹组织的一个组织循环中，如果每根纱线上只有一个经组织点，其余都是纬组织点，称为纬面斜纹(图 3-16)；若只有一个纬组织点，其余都是经组织点，称为经面斜纹(图 3-17)。由于经纱品质优于纬纱，织物正面以经面斜纹居多。

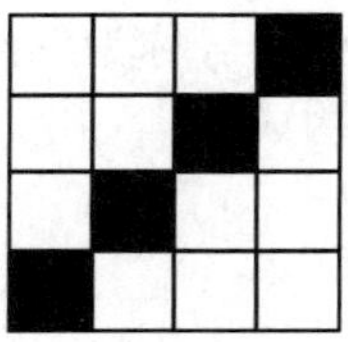

图 3-16 纬面斜纹

图 3-17 经面斜纹

(2) 斜纹组织的特点与品种

斜纹组织的交织点较平纹少，浮长较长，织物正反面不同，主要外观特点是具有由组织点连续构成的斜向纹路。斜纹织物较厚重，强力较高，宜进行磨毛加工，悬垂性好，染后缩率大于平纹织物，适合制作秋冬面料。棉织物中的斜纹布、卡其等，毛织物中的哔叽、华达呢等，以及黏胶丝织物中的美丽绸等，均属斜纹组织。

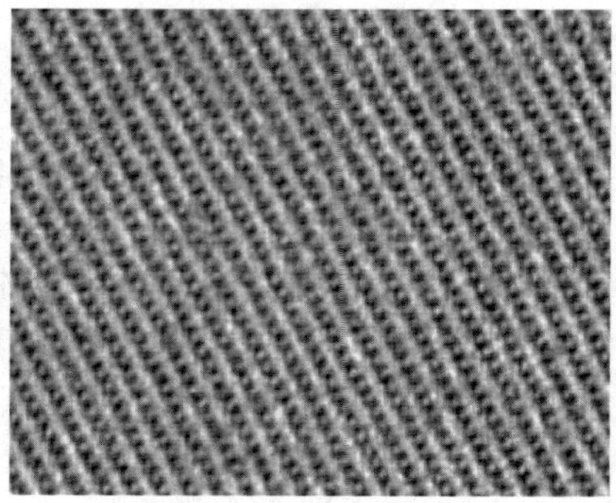

图 3-18 斜纹组织织物

3. 缎纹组织及其典型面料

(1) 缎纹组织

在一个组织循环中，每根经纱或纬纱上都只有一个单个组织点，而且这些单个组织点有规律地均匀分布的组织，称为缎纹组织(图 3-19)。

在一个组织循环内，至少有 5 根经纱和 5 根纬纱相互交织，且每根经(纬)纱上只能有一个纬(经)组织点，飞数大于 1。

在一个组织循环内，纱线根数和飞数不能有公约数。缎纹有经面缎纹和纬面缎纹之分：经面缎纹中，经组织点较多，经浮长较长；纬面缎纹中，纬组织点较多，纬浮线较长。

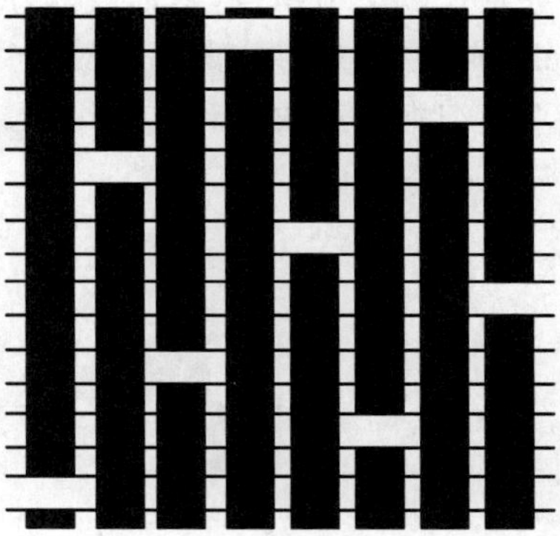

图 3-19　缎纹组织

(2) 缎纹组织的基本性质

缎纹组织的飞数应符合如下条件：

① 飞数为常数。

② 飞数不等于 1，也不等于 $R-1$，即 $1<S<R-1$。

③ 飞数与组织循环纱线数互为质数，$R_j=R_w\geqslant5$，$R\neq6$。

(3) 缎纹组织的表示方法

缎纹组织可用以下两种方式表示：

① 组织图。如图 3-20 所示。

② 分式结构。缎纹组织也可以用分式表示，表示式为“$\frac{R}{S}$”。如$\frac{5}{2}$，读作“5 枚 2 飞经面缎纹”。

图 3-20　缎纹组织图

(4) 缎纹组织的特点与品种

原组织中，缎纹组织的交织点最少，浮长最长，织物正反面有明显差异(图 3-21)。由于缎纹组织的循环较大，单个组织点又呈均匀分散状态，每个组织点可以被两侧另一方向的浮长线所掩盖，因而织物正面平滑而富有光泽，反面粗糙无光。缎纹组织的浮线长，织物柔顺，光泽突出，厚度既可厚重又可轻薄，适合制作女装。棉织物中的贡缎，涤纶织物中的色丁，及毛织物中的贡呢等，均属缎纹组织。

图 3-21　缎纹组织织物

(三) 在原组织基础上形成的其他组织

以原组织为基础加以变化，或联合使用几种组织，可得到各种各样的其他组织。

1. 变化组织

在原组织的基础上，通过变更组织循环数、浮长、组织点飞数等而形成的组织，称为变化组织。变化组织有平纹变化组织、斜纹变化组织和缎纹变化组织三类。

(1) 平纹变化组织

在平纹组织的基础上，沿一个方向或同时沿两个方向延长组织点，即可得到平纹变化组织。平纹变化组织有重平组织和方平组织。

① 经重平组织。在平纹组织的基础上，沿经纱方向上、下各延长组织点所得的组织，称为经重平组织。通常，上、下延伸的组织点数相同。图 3-22 中，(a)为平纹组织，向上、向下各延长 1 个组织点，就形成(b)所示的经重平组织，称为“2 上 2 下经重平组织”；向上、向下

各延长 2 个组织点，就形成(c)所示的经重平组织，称为“3 上 3 下经重平组织”。经重平组织的织物外观呈横向凸条纹。通常采用较细经纱、较大经密，及较粗纬纱、较小纬密。经重平组织常用于衣着和装饰织物，也常用作布边组织和毛巾织物的地组织。

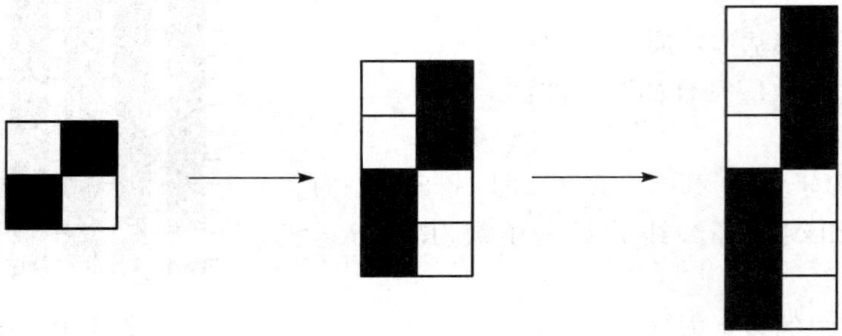

(a)　(b)　(c)

图 3-22　经重平组织

② 纬重平组织。在平纹组织的基础上，沿纬纱方向左、右各延长组织点，即得纬重平组织。通常，左、右延伸的组织点数相同。图 3-23 中，(a)为平纹组织，向左、向右各延长 1 个组织点，就形成(b)所示的纬重平组织，称为“2 上 2 下纬重平组织”；向左、向右各延长 2 个组织点，就形成(c)所示的纬重平组织，称为“3 上 3 下纬重平组织”。纬重平组织在织物表面形成纵向凸条纹，除用于衣着类织物外，常用作布边组织。牛津纺就是纬重平组织的典型代表。牛津纺起源于英国，因其最初用于牛津大学的校服而得名，主要采用精梳棉细纱作为双经，与较粗的纬纱交织而成。

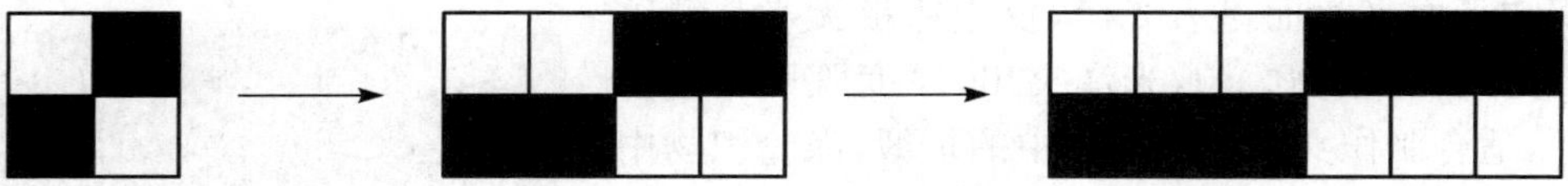

(a)　(b)　(c)

图 3-23　纬重平组织

③ 方平组织。在平纹组织的基础上，沿着经向和纬向同时延长组织点，使浮长线组成方块形，所得的组织称为方平组织。图 3-24 中，(a)为 2 上 2 下方平组织，(b)为 3 上 3 下方平组织。方平组织的织物外观平整，光泽良好，常用于桌布、餐巾等日用织物，以及银幕用布等。

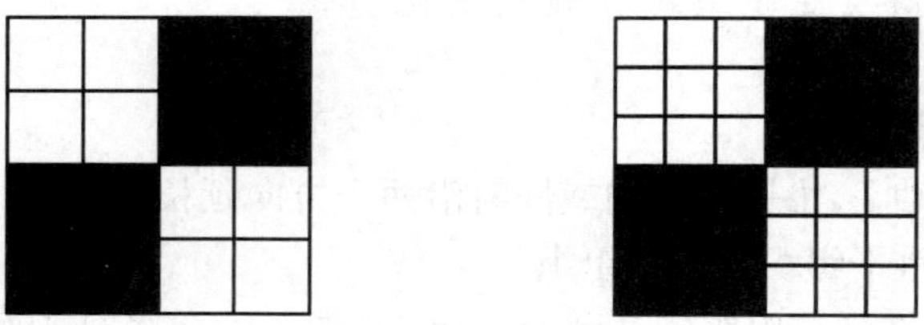

(a)　(b)

图 3-24　方平组织

(2) 斜纹变化组织

在斜纹组织的基础上,采取延长组织点、改变飞数、改变斜纹方向、增加斜纹条等方法,可以获得各种各样的斜纹变化组织。变化斜纹织物在衣着织物和装饰织物等方面均有广泛的应用。

图 3-25　加强斜纹组织

① 加强斜纹组织。在原组织斜纹的单个组织点旁延长组织点而形成的斜纹组织,称为加强斜纹组织。加强斜纹组织的基本特征是一个完全组织的每根纱线上不存在单个组织点。加强斜纹也有经、纬面之分:如果织物正面为经组织点优势,称为经面加强斜纹;如果织物正面为纬组织点优势,称为纬面加强斜纹;如果织物正反面的经、纬组织点数相等,称为双面加强斜纹。加强斜纹中应用最多的是 2 上 2 下加强斜纹(图 3-25),棉织物中有哔叽、华达呢和卡其等,精纺毛织物中有哔叽、华达呢和啥味呢等,粗纺毛织物中有麦尔登、海军呢、制服呢、海力斯等,丝织物中有真丝绫、斜纹绸等。

② 复合斜纹组织。在一个组织循环中,具有两条或两条以上粗细不同,由经(纬)纱构成的斜纹组成的组织,为复合斜纹组织。复合斜纹组织常用于仿毛花呢等织物。

变化斜纹组织还有角度斜纹、曲线斜纹、山形斜纹等。

(3) 缎纹变化组织

以缎纹组织为基础,增加基础缎纹的单独组织点或改变基础缎纹的飞数而形成的缎纹组织,称为缎纹变化组织。

① 加强缎纹组织。加强缎纹是沿着基础缎纹的单独组织点的经向、纬向和对角线方向,增加一个或多个同类组织点而形成的组织。

② 变则缎纹组织。在一个组织循环内,采用两种或两种以上的经向或纬向飞数构成的缎纹组织,称为变则缎纹或不规则缎纹组织。

除上述两种缎纹变化组织外,还有重缎纹、阴影缎纹等。

2. 联合组织

联合组织是指由两种或两种以上的原组织或变化组织,按不同方式联合而成的组织,包括条格组织、绉组织、蜂巢组织、透孔组织、凸条组织等等。

3. 复杂组织

复杂组织是指由多组经纬纱交织而成的组织,结构较为复杂,包括重纬组织、重经组织、双层组织、毛绒组织、纱罗组织等。

(四) 织物组织分析

1. 观察法

简单组织可利用照布镜直接观察布面,根据观察所得的经纬纱交织规律,填绘于意匠纸上,即得组织图。

2. 拆纱法

对于纱线较细、密度较大、组织较复杂的织物,宜采用此法。将纱线逐根拆开,然后观察经纬纱的浮沉规律,逐根填绘于意匠纸上,即得组织图。具体步骤如下:

① 仔细观察试样,确定拆纱方向、拆纱部位和拆纱起点。宜将密度大的纱线(如经纱)拆开,利用密度小的那个方向的纱线的间隙进行观察,便于看清纱线的浮沉情况。

② 确定拆纱方向后,将密度大的那个方向的纱线拆除若干根,使密度小的纱线露出约

10 mm。

③ 用分析针拨出一根所要观察的纱线，观察其与另一方向纱线的浮沉规律，并绘于意匠纸方格中，当浮沉规律达到重复时为止。

五、针织物组织结构

针织物是由纱线通过织针等成圈机件有规律的运动而形成线圈，并将线圈依次串套而成的织物。按生产方式的不同，针织物可分为纬编和经编两类。

(一) 纬编针织物组织

纬编针织物是将纬纱由纬向喂入针织机的工作针上，使纱线有顺序地弯曲成圈，并相互穿套而成。在纬编针织物中，每根纱线在一个线圈横列中形成线圈，一根纱线形成的线圈沿着织物纬向配置。纬编针织物质地柔软，具有较大的延伸性、弹性和良好的透气性。最常见的纬编针织物有汗布、棉毛布等，较多地用作 T 恤衫、针织内衣等服装面料。

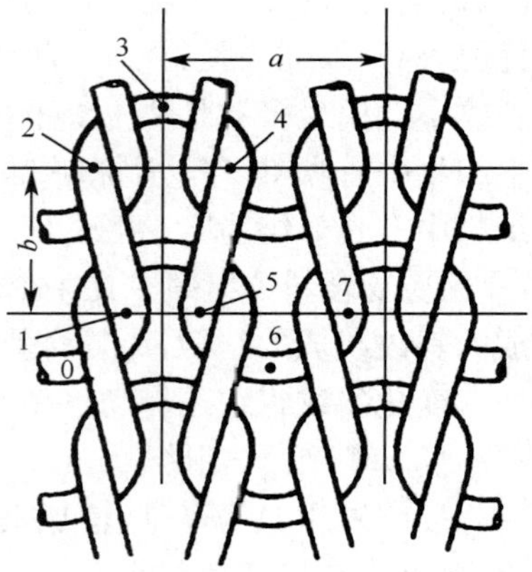

图 3-26　纬编线圈结构

1. 纬编针织物基本结构

线圈是组成针织物的基本单元，为一空间曲线。它在织物平面上的投影由近似的直线与弧线组成，直线部分称为圈柱(图 3-26 中 1—2 和 4—5)，弧线部分称为圈弧(图 3-26 中 2—3—4 和 5—6—7，2—3—4 称为针编弧，5—6—7 称为沉降弧)。在针织物中，线圈沿横向排列的一行，称为一个线圈横列；沿纵向串套的一列，称为一个线圈纵行。线圈横列上两个相邻线圈对应点间的水平距离，称为圈距(图 3-26 中 a)；线圈纵行上两个相邻线圈对应点间的垂直距离，称为圈高(图 3-26 中 b)。

针织物线圈的形式有正反面之分：圈柱覆盖圈弧的线圈，称为正面线圈；圈弧覆盖圈柱的，称为反面线圈。一面为正面线圈，另一面为反面线圈的织物，称为单面针织物；正面线圈与反面线圈混合分布在同一面的，称为双面针织物。

2. 纬编针织物常见组织

纬编针织物组织是针织物结构单元的组合表现形式，由不同的结构单元和不同的组合形式形成了针织物多种多样的组织。其中，最基本、最简单的针织组织，为针织物组织的基础，由线圈以最简单的方式组合而成，称为基本组织，又称原组织，主要有纬平针、罗纹和双反面组织。除此之外，双罗纹组织也是较为常见的组织。

(1) 纬平针组织

在纬编针织物中，最常见的就是纬平针组织，又称平针组织，是单面针织物中最基本的组织结构。纬平针组织由连续的结构相同的单元线圈相互串套而成，一面完全是正面线圈，另一面完全是反面线圈(图 3-27)。纬平针组织的正面平滑光洁，反面略显粗糙；横向和纵向都有较好的延伸性，横向的延伸性大于纵向；由于纱线的捻度不稳定，导致其在自由状态下，容易出现线圈歪斜的现象；织物卷边性和脱散性较严重，会沿编织和逆编织方向脱散。纬平针组织常用于 T 恤衫、毛衣等。

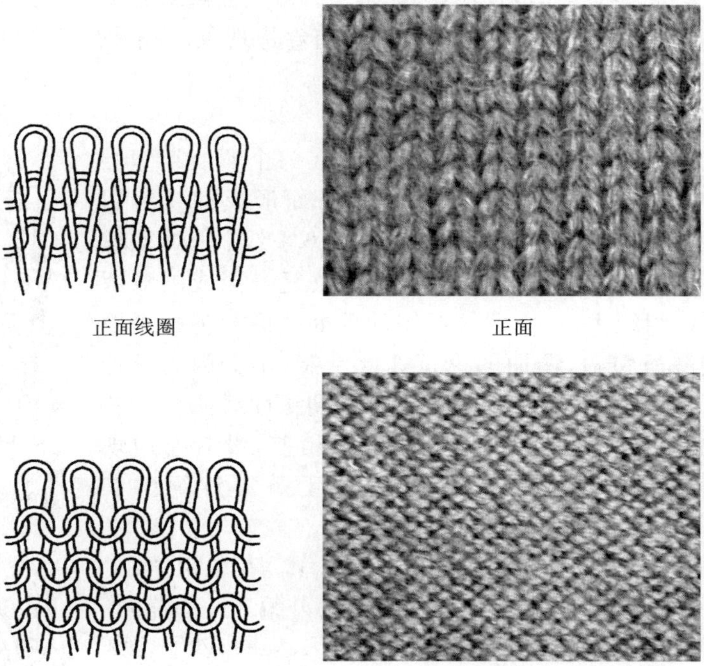

图 3-27　纬平针组织

(2) 罗纹组织

罗纹组织是双面针织物的最基本组织，是由正、反面线圈纵行，以一定组合形式相间配置而形成的纬编组织。罗纹组织的种类较多，有 1+1 罗纹、2+2 罗纹等。这些数字代表正反面线圈纵行的配置情况，如 1+1 罗纹，即由一个正面线圈纵行和一个反面线圈纵行相间配置而形成(图 3-28)。1+1 罗纹组织的两面都显示出由正面纵行组成的直条凸纹，反面纵行隐藏在正面纵行的凸纹下，沿横向拉伸时才能显露出两个正面线圈纵行之间的反面线圈。罗纹组织的最大特点是横向具有较大的延伸性和弹性，纵向的延伸性和弹性与纬平针组织相似；由于织物的两面均由正面线圈纵行交替而达到平衡，所以基本没有卷边现象；罗纹组织也有脱散现象，会逆编织方向完全脱散。罗纹组织较多地用在针织服装的袖口和裤管处。

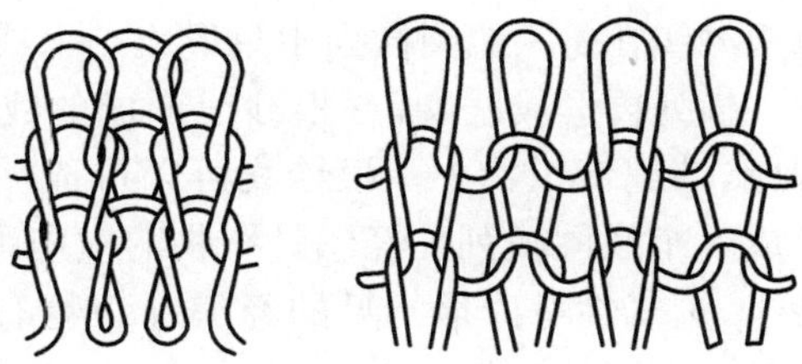

图 3-28　1+1 罗纹组织

(3) 双反面组织

双反面组织是由正面线圈横列和反面线圈横列相互交替配置而成的纬编组织(图 3-29)，即每一个纵行同时有正面线圈和反面线圈。双反面组织两面的正面线圈隐藏在反面线圈间，使面料的

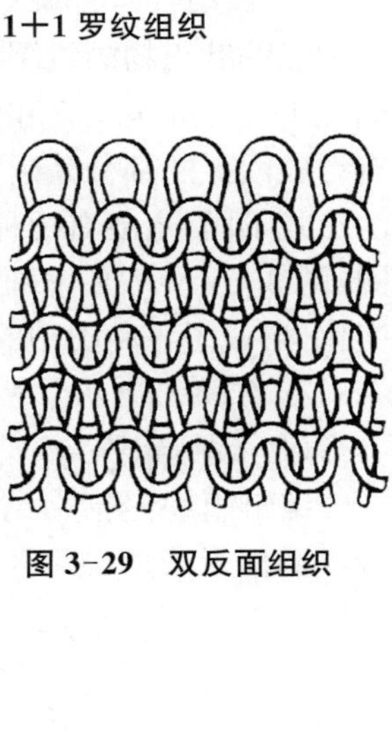

图 3-29　双反面组织

正反面看起来都像纬平针组织的反面，因而得名。双反面组织的布面有明显的凹凸效果；横向和纵向的延伸性和弹性均较大，纵向更大；没有卷边现象；脱散性与纬平针组织相似。双反面组织较多地用于装饰布和毛衫类服装。

（4）双罗纹组织

双罗纹组织是由两个罗纹组织相互交错，在一个罗纹组织的线圈纵行间，配置另一个罗纹组织的线圈纵行而形成的纬编组织，是一种双面变化组织。双罗纹组织有 1＋1 双罗纹、2＋2 双罗纹等配置形式。图 3-30 所示为两个 1＋1 罗纹复合而成的双罗纹组织。在双罗纹组织中，一个罗纹组织的反面线圈被另一个罗纹组织的正面线圈所覆盖，两面的纵行彼此牵制，不会因为拉伸而露出反面纵行，所以在织物的两面都只能看到正面线圈。双罗纹组织结构紧密、厚实，横向的延伸性和弹性稍差，没有卷边现象，尺寸稳定，不易脱散，常用于棉毛衫、棉毛裤等针织内衣服装。

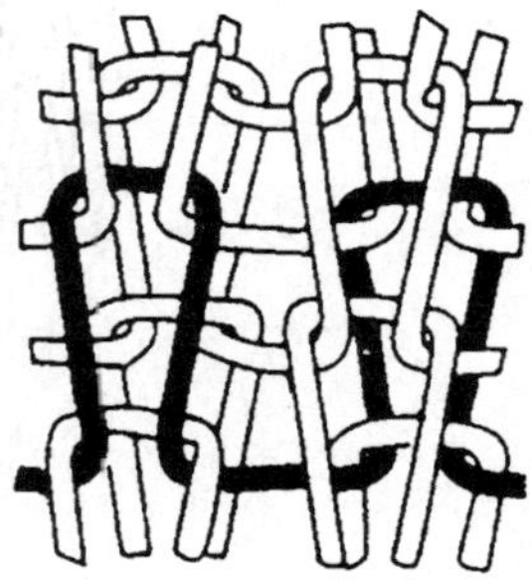

图 3-30　双罗纹组织

除上面提到的常见组织外，还有各类花色组织。花色组织是以上述组织为基础，利用线圈结构的改变，或者另外编入一些辅助纱线和其他纺织原料而成。花色组织主要有提花、集圈、纱罗、菠萝、抽花、衬垫、毛圈、添纱、波纹、衬经衬纬、长毛绒，以及由以上组织组合而成的复合组织等。

（二）经编针织物组织

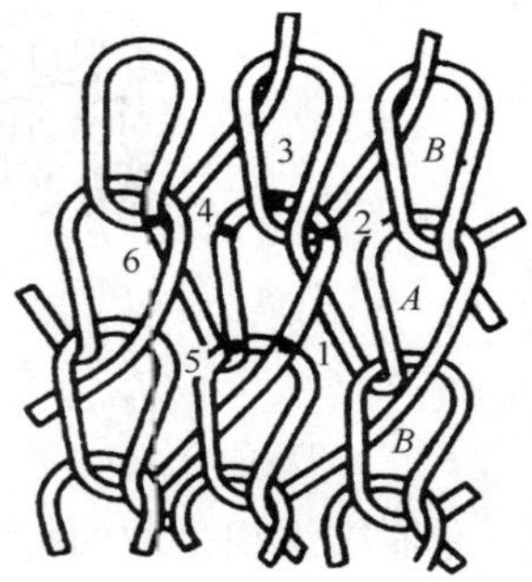

图 3-31　经编线圈结构

经编针织物是采用一组或几组平行排列的纱线，沿经向喂入针织机的所有工作针上，同时进行成圈而成的。在经编针织物中，每根纱线在每一线圈横列中只形成一个或两个线圈，然后转移到下一横列再形成线圈，一根纱线形成的线圈沿着织物经向配置。因此，纬编针织物中一根纱线可以形成一个线圈横列，而经编针织物中则由很多根纱线形成一个线圈横列。经编针织物的横向弹性和延伸性好，纵向尺寸稳定，质地柔软，脱散性小，透气性好。最常见的经编针织物有经编网眼布、花边布等，多用在服装的网布、运动衫等方面。

1. 经编针织物基本结构

经编针织物的线圈结构如图 3-31 所示。一个完整的线圈由圈干 1—2—3—4—5 和延展线 5—6 组成；连接各线圈，拉长的、没有形成圈弧的部分是延展线。不同的经编组织，其线圈和延展线的形式不同，主要有两种形式：开口线圈（图 3-31 中 *A*）和闭口线圈（图 3-31 中 *B*）。根据线圈和延展线在编织过程中产生的配置变化，形成了各种类型的经编针织物组织。

2. 经编针织物常见组织

（1）编链组织

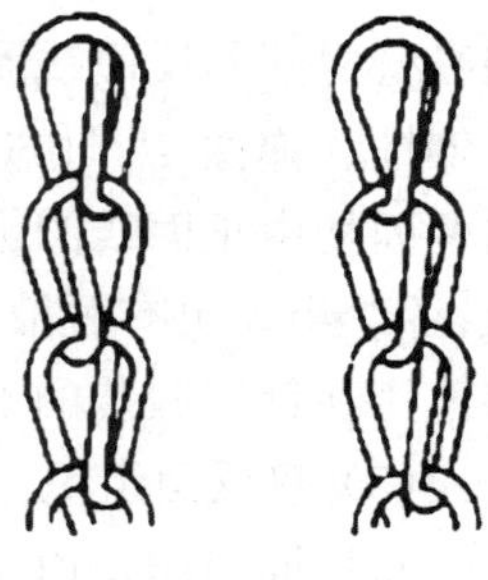

图 3-32　编链组织

编链组织是指在编织生产过程中，纱线始终在一枚针上垫纱成圈而形成的经编组织（图 3-32）。编链组织的线圈纵行彼此不连接，只能编织成细条子，一般不单独使用，通常与其他组织配合。编链组织的纵行间没有联系，所以横向没有卷边现象；纵向弹性和延伸性小，其大小取决于原料的弹性和延伸性；尺寸稳定性相对较好；可沿逆编织方向脱散。

图 3-33　经平组织

(2) 经平组织

经平组织是经编组织中最简单、最基本的组织。每根纱线轮流在两个相邻纵行间形成线圈，即为经平组织(图 3-33)。经平组织中所有线圈都具有单向延展线，即线圈的导入和引出延展线都在该线圈的一侧。经平组织有一定的延伸性，易发生卷边现象，脱散性较小。

(3) 经缎组织

纱线顺序垫放在 3 枚或 3 枚以上的织针上垫纱成圈，形成线圈至一定位置后依次返回的经编组织，即为经缎组织(图 3-34)。经缎组织由开口线圈和闭口线圈共同组成，一般在垫纱转向时采用闭口线圈，中间为开口线圈。经缎组织易发生卷边现象，脱散性较小。

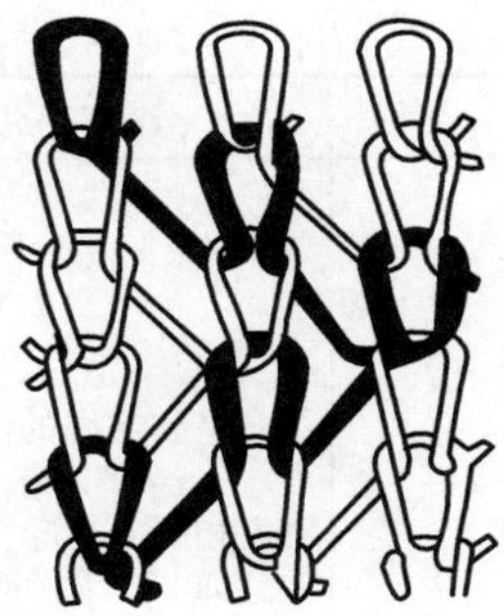

图 3-34　经缎组织

(4) 重经组织

每根经纱在同一横列中形成相邻两个线圈的经编组织，为重经组织(图 3-35)。重经组织内相邻两个线圈的连接与纬编线圈结构中的沉降弧相似，在编织过程中，纱线同时在两枚织针上做垫纱运动。重经组织的弹性较好，脱散性小。

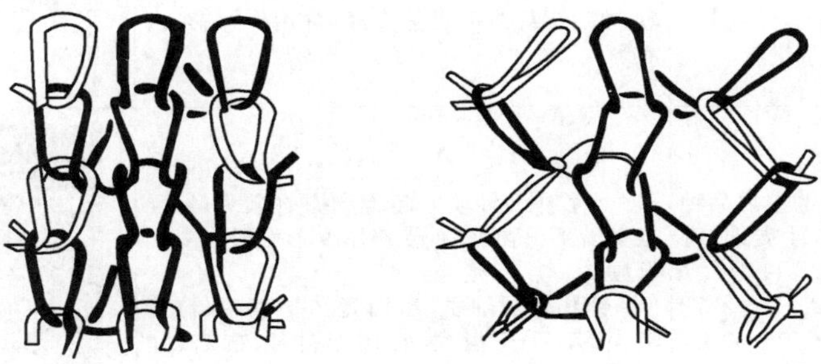

图 3-35　重经组织

(5) 经绒组织

经绒组织是在经平组织的基础上稍加变化而得。由两个经平组织组成，经纱在相间的织针上交替成圈而形成的经编组织，即为经绒组织，又称三针经平组织(图 3-36)。经绒组织的横向延伸性较小，易出现卷边现象，在线圈发生断裂时，会逆编织方向脱散。

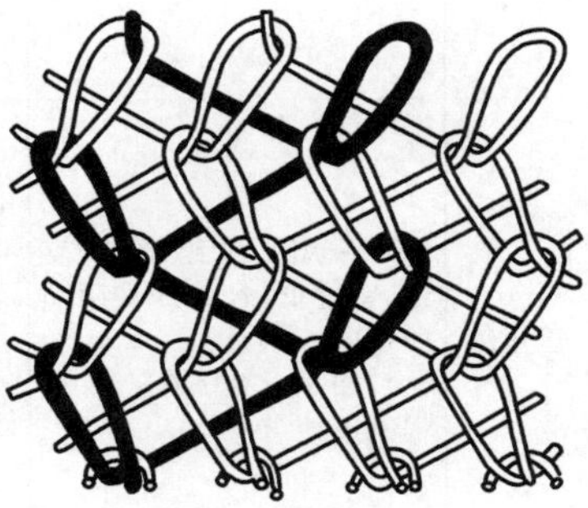

图 3-36　经绒组织

六、常见纺织面料品种

(一) 棉和棉型织物品种

1. 棉和棉型织物

棉型织物是指以棉纱或棉与棉型化纤混纺纱线织造而成的织物。如,涤纶纤维在生产时仿照棉纤维的线密度、长度、卷曲度等指标而得到的纤维,称为棉型涤纶纤维。除纯棉织物外,棉型织物大多为涤/棉混纺产品,纯涤纶产品很少见。涤纶纤维与棉纤维以适当的比例进行混纺,根据各自比例的不同,形成了涤(65%)/棉(35%)的涤/棉混纺织物(又称 T/C 织物)、涤(20%)/棉(80%)的涤/棉混纺织物(又称 CVC,即棉的含量高于涤纶含量的织物)等不同系列的产品。

2. 常见棉和棉型织物品种

棉型织物的品种和规格沿用纯棉织物的品种名称和规格(表 3-5)。

表 3-5 常见棉和棉型织物品种

名称	结构特点	风格特征	图示
平布	平纹组织的主要品种之一。经纬纱粗细、经纬密度相等或接近 如 20×20/60×60 棉平布,30×30/68×68 棉平布	布面平整光洁,均匀丰满,手感柔软,布边平直。根据经纬纱粗细不同,可分为: ① 粗平布:经纬纱较粗,通常为 32 tex 以上(18 英支以下),布身厚实,坚牢耐磨,用作外衣、衬布、工作服、家具布等 ② 中平布:经纬纱细度中等,通常为21~32 tex(28^S~19^S),织物厚度适中,布面平整、均匀,结构紧密,质地和外观等介于粗平布和细平布之间,常用作衬布、里布、衬衫等 ③ 细平布:经纬纱较细,通常为 20 tex 以下(29^S 以上),织物平整,布身轻薄、光滑柔软,富有棉纤维的天然光泽,常用作衬衫、内衣等	
府绸	平纹组织的主要品种之一。府绸的纱支细、密度高,经密远大于纬密 如 40×40/133×72 纯棉府绸,60×60+30 D/172×76 弹力棉府绸	织物中纬纱较平直,经纱屈曲较大,经浮点突出于织物表面,受挤压变形而形成菱形颗粒 织物外观细密,布面光洁平整,颗粒清晰、丰满,手感滑爽,常用作衬衫、内衣、睡衣等	
巴里纱	采用平纹组织,纱支细,密度低,经纬纱采用同一捻向 如 80×80/90×88 纯棉巴里纱	织物质地轻薄,外观透明,布孔清晰,透气性好,手感柔软滑爽,棉织物中为最薄,常用作裙子、衬衫、手帕等,比较适合制作夏季服用面料	

（续　表）

名称	结构特点	风格特征	图　　示
帆布	采用平纹组织，是经纬纱采用双纱或多股线组成的粗厚面料 如(36/2＋36/2×14＋14)/108×56 纯棉帆布	帆布外观粗犷，紧密厚实，坚牢耐磨，常用作工业用布	
防羽布	采用平纹组织，是纱支细、密度大的薄型面料 如 40×40/133×100 纯棉防羽布	与平布、府绸等平纹织物相比，防羽布的结构更为紧密，手感滑爽，有光泽，常用作风衣、夹克衫、羽绒被等的面料	
斜纹布	斜纹织物的主要品种之一，其组织为$\frac{2}{1}$左斜纹，经密略大于纬密	织物正面的斜纹纹路较明显，反面模糊，布身比平纹布紧密厚实，手感柔软，常用作工作服、床上用品、服装里料等。根据所使用的纱线种类不同，可分为： ① 纱斜纹：经纬向都是单纱 ② 半线斜纹：经纱采用股线，纬纱采用单纱 ③ 全线斜纹：经纬向都是股线 根据纱线粗细不同，又有粗斜纹与细斜纹之分	
卡其	斜纹织物的主要品种之一。单面卡其的组织为$\frac{3}{1}$斜纹，紧密度较高，经密远大于纬密。双面卡其采用$\frac{2}{2}$加强斜纹组织	织物正面纹路清晰，粗壮而突出，手感厚实而松软。与斜纹布相比，卡其的斜纹线倾角大，更加均匀，凹凸分明，无歪斜弯曲现象。织物坚硬，抗折磨性差，在衣服领口、袖口等处容易磨损、折裂，常用于外衣、裤子、床上用品等 根据经纬纱不同可分为纱卡、半线卡和线卡(同斜纹布)。纱卡其一般采用$\frac{3}{1}$斜纹组织，正面斜纹线粗而明显，反面斜纹线条不明显，又称单面卡其。全线卡其多采用$\frac{2}{2}$斜纹组织，正、反两面的纹路相同，斜纹纹路均很明显，又称双面卡其	
哔叽	采用$\frac{2}{2}$加强斜纹组织，织物经纬密度相似，织物正反两面的斜纹线明显程度相似	哔叽的结构比相似品种的卡其、华达呢松，纱哔叽又比线哔叽松软。经纱和纬纱在布面显露的程度大致相同。斜纹纹路宽阔平坦，斜纹倾角为 45°～50°，正反面斜纹方向相反。质地厚实，手感柔软，常用作男女服装、帽子等面料。 按其使用纱线种类的不同，可分为纱哔叽、半线哔叽和全线哔叽三种	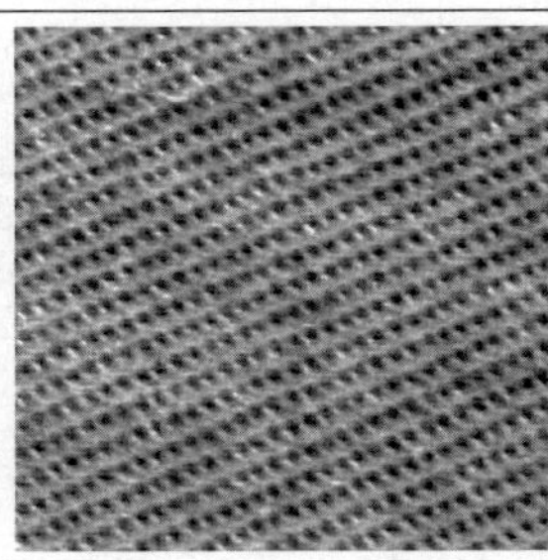

（续　表）

名称	结构特点	风格特征	图　示
华达呢	采用$\frac{2}{2}$加强斜纹组织，经密比纬密大一倍左右，织物紧密程度小于卡其而大于哔叽	布身比哔叽挺括但不如卡其厚实。织物的织纹清晰，质地厚实，挺而不硬，耐磨而不易折裂。斜纹纹路较哔叽细密而突出，斜纹倾角为60°～65°。布面富有光泽。常用作春、秋冬季男女服装的布料 根据经纬向所用材料的不同，可分为纱华达呢、半线华达呢和全线华达呢三种	
贡缎	缎纹织物的主要品种之一，结构紧密 有横贡和直贡之分。直贡是 5 枚 2 飞或 5 枚 3 飞经面缎纹，横贡是 5 枚 2 飞或 5 枚 3 飞纬面缎纹	织物光滑柔软、富有光泽，是棉织物中比较高档的品种，可用作裤料或风衣等。 直贡缎织物正面由经纱所覆盖，高经密、低纬密，布身厚实柔软，布面平滑匀整，布面的斜纹角达 75°左右，常用作高档服装面料。横贡缎织物正面由纬纱所覆盖，低经密、高纬密，布面匀整细致而富有光泽，手感柔软光滑，常用作服装面料、被面、被套等	
牛津纺	采用纬重平或方平组织。细经粗纬，精梳细纱作双经与较粗的纬纱交织。通常经纱为色纱，纬纱为漂白纱	该品种起源于英国，因最初用于牛津大学的校服而得名。织物光泽自然，色泽柔和，布身柔软，透气性好，穿着舒适，主要用作衬衣、运动服和睡衣等面料	
牛仔布	采用斜纹组织，是粗斜纹色织面料。织物组织大多为左斜纹。一般经纱为蓝色或黑色纱线，纬纱为白色或原色纱线。布面经纱浮点呈蓝色或黑色，纹路清晰，反面纬纱浮点呈白色。纱线粗，密度大	厚实坚牢，粗犷豪放，耐磨耐穿，穿着舒适，常用作服装面料。牛仔布的品种在不断发展，从颜色到组织结构，再到不同的后整理加工方式，如石磨、雪洗、纤维素酶处理等	
绉布	采用平纹组织，是表面具有纵向均匀绉纹的薄型平纹织物。经纱采用普通捻度的纱，纬纱采用强捻纱	坯布经过烧毛，退浆、煮练、漂白等一系列染整前处理加工后，再经受一定时间的热水或热碱液处理，纬向收缩，从而产生全面均匀的绉纹效应；也可将织物在前处理前通过轧纹起绉处理，然后再进行染整加工，可使布面绉纹更为细致均匀、有规律，制成各种粗细直条形绉纹的绉布。绉布手感挺爽、柔软，质地轻薄，常用作裙子、衬衫、儿童服装、窗帘、台布等面料	

（续　表）

名称	结构特点	风格特征	图　示
泡泡纱	具有特殊外观效应的薄型织物，具有排列整齐的规律性凹凸泡泡	利用化学或织造的方法，在织物表面形成泡泡。泡泡纱织物外观别致，立体感强，质地轻薄，穿着透气舒适、不贴身；常用于裙子、衬衫、童装、睡衣等 按形成泡泡的原理不同，泡泡纱可分为印花泡泡纱和色织泡泡纱。前者是利用碱对棉纤维的作用，使受碱液作用和不受碱液作用的织物表面，由于收缩差异而产生泡泡。后者则是利用地经和泡经两种经纱，泡经粗且超量送经，使其形成泡泡	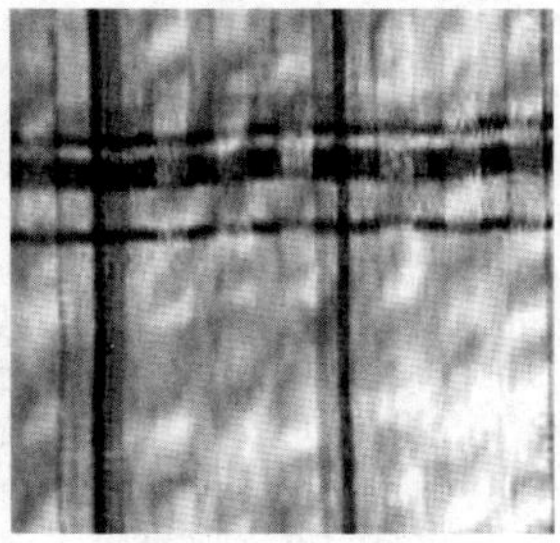
灯芯绒	又称条绒。采用起毛组织织造而成，坯布经割毛机，将织物正面的纬纱浮长割断，再经过刷毛、烧毛、染色或印花等一系列染整加工，因织物的正面形成纵向的形似灯芯的绒条而得名	表面形成纵向绒条，质地厚实，耐磨耐穿，保暖性好；常用于秋、冬季各式服装、鞋帽和装饰用料 分类：根据单位长度内的绒条数，可分为特细条（19 条以上/英寸）、细条（15～19 条/英寸）、中条（9～14 条/英寸）、粗条（6～8 条/英寸）、宽条（6 条以下/英寸）；也可分为全纱灯芯绒、半线灯芯绒和全线灯芯绒	
平绒	采用起绒组织织造。经向采用精梳双股线，纬向采用单纱。按加工方法可分成经起绒和纬起绒。前者称为割经平绒，后者称为割纬平绒。经纱或纬纱浮长被割断后立在布面，并均匀分布	平绒布身厚实，丰满平整、柔软，绒毛短而稠密、不倒伏，光泽柔和，抗皱性、保暖性好，不易起皱；常用作妇女的春秋冬季服装，鞋、帽、窗帘等装饰用品	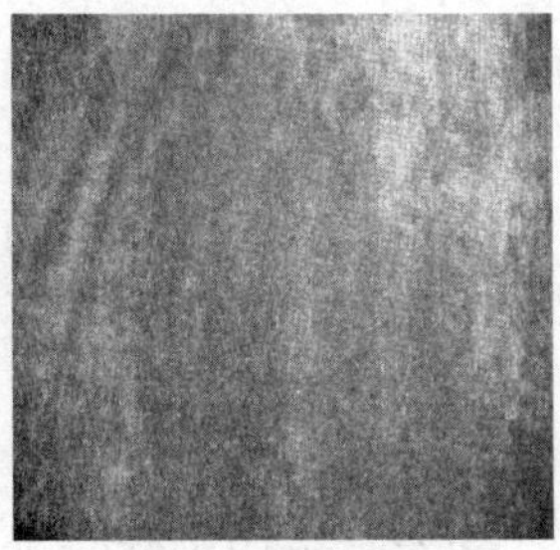
绒布	通常采用平纹或斜纹织制。织物所用的纬纱粗而经纱细，纬纱的线密度一般是经纱的一倍左右，有的达几倍	织物经拉绒后，表面呈现丰润的绒感。绒布的品种较多，按织物组织分有平布绒、哔叽绒和斜纹绒，按绒面情况分有单面绒和双面绒，按印染加工方法分有漂白绒、印花绒和色织绒等。绒布手感松软，保暖性好，吸湿性强，穿着舒适；主要用作男女冬季衬衣、睡衣、儿童服装等	

（续　表）

名称	结构特点	风格特征	图　示
提花布	根据织造设备及其形成效果的不同，可分为小提花和大提花。小提花织物采用小提花组织织造而成，一般以简单组织为主体，适当加一些小提花。大提花一般以一种组织为基础（地组织），以另一种或数种不同组织显现花纹图案	质地柔软细腻，风格独特，有立体感。一般小提花的颜色和纹路的循环变化受到限制，图案相对简单、有规律，通常形成线条形、条格形等花纹。大提花循环变化大，颜色更多更丰富，图案花纹更大更精美	 小提花  大提花

（二）麻织物品种

麻纤维有很多种，但能真正用于纺织面料的主要是苎麻和亚麻。麻织物凉爽透气，穿着舒适，不贴身。纯苎麻织物外观挺括，光泽好，但略显刚硬；亚麻织物与苎麻织物相比，柔滑细腻，光洁平整，穿着更加舒适。此外，还有各类麻与其他纤维的混纺和交织产品。

1. 夏布

夏布是以手工织制而成的苎麻布，一般以平纹为主，是我国著名的传统产品，因用作夏季服装和蚊帐而得名。夏布质地轻薄而坚牢，硬挺而凉爽，富有弹性。优质的夏布可用作服装面料，质量较差的夏布一般用作蚊帐布和服装里料。

2. 苎麻与亚麻细布

细布是采用中特或细特纱为原料的平纹织物，经纬向紧度均属中等，布身硬挺，透气凉爽。漂白细布的色泽洁白，平滑而富有光泽，布面散布有麻类织物特有的竹节条纹。苎麻与亚麻细布常用作衬衫、夏季服装面料。

3. 麻/棉混纺与交织织物

苎麻、亚麻纤维均可与其他纤维混纺或交织，以充分发挥各类纤维的优良性能，同时可降低成本。麻/棉混纺织物是其中较多的品种之一，在外观上保持了麻织物粗犷的风格，又具有棉织物的柔软特性；棉/麻交织物一般以棉纱为经纱，麻为纬纱，质地坚牢，手感柔软爽滑。这两类产品常用作夏季服装面料。

4. 涤/麻混纺织物

涤/麻混纺织物是指以涤纶和麻纤维为原料的混纺织物。常见的混纺比有涤纶/苎麻65/35或涤纶/苎麻70/30，如涤/麻细纺布、涤/麻薄花呢等。涤/麻织物的结构较稀疏，质地挺括，透气凉爽，吸湿性好，穿着舒适、不黏身，易洗快干；常用作夏季服装面料、套装，也可用作窗帘、桌布、床上用品等。

5. 毛/麻混纺织物

毛/麻混纺织物是指采用不同混纺比例的毛/麻纱线织造而成的织物，如毛/麻人字呢、毛/麻花呢等。毛/麻混纺织物具有手感滑爽、挺括、弹性好的特点，常用作各类套装面料。

(三) 丝织物品种

丝织物可分为两大类：蚕丝织物和化纤丝织物。丝织物有素织物与花织物之分：素织物是表面平整素洁的织物，如电力纺、斜纹绸等；花织物有小花纹织物（如涤纶绉）和大花纹织物（如花软缎）。丝织物也可分为生织物与熟织物：用未经精练的丝织成的织物称为生织物；用精练后的丝织成的织物称为熟织物。丝织物定名时，通常以产品大类为基本词，在其前冠以修饰词，修饰词包括原料种类、工艺特征、织物形态、组织特征和主要用途等，如人造丝软缎、真丝斜纹绸等。

1. 丝织物的品名

丝织物的品名，即丝织物的商品名称。品名大体由冠名和尾名两个部分组成，冠名一般用小类名作为定语，尾名为大类名，表示该织物的属性，即小类名加大类名。丝绸产品共分为14大类。

14大类的丝织物名称有纺、绉、绸、缎、绢、绫、罗、纱、绡、葛、呢、绒、锦、绨。具体分类如下：

① 纺类。采用平纹组织构成，是平整、紧密且比较轻薄的花、素、条格织物。织物可采用蚕丝、黏胶丝、涤纶丝、锦纶丝等原料。纺的经纬丝一般不加捻，多为轻薄织物，通常用作衬衫、裙子等面料。如电力纺、富春纺等。

② 绉类。绉类是运用工艺手段或织物组织，使织物外观呈现绉效应的面料。织物光泽柔和，表面有特殊的细小绉纹，通常用作衬衫、裙子、丝巾等。如乔其、真丝双绉等。

③ 绸类。采用平纹、斜纹、缎纹等基本组织或各种变化组织，以平纹组织居多。织物可采用蚕丝、黏胶丝、涤纶丝、锦纶丝等原料。有轻薄和厚重两种类型：轻薄的绸类织物可制作衬衫、裙子；厚重的绸类织物可制作外套、礼服等。如真丝斜纹绸、美丽绸等。

④ 缎类。采用缎纹组织为基础的花素织物，表面平滑光亮、手感柔软。织物可采用蚕丝、黏胶丝、涤纶丝、锦纶丝等原料。轻薄的缎类织物可制作衬衫、裙子，厚重的绸类织物可制作外套、旗袍、礼服、床上用品等。如花软缎、素绉缎。

⑤ 绢类。采用平纹组织或重平组织织造，以色织物居多。织物可采用蚕丝、黏胶丝、涤纶丝、锦纶丝等原料，质地轻薄、细密、平整、挺括，通常用作外衣、床罩、扇面等。如塔夫绢。

⑥ 绫类。运用斜纹组织或斜纹变化组织为基础的织物，表面具有明显的斜纹纹路。有素绫和花绫之分：素绫由斜纹或斜纹变化组织构成；花绫是在斜纹地组织的基础上起花，形成文字或环花等图案。通常用作服装里料、装饰材料等。

⑦ 罗类。采用纱罗组织织造，经向或纬向构成一列纱孔的花素织物。织物经纬密度低，轻薄透明。通常用作夏季服装面料、窗帘、各类装饰用品。如杭罗等。

⑧ 纱类。采用加捻丝或应用绞纱组织织造，在地纹或花纹的全部或部分构成有纱孔的

花素织物。织物质地轻薄、透明，布面有轻微的绉纹。通常用作夏季服装面料、窗帘等。如芦山纱等。

⑨ 绡类。采用平纹、变化平纹组织织造。织物可采用蚕丝、黏胶丝、涤纶丝、锦纶丝等原料，经纬密度较小，质地轻薄、透明。通常用作裙子、礼服、头巾等。如头巾绡、尼龙绡等。

⑩ 葛类。采用平纹、经重平或变化斜纹织造。经纬纱一般不加捻，经细纬粗，经密纬疏。织物少光泽，有比较明显且粗细一致的横向凸纹。多采用黏胶丝为主要原料。通常用作棉袄面料、沙发面料。如文尚葛等。

⑪ 呢类。采用绉组织、平纹、斜纹等组织织造。通常采用较粗的经纬丝，原料以蚕丝、黏胶丝为主。织物不显露光泽，质地比较丰满、厚实，有毛型感。通常用作冬季外衣面料。如素花呢。

⑫ 绒类。地纹和花纹的全部或局部采用起毛组织，表面呈现毛绒或毛圈的花素织物。通常用作礼服、外套、包装材料等。如乔其绒、天鹅绒等。

⑬ 锦类。锦是我国传统的提花丝织物。蜀锦、宋锦、云锦、壮锦被称为中国四大名锦。锦类织物质地厚实，外观瑰丽多彩，花纹精致高雅。通常用作旗袍、装饰织物。如织锦缎、古香缎等。

⑭ 绨类。采用平纹组织，用长丝做经，棉纱、蜡线或其他低级原料做纬，是质地比较厚实、面料粗糙的花素织物。通常用作被面。如素绨等。

2. 常见丝织物品种

常见丝织物品种见表3-6。

表3-6　常见丝织物品种

名称	结构特点	风格特征
塔夫绸	采用优质桑蚕丝，以平纹组织织制的熟货绸，即熟丝（脱胶后）织造后漂染。经纬密度较大	taffeta的音译，是平纹丝织物的意思。织物绸面细洁、光滑，光泽好，质地紧密，平整硬挺。通常用作高档的礼服、时装
电力纺	采用平纹组织织制的生织绸，即采用生丝（未脱胶）织造。平经平纬，即经纬纱均为无捻或弱捻丝	织物平整轻薄，紧密细洁，光泽柔和自然，手感轻盈、柔软，穿着滑爽舒适。根据原料不同，有重磅、重点和轻磅之分；根据生产地名不同，可分为杭纺、绍纺、湖纺等
双绉	采用平纹组织织制。平经绉纬，即经纱为无捻或弱捻丝，纬纱为强捻丝，并采用2S2Z间隔排列；经细纬粗	织物精练后布面产生细鳞状绉纹。其绉效应是由于纬纱用强捻丝生织，精练后纱线的退捻作用而产生的。织物光泽柔和，手感柔软，穿着舒适。常用作衬衫、裙子、头巾等 
斜纹绸	采用$\frac{2}{2}$加强斜纹组织织制。经纬纱均为无捻或弱捻丝	织物表面有明显的斜纹纹路，手感柔软、滑爽，光泽好。通常用作衬衫、裙子、旗袍、丝巾等

（续　表）

名称	结构特点	风格特征
软缎	采用缎纹组织织制的生织绸。平经平纬，即经纬纱一般不加捻或加弱捻。一般经纱采用蚕丝，纬纱采用黏胶丝	平滑光亮、手感柔软、绸身平挺。软缎有素软缎、花软缎之分：采用单一缎纹组织，织物表面不起花纹的称为素软缎；在缎纹组织的基础上，由纬丝起花纹的称为花软缎。常用作礼服、妇女和儿童的服装面料、床上用品等 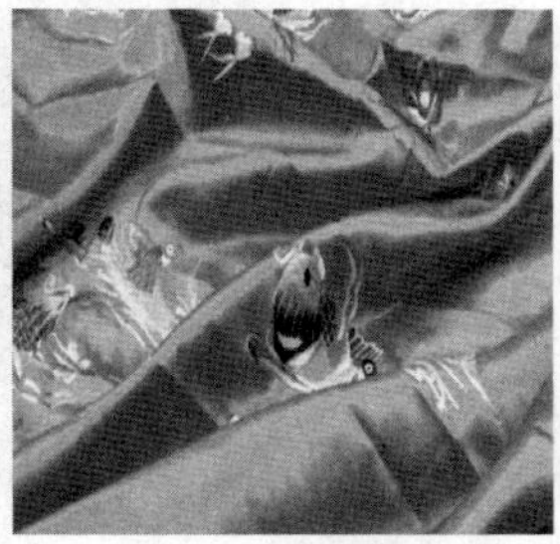
绉缎	采用缎纹组织织制。平经绉纬，即经纱为无捻或弱捻丝，纬纱为强捻丝	织物手感滑爽，组织紧密。正面平整光滑，隐约细绉纹，与双绉风格相似；反面为缎纹的风格，平滑光亮。常用作衬衫、裙子等各式服装面料
乔其纱	采用平纹组织织制。绉经绉纬，即经纬纱均采用 S 捻和 Z 捻两种捻向的强捻丝，均用合股生丝，以 2S2Z 相间排列；经纬密度很小	织物外观均匀整齐，绸面显现出细微均匀的绉纹和明显的细纱孔，质地轻薄飘逸、透明，并富有伸缩弹性。精练后，由于纱线的退捻作用，两组纱线绉缩趋势不同，互相制约，使织物表面起细致均匀的绉纹，并有明显的纱孔 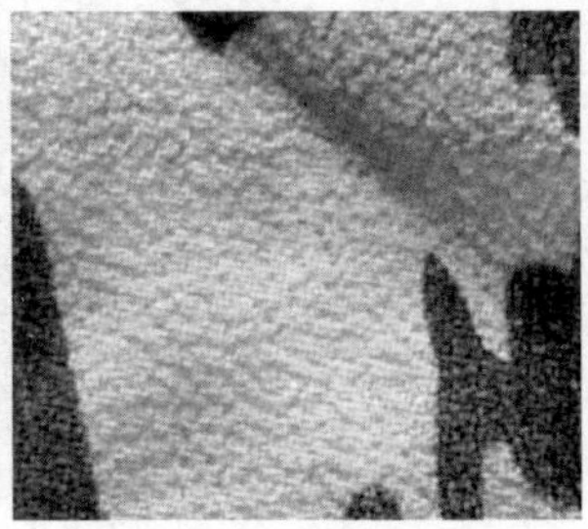

这里所介绍的丝织物是指以蚕丝为主要原料的各类织物。关于化纤产品，在下文中再介绍。

(四) 毛织物品种

1. 毛织物

毛织物是以羊毛、特种动物毛为原料或羊毛与其他纤维混纺、交织的纺织品，主要分为精纺呢绒和粗纺呢绒。

① 精纺呢绒。用精梳毛纱织制(图 3-37)。精纺对原料的要求高，纤维长而细，并去除短纤维和杂质；增加精梳工艺，梳理平直，纤维在纱线中排列整齐；纱线结构紧密，经纬纱一般以股线为主，或者经纱用股线，纬纱用单纱。毛织物的幅宽一般比较固定，多数为 144 cm 或 149 cm。织物表面光洁，织纹清晰，手感滑糯，富有弹性，光泽柔和。根据所用原料成分不同，有全毛、毛混纺、纯化纤三大类。常见精纺呢绒品种有华达呢、哔叽、啥味呢、凡立丁、派力司和贡呢等。

② 粗纺呢绒。用粗梳毛纱织制(图 3-38)。纤维经梳毛机梳毛后直接纺纱，纱线中纤维排列不整齐，结构蓬松，绒毛较多。织物幅宽有 143 cm，145 cm 和 150 cm 等规格。织物手感丰满，质地柔软，表面一般由或长或短的绒毛覆盖。根据所用原料成分不同，也有全毛、毛混纺、纯化纤三大类。按整理后成品织纹的清晰度和表面毛绒的状态，可分为纹面、呢面、

图 3-37 精纺呢绒

绒面织物三类：纹面织物，表面织纹较清晰，采用不缩绒或轻缩绒工艺；呢面织物，表面不露底纹，采用缩绒或缩绒后轻起毛的整理工艺；绒面织物，表面由较长的绒毛覆盖，采用起毛的整理工艺。常见粗纺呢绒品种有麦尔登、制服呢、法兰绒和大衣呢等。

图 3-38 粗纺呢绒

2. 常见毛织物品种

常见毛织物品种见表 3-7。

表 3-7 常见毛织物品种

名称		结构特点	风格特征
精纺呢绒	凡立丁	采用平纹组织织制的薄型织物。经纬纱均为单色股线，较细，捻度较大，经纬密度在精纺呢绒中为最小。按使用原料分为全毛、混纺和纯化纤，混纺多用黏纤、锦纶或涤纶。除平纹外，还有隐条、隐格、条子、格子等品种	呢面光洁平整，织纹清晰，质地轻薄透气，有身骨，活络有弹性，不板不皱。一般是素色，白坯匹染，以浅米、浅灰为多。常用作各式男女服装面料
	派力司	采用平纹组织织制。一般经纱为股线，纬纱为单纱。毛条染色后形成混色纱。原料以羊毛为主，也有羊毛与涤纶混纺和纯化纤的中长派力司	质地细洁，轻薄爽滑、平挺，弹性好，光泽自然柔和。呢面散布有均匀的白点，并有纵横交错隐约的雨丝条纹，是精纺呢绒中最轻的。颜色以中灰、浅灰色居多。与凡立丁的主要区别在于，凡立丁是匹染的单色，而派力司是混色，经密略大于凡立丁。常用作夏季裤料、衬衫等男女服装面料

（续　表）

名称		结构特点	风格特征
精纺呢绒	哔叽	采用$\frac{2}{2}$加强斜纹组织织制。精纺呢绒的重要品种之一。经密略大于纬密。有纯毛、混纺和纯化纤等品种	织物光洁平整，斜纹纹路清晰，斜纹倾角为50°左右，正反两面纹路相似，方向相反。光泽柔和，手感丰厚有弹性，不板不糙。织物为素色，以藏青色为主。通常用于套装、制服等
	华达呢	一般采用$\frac{2}{2}$加强斜纹组织织制。精纺呢绒的重要品种之一。密度较高，经密约为纬密的 2 倍。有纯毛、混纺和纯化纤等品种	呢面光洁平整，有身骨，弹性好，光泽柔和自然；正面斜纹纹路清晰、细密，微微凸起，斜纹倾角约为 63°。多为素色，匹染为主，也有闪色和夹花。通常用作风衣、西服、套装等外衣面料
	贡呢	采用缎纹组织织制。经纬纱较细，密度较大，是精纺呢绒中经纬密度最大、较厚重的中厚型品种。按纹路倾斜角度不同，可分为直贡呢，倾角为50°左右的斜贡呢和横贡呢，一般以直贡呢为主。除纯毛品种外，另有毛/涤、毛/黏等品种	呢面光滑平整，织纹清晰，纱线浮线较长，呢面显得特别光亮，表面呈现细斜纹，质地厚实，手感柔软、有弹性。大多为匹染素色，且以深色为主，如藏青、灰色、黑色等。多用作鞋面料和大衣、礼服等服装面料
	巧克丁	又名罗斯福呢，采用斜纹变化组织，组织形状与针织罗纹相似。使用细羊毛为原料，经纱采用双股线，纬纱多用单纱。除纯毛织物外，也有涤/毛混纺织物	呢面光洁平整，质地厚重丰富，有弹性。条型清晰，纹路比华达呢粗，呢面呈斜条。每两根斜条成一组，同一组内的两根斜条距离近、沟纹浅，组与组之间距离大、沟纹较深。反面较平坦无纹。巧克丁有匹染和条染两种，色泽以黑色、灰色、蓝色为主。通常用作春秋大衣、运动装、制服、裤料和风衣等
	啥味呢	采用$\frac{2}{2}$加强斜纹组织织制。织物密度适中，和哔叽相似。条染产品，由染色毛条与原色毛条按一定比例充分混条梳理后，纺成混色毛纱织制。所用原料以细羊毛为主。除全毛品种外，也有毛混纺和纯化纤品种	织物经轻微缩绒整理，呢面有短而均匀的绒毛，手感软糯有身骨，弹性好，光泽自然，织纹隐约可见，纹路倾角约 45°。色泽雅素，以混色灰为主，也有其他混色。常用作裤料和春秋季便服等服装面料
粗纺呢绒	麦尔登	因首先在英国麦尔登地方生产而得名，是粗纺呢绒中的高档产品之一。一般采用品质较好的细支散毛混入部分短毛为原料，多采用$\frac{2}{2}$斜纹组织，结构紧密。呢坯经过重缩绒整理或两次缩绒而成。原料有全毛、毛/黏或毛/锦/黏混纺等	织物质地紧密，正、反面都呈现细密平整绒毛，呢面丰满不露底，身骨坚挺而富有弹性。以匹染素色为主，颜色有藏青、黑色等。常用作上衣、裤子、长短大衣、鞋帽面料等
	海军呢	因用于海军制服而得名。采用$\frac{2}{2}$加强斜纹组织，密度略小于麦尔登。原料使用细支羊毛，混入部分短毛。根据所用原料，海军呢可分为纯毛海军呢和混纺海军呢	外观与麦尔登相似，织纹基本被绒毛覆盖，不露底，质地紧密，呢面平整，有身骨，弹性较好，呢面较细节匀净，光泽自然。匹染深色产品，以藏青色为主，也有墨绿、黑等色。由于用毛不同，海军呢的风格和质量都比麦尔登稍差一些。主要用作军服、制服、大衣、帽子等
	制服呢	采用$\frac{2}{2}$斜纹组织，是粗纺呢绒中的大众品种。制服呢的组织规格、色泽、风格均与海军呢相似。原料采用三四级改良毛、精梳短毛等。除纯毛外，混纺的品种较多，有毛与黏、锦、腈混纺等。	品质略次于海军呢，表面绒毛不十分丰满，隐约可见底纹，手感略粗糙，久穿易落毛露底。制服呢经缩绒、轻起毛加工，质地紧密、厚实，耐穿，丰满程度一般。色泽以藏青为主。常用作秋冬季节的中低档制服的面料

（续 表）

名称		结构特点	风格特征
粗纺呢绒	粗花呢	利用两种或两种以上的单色纱、混色纱、花式线等，通过各种组织和经纬纱排列方式配合而织成的花色产品。采用平纹、斜纹和变化组织织造而成。原料有全毛、毛/黏混纺、毛/黏/涤或毛/黏/腈混纺和纯化纤等	具有独特风格的花色品种，外观特点"花"。按外观风格分为呢面、纹面和绒面三种。呢面花呢表面呈毡缩状，短绒覆盖，微露织纹，呢面平整、均匀，质地较紧密、厚实，手感稍硬，后整理一般采用缩绒或轻缩绒，不拉毛或轻拉毛；纹面花呢表面花纹清晰，织纹均匀，光泽鲜明，身骨挺而有弹性；绒面花呢表面由绒毛覆盖，绒面丰富、整齐，手感较前两种柔软，后整理采用轻缩绒、拉毛工艺。花呢的花式品种繁多，色泽柔和。常用作套装、短大衣、女式风衣等
	大众呢	一般采用斜纹、破斜纹组织。原料采用精梳短毛、再生毛、化纤等，以毛/黏混纺产品为主	是经缩呢、起毛的呢面织物，风格特征与制服呢类似。因短毛含量多，外观较粗糙。呢面平整丰满、不露地，质地紧密，手感挺实有弹性。耐起球性比海军呢、制服呢差，磨后易露底。常用作各种职业服、便服等中低档服装面料
	法兰绒	一般采用平纹组织或$\frac{2}{1}$斜纹组织。紧密程度低于麦尔登。采用条染混色粗梳毛纱织制。除全毛外，还有毛/黏等混纺产品	经重缩绒染整加工而成的具有夹花风格的粗纺毛织物。呢面丰满、细洁、平整，不露底或半露底，手感柔软，富有弹性，混色均匀。色泽常以浅灰、浅米为主，也有中灰、深灰等品种。薄型的稍露底，厚型的质地紧密。通常用作风衣、西服套装、便装等服装面料
	大衣呢	原料采用品质较差的毛纱、精梳短毛、再生毛或化纤等。采用三原组织、变化组织、复杂组织等组织织造而成。如顺毛呢，采用斜纹或缎纹组织，经过缩绒和拉毛、剪毛等染整加工而成；立绒呢，采用斜纹或缎纹组织，经过缩绒和拉毛、剪毛等染整加工而成	男大衣色泽以深色、暗色为多；女大衣比男大衣轻薄，花式、混色为多。保暖性好，质地厚实，品种较多。原料各不相同，不仅有高、中、低档之分，且根据外观风格分为平厚、立绒、顺毛、拷花、花式五种。如：顺毛呢，不露底，表面绒毛平顺整齐；立绒呢，不露底，表面绒毛竖立
	女式呢	因专门用于制作女装而得名。组织可采用平纹、斜纹、破斜纹等。所用原料为毛或毛与黏胶纤维、腈纶、涤纶等混纺	多以匹染为主，色泽鲜艳，手感柔软，保暖性好，外观风格多样，适宜于制作秋冬女装、套装等。按照呢面风格特征分为平素、立绒、顺毛和松结构女式呢： ① 平素女式呢是经过缩呢加工的素色呢面织物，外观平整、细洁，色泽鲜艳，不露底纹或稍露底纹，手感柔软，不松烂 ② 立绒女式呢是经缩呢、起绒加工的绒面织物，绒面匀净，绒毛密立平整，不露底纹，手感丰满，有身骨，有弹性 ③ 顺毛女式呢是经缩呢、拉绒加工的绒面织物，绒毛较长，且平整均匀，向一侧倒伏，手感柔软，滑润细腻 ④ 松结构女式呢所采用组织的浮长较长，密度较低，呢面纹路清晰，色泽鲜艳，手感松软

（五）化纤织物品种

1. 化纤织物

化纤织物包括黏胶、涤纶、锦纶等织物及其混纺、交织织物，以涤纶织物最为常见。根据化纤的长短，可将化纤织物分为棉型化纤织物、化纤长丝织物和中长仿毛织物。

① 棉型化纤织物。仿照棉纤维的线密度、长度、卷曲度等指标生产而成的涤纶纤维，称为棉型涤纶纤维。棉型涤纶织物目前主要为涤/棉混纺织物，纯涤纶织物很少见。涤纶纤维与棉纤维以适当的比例进行混纺，各自取长补短，形成了具有悠久历史的涤/棉混纺产品系列。棉型化纤织物的品种和规格沿用棉织物的品种名称和规格，如涤/棉平布、涤/棉府绸、涤/棉哔叽等。棉型涤纶混纺织物的品种较多，产量巨大。

② 长丝织物。化纤长丝织物是指用化纤长丝为原料，如黏胶、涤纶、锦纶等，加工过程中不需要纺纱或只需要并丝加捻，再采用丝织机织造而成的纺织品。由于该类织物不需要纺纱工序，减少了生产成本，同时随着化纤长丝产品的丰富（如异形纤维、超细纤维等）、整理技术（碱减量技术、吸湿整理）等的发展而发展较快。如：仿丝绸织物，涤纶仿丝绸，最原始的织物是将普通涤纶长丝按照丝织物的规格织造，再经过“碱减量”处理和亲水整理等，目前品种较多，主要有采用复合纤维的仿丝绸织物、采用超细纤维的仿丝绸织物等；仿麻织物，涤纶长丝仿麻织物较早的产品是采用普通涤纶低弹丝加强捻，经织造、染整加工等形成仿麻产品的风格，目前市场上仍有销售，并出现了采用异形丝或复合丝生产的仿麻产品；仿毛织物，与中长纤维织物仿毛的原理不同，涤纶长丝仿毛产品主要从织物组织结构、产品风格上进行，因生产成本较低，且织物具有超级“洗可穿”的风格，在市场上很流行。

③ 中长仿毛织物。传统的仿毛产品，是指采用长度、细度等指标介于棉纤维和羊毛纤维之间的中长纤维加工的织物。按照原料分类，一般有涤纶与黏胶混纺产品、涤纶与腈纶混纺产品或涤纶、黏胶、腈纶三者混纺产品。在中长设备上纺纱、织造，前处理、染色和整理采用松式加工设备，并采用毛织物的整理工艺，在组织规格上和织物手感上类似于毛纺织物，但保形性一般比毛织物好。涤纶中长纤维在仿毛产品中的主要作用是强力高、保形性好；腈纶中长纤维的主要作用是赋予织物羊毛的手感；而黏胶中长纤维的主要作用是赋予织物良好的吸湿性能。三者结合取长补短，是一类仿毛效果很好的产品。该类产品的染整需要考虑三种纤维的染色和整理，同时要注意保持和提升仿毛风格。

2. 常见化纤织物品种

部分化纤织物品种在前面的内容中已有介绍，这里再介绍其他常见的一些化纤织物品种（表3-8）。

表3-8　常见化纤织物品种

名称	结构特点	风格特征
涤塔夫	又名涤丝纺，是涤纶塔夫绸的简称。该类织物的经纬纱由较细的涤纶长丝组成，以平纹组织为主。其坯布门幅相对固定，多为160 cm左右	涤塔夫属轻薄类涤纶产品，轻薄、滑爽，强度较高，颜色较鲜艳，染色牢度较好，染整加工相对简单。多用于服装里料，还可用来加工其他产品，如窗帘衬布、箱包衬里等
涤色丁	色丁是“satin”（缎纹）的音译名称，以涤纶产品居多。通常有无捻色丁和加捻色丁，以及有光色丁和亚光色丁之分。把氨纶用于色丁的经纱或纬纱，可制成弹力色丁	色丁具有轻柔的手感、丰富的颜色、良好的悬垂性。通常，色丁类产品的质量高于涤丝纺，可用于加工手感轻柔的服装，可用作礼服、舞台布、里料、箱包料等。受织造设备上机门幅的限制，纬向弹力色丁成品的门幅往往较窄。色丁常用于女装或睡衣面料 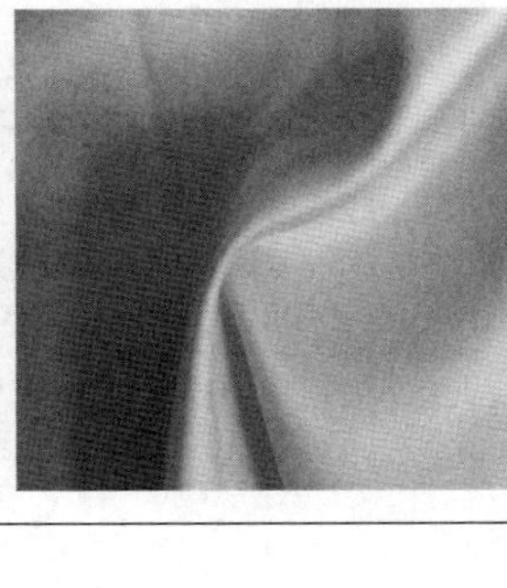

（续　表）

名称	结构特点	风格特征
春亚纺	一般采用平纹组织，也有斜纹等其他组织织造而成的。经纬都是低弹丝的叫全弹春亚纺，经纬有一个方向用低弹丝的叫半弹春亚纺	春亚纺类产品是常见的轻薄类涤纶产品，织物平挺光滑，光泽较差。通常用于加工秋冬季涤纶外套的面料，可用于制作西服、夹克衫、职业装等衬里辅料，也可用于制作羽绒服、休闲夹克衫、童装等面料
涤乔其	采用平纹组织织制。强捻绉经绉纬，经纬密度很小，2S2Z 相间排列。有 50 D 乔其、75 D 乔其、100 D 乔其、150 D 乔其等	该类产品的名称出自真丝类产品。精练后，由于丝的退捻作用而收缩起绉，绸面布满均匀的绉纹。通过碱减量加工，可完成全涤强捻机织产品的仿真丝加工。连续减量以后，乔其类产品手感更加柔软，飘逸性明显增加，是常见的加工夏季服装的主要面料之一
雪纺	雪纺与乔其很相似。雪纺的经纬纱捻度比乔其高，密度也高。经纬纱都为强捻纱，有 30 D、50 D、75 D、100 D、150 D 等	织物轻薄、透明、飘逸，手感柔软，透气性好。雪纺特别适合制作春夏季女装、连衣裙。除常见的普通雪纺外，还有顺纡绉（经向加中捻，纬向加强捻）和缎面雪纺（缎面组织，与色丁的区别在于缎面雪纺的经纬纱都加捻） 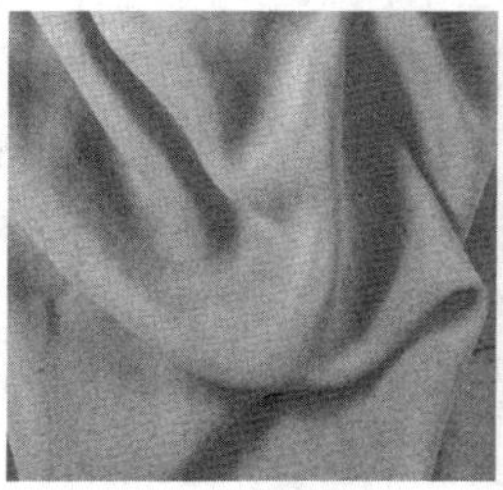 普通雪纺 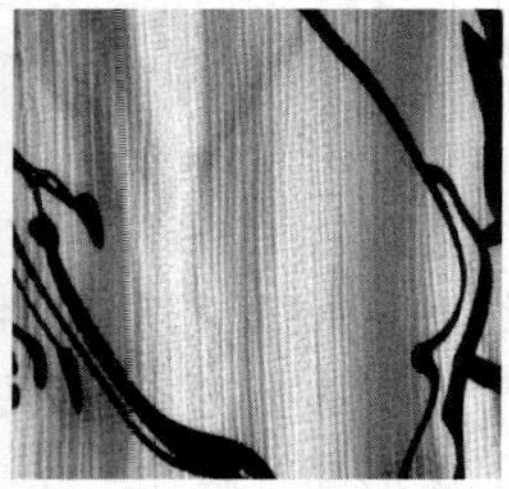 顺纡绉
尼丝纺	尼龙塔夫绸，采用平纹组织。原料为锦纶长丝，一般采用 70 D 或 40 D 锦纶 FDY，密度为 190T～400T	织物表面平整光滑，手感柔软舒适，坚牢耐磨。常用作男女服装面料。经过涂层的尼丝纺不透风、不透水，且具有防羽绒性，用作羽绒服、雨衣、睡袋、登山服的面料
牛津布	通常为平纹组织织制。原料为涤纶或锦纶，经纬纱都采用较粗的长丝，细度至少在 150 D 以上	涤纶牛津布有长丝、弹丝、高弹丝等品种。锦纶牛津布有长丝、塔丝隆牛津布、锦棉牛津布等品种。牛津布的防水性、耐用性好，主要用来制作箱包、帐篷等 
塔丝隆	一般为平纹组织织制，也有用斜纹等其他组织织造而成的。经纬有一个方向的原料是空气变形丝（ATY）	有锦纶塔丝隆和涤纶塔丝隆。织物耐磨、强度高，穿着舒适。通常用作夹克、服装面料、箱包等。
富春纺	采用平纹组织织制。黏胶长丝与黏胶短纤纱交织而成	织物表面光洁，手感柔软滑爽，穿着舒适。通常用作衬衫、裙子、箱包里料等
美丽绸	采用斜纹或变化斜纹组织织制。原料一般为黏胶人造丝。经纬都是无捻长丝	织物表面的斜纹纹路清晰、光亮，手感平滑舒适。通常用作高档服装的里料

（续　表）

名称	结构特点	风格特征
桃皮绒	桃皮绒是一种薄型起绒织物。多采用平纹组织和斜纹组织织制，也有缎纹组织织造而成的	织物表面覆盖短而精致细密的小绒毛，像桃子的皮一样，因而得名。织物柔软，富有光泽，手感滑糯。常用作沙滩裤、服装面料，也可作为鞋帽、家具装饰用布 
仿麂皮绒	以涤纶超细纤维为原料。经纬向只要有一个方向的原料有海岛丝，则为仿麂皮绒。分为经麂皮和纬麂皮	织物表面具有密集而纤细的短绒毛，手感柔软厚实，具有良好的保暖性、吸湿性和耐磨性。常用作窗帘、鞋材、沙发套、装饰布等 
锦涤纺	采用平纹组织织制。经向用锦纶，纬向用涤纶交织而成；也有全涤的，用阳离子丝(CDP)代替锦纶	可利用锦纶和涤纶的染色性不同产生双色效果。常用作家纺、窗帘、服装面料等
记忆纺	用记忆丝（即PTT）制成的面料为记忆纺。有平纹、斜纹、缎纹等组织。经纬都是PTT的为全记忆面料，经纬一个方向为记忆丝的为半记忆面料	记忆纺具有很好的折皱回复能力，起皱轻拂后回复平整，不留痕迹，悬垂性好，具有吸湿排汗功能。常用作西装、夹克、风衣、羽绒服等面料。

（六）针织面料品种

1. 针织面料特性

针织面料是由弯曲的纱线形成线圈，再由线圈相互串套、连接而形成的。针织面料特有的结构使其与机织面料相比，具有一系列不同的特性，如质地柔软、吸湿透气、优良的弹性与延伸性等。

① 弹性和延伸性。由于线圈能够改变形状和大小，所以当针织物受到外力作用时，会沿着力的方向发生变形，当外力撤除后，又可回复到原来的状态，所以针织物具有较好的弹性和延伸性。弹性和延伸性的大小取决于纱线性质、线圈长度和针织面料组织。

② 脱散性。脱散性是指针织物中因某根纱线断裂而导致线圈与线圈彼此分离，从而使面料外观和强力受到破坏。不同种类的针织面料，脱散性不同。纱线的摩擦系数与抗弯刚度愈大，线圈长度愈短，针织物的脱散性就愈小。

③ 卷边性。在自由状态下针织面料边缘出现包卷的现象称为卷边性。通常，单面针织面料易出现卷边现象；双面针织面料因为边缘处正反面线圈的内应力大致平衡，基本不卷边。

④ 柔软性。线圈结构能使针织面料在穿着时随身体姿势的变动而产生一定程度的弯曲变形、拉伸，线圈与线圈之间产生一定的偏移，使得面料更易贴合人体，穿着柔软、

舒适。

⑤ 悬垂性。线圈之间沿纵向相互串套形成的链式结构，使针织面料受到自身重力的影响，各线圈之间的纱段也沿重力方向发生轻微转移，使面料下垂而具有良好的悬垂感。

⑥ 勾丝性。针织面料在加工和穿着过程中，与某些尖锐物体相互作用，纤维或纱线被勾出，在织物表面形成丝环，称为勾丝性。由于针织面料的线圈结构不如机织面料紧密，因此勾丝现象比机织面料严重，尤其是化纤针织面料。

⑦ 保暖透气性。由于线圈结构呈现三维弯曲的空间状态，线圈与线圈的串套也存在一定的孔隙，使面料内部含有大量的空气，相当于一个空气隔离层。当针织面料作为内衣穿着，并有外层衣物阻隔空气的流动时，就能起到保暖的作用；当没有外层衣物阻挡时，外面的空气则容易通过针织面料的孔隙进入，从而起到透气的作用。

2. 常见针织面料品种

由于针织面料特有的性能特点，其应用越来越多。在所有的针织面料中，纬编针织面料的用量较大。常见的针织面料品种见表 3-9。

表 3-9　常见针织面料品种

名称	结构特点和风格特征
汗布	采用纬平针组织编织而成的单面针织物。正面完全是正面线圈，反面完全是反面线圈。正面平滑光洁，反面略显粗糙；有较好的延伸性，线圈易歪斜，卷边性和脱散性较严重。纯棉汗布的吸湿性强，具有良好的贴身性，通透性好，织物柔软，布面光洁，质地细密，穿着舒适。含氨纶弹力丝的汗布，称为氨纶汗布，某些企业称为拉架平纹。汗布常用于制作背心、T恤衫等  
卫衣布	面料正面平整，与汗布正面的外观效果相似，反面浮线形成毛圈，因而又称毛圈布。因织物反面呈鱼鳞片形状，所以也称为鱼鳞布。卫衣布有单卫衣布和双卫衣布之分。常用作针织服装面料  

（续　表）

名称	特点及图示
单珠地	织纹较特殊，容易辨识。正面有凹凸效果，反面较平整。织物透气性、透湿性好。原料可采用纯棉、混纺或化纤。主要用于制作 Polo 衫  
双珠地	正面与单珠地相似，反面呈六角网眼状。制作服装时，通常以具有特殊风格的双珠地织物的反面作为服装的正面。主要用于制作 Polo 衫  
棉毛布	采用双罗纹组织编织的双面针织物。正反面效果均与汗布的正面相似。面料平整，结构紧密，质地厚实，横向的延伸性和弹性稍差，没有卷边现象，尺寸稳定，不易脱散，保形性较好，手感柔软，穿着保暖、舒适。常用于棉毛衫、棉毛裤等针织内衣服装
罗纹	根据正反面线圈纵行的组合情况不同，可以形成各种宽窄不同的纵向凹凸条纹外观。罗纹织物横向具有较大的延伸性和弹性，纵向的延伸性和弹性与汗布相似，基本没有卷边现象，2+2 罗纹和抽针罗纹的弹性更好。罗纹织物常用在针织服装的袖口和裤管处  1+1 罗纹  2+2 罗纹  抽针罗纹

（续　表）

名称	特点及图示
经编网眼布	布面结构稀松，有较好的延伸性和弹性，透气性好。采用不同的设备，可织造不同的网眼布，有各种形状和大小的经编网眼织物。通常用作运动衫里料、鞋垫上的网眼布，以及窗帘、蚊帐等 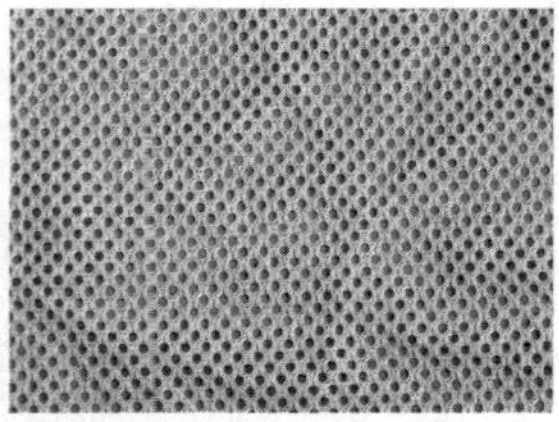
经编花边	通过花边机采用经编方式织成的花边面料，质地稀疏、轻薄，网状透明，色泽柔和。可采用锦纶丝、涤纶丝、黏胶丝等作为原料。通常用作服装的装饰面料、窗帘、婚纱等 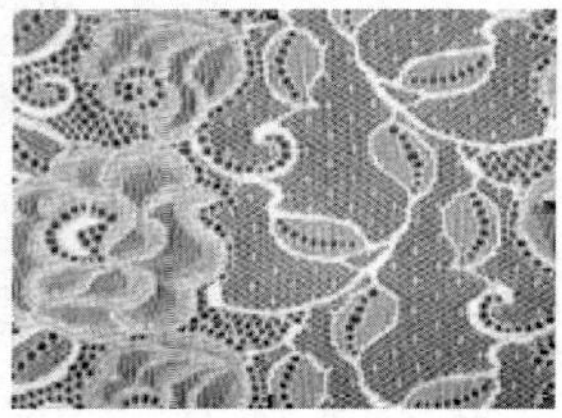

阅读材料 >>>

纺织面料纤维含量计算

规格标签上通常需注明织物规格、各种纤维的百分比含量。服装厂家也须在洗唛上标明里料和面料中各种纤维的含量，并注明服装的洗涤方法。纯纺织物也须在洗唛上标明100％的纤维组成。面料中纤维的组成和纤维含量决定了服装的洗涤方法。除通过检测的方法来确定纺织面料中的各纤维含量外，也可以采用计算的方法。

大多数情况下，无论是坯布还是成品，织物经密大于纬密。当织物的经纬纱规格相同时，单位面积的经纱质量大于纬纱。实际生产中，当织物的经纬纱规格相差较大时，单位面积的纬纱质量可能大于经纱。换言之，纬纱用纱量的百分比可能超过 50％。

例 1：已知锦/棉斜纹布规格为“70 D×21^S/133×72/57/58″”。问织物中各种纤维成分的含量为多少？

计算思路：织物中各种纤维成分的含量是指其在织物中所占的质量百分比，只要知道每根纱的质量和纱线的根数，就能得出纱线的质量。由此可知，将所有的经纬纱细度用同一种定长制单位表示，就可以将计算过程简单化。

具体计算过程如下：

① 锦纶：70×133＝9 310

② 棉：将 21^S 棉纱换算成旦尼尔表示的细度

英制支数与旦尼尔之间的转换系数为：

$$\frac{453.59}{840\times0.9144}\times9\,000=5\,315$$

$$5\,315/21\approx253\text{ D}$$

$$253\times72=18\,216\text{ D}$$

③ 锦纶含量：[9 310/(9 310+18 216)]×100%≈33.8%

④ 棉含量：1−33.8%=66.2%

例 2：已知棉/氨弹力直贡的规格为“32^S×(32^S+40 D)/190×80/50″(坯布门幅 70″)”，氨纶的牵伸比为 4 倍。问织物中各种纤维的含量是多少？

具体计算过程如下：

① 棉：5 315/32=166 D　166×190=31 540

5 315/32=166 D　166 D×70/50=232.4 D　232.4×80=18 592

31 540+18 592=50 132

② 氨纶：因氨纶的牵伸比为 4 倍，所以氨纶细度实际为 10 D

则：

$$10\ \text{D}\times 70/50=14\ \text{D}$$

因而氨纶 14×80=1 120

③ 氨纶含量：[1 120/(1 120+50 132)]×100%≈2.18%

④ 棉含量：1−2.18%=97.82%

例 3：已知 T/R 罗缎的成品规格为“(150 D+Sp40 D)×R10^S/88×68/57/58″”，氨纶包覆丝中氨纶的牵伸比为 4 倍，从坯布到成品，织物经向收缩 36%。问该织物成品中各种纤维的含量是多少？

具体计算过程如下：

① 氨纶：已知氨纶的牵伸比为 4 倍，所以氨纶细度实际为 10 D。考虑到氨纶收缩后涤纶连带收缩，且缩率为 36%，所以经向氨纶的实际纤度为 10×(1+36%)=13.6 D，

则：

$$13.6\times 88=1\ 196.8$$

② 涤纶：150×88=13 200，13 200×(1+36%)=17 952

③ 黏胶：5 315/10=531.5 D，531.5×68=36 142

④ 涤纶含量：[17 952/(17 952+1 196.8+36 142)]×100%≈32.5%

⑤ 氨纶含量：[1 196.8/(17 952+1 196.8+36 142)]×100%≈2.2%

⑥ 黏胶含量：1−32.5%−2.2%=65.3%

例 4：已知三合一精纺呢绒的成品规格为“(W/CDP/A 45/30/25 40^S+Sp40 D)×(W/CDP/A45/30/25 40^S+Sp40 D)/112×84/57/58″”，坯布规格为“(W/CDP/A45/30/25 40^S+Sp40 D)×(W/CDP/A45/30/25 40^S+Sp40 D)/76×56/84/86″”，氨纶包覆丝的牵伸比 4 倍。试计算成品中各种纤维的含量。

具体计算过程如下：

① 由已知条件可得成品的经纬向收缩率分别为：

$$(112-76)\div 112\times 100\%=32.1\%$$
$$(84-56)\div 84\times 100\%=33.3\%$$

纺织面料识别与检测

② 氨纶：已知氨纶包覆丝的牵伸比为4倍，所以氨纶细度实际为10 D，考虑到经纬向的收缩，经、纬向的氨纶细度实际为：

经向氨纶：10×(1+32.1%)=13.21 D
13.21 ×112=1 479.52
纬向氨纶：10×(1+33.3%)=13.33
13.33 ×84=1 119.72
1 479.52+1 119.72≈2 599

③ 三合一纱：先将三合一纱的细度转换为旦尼尔，得45 315/40≈133 D

考虑到氨纶收缩后三合一纱连带收缩，因而：

经向三合一纱：133×112=14 896
14 896×(1+32.1%)≈19 678
纬向三合一纱：133×84=11 172
11 172×(1+33.3%)≈14 892
19 678+14 892=34 570

④ 氨纶含量：2 599÷(2 599+34 570)≈7.0%

⑤ 三合一纱含量：100%−7.0%=93%

则，羊毛含量：93%×45%=41.85%

改性涤纶含量：93%×30%=27.9%

腈纶含量：93%×25%=23.25%

纺织面料成本核算

对于纺织面料业务员，经常会面临这样的情况：客户提供一块样布或者提供详细的规格，要求报价。要报出较为准确的价格，需要了解整个面料加工成本的构成。

面料成本由原料成本、织造费用、染色印花后整理加工费、检验打卷包装费用、税和各个加工环节的损耗所构成。

一、纱线成分判别

判断纺织原料属性(参见项目1中的相关内容)。

二、织物规格判别

对织物的规格进行检测分析(参见项目3中的相关内容)。

三、原料成本计算

知道坯布单位面积的经纬纱用量和纱线单价，可计算坯布原料价格。下面以纯棉坯布规格40×40/133×72/63″为例。

1. 计算每米用纱量

① 经纱用量：

经纱根数：133×63=8 379根

单位长度质量：453.59/(40×840×0.914 4)=0.014 76 g/m

每米经纱质量：0.014 76×8 379=123.7 g

② 纬纱用量：

英制换算成公制：72÷2.54=28.35 根/cm，即 2 835 根/m

$63'' \times 2.54 = 160$ cm，即 1.6 m

整个门幅的纬纱质量：0.014 76×1.6×2 835=66.9 g

③ 整个门幅每米用纱量：123.7+66.9=190.6 g=0.190 6 kg

2. 计算原料成本

若目前 40^S 纯棉纱线的价格为 4 万元/吨，即 40 元/kg，则：

原料成本=每米用纱量×纱价=0.190 6×40=7.62 元/m

四、织造费用计算

机织物的纬密越高，织造效率越低，费用越高。

纺织厂根据原料规格、纬向密度、织造效率、织造难度等因素，最终确定织造费用。通常纺织厂给出的织造费用是每厘米坯布的织造价格。这个价格在表达时往往被"梭"代替，而不用"梭/厘米"表示。若坯布上机纬密为 16 梭/cm 和 32 梭/cm，织造速度相同时，前者的生产效率比后者低一半。在相同设备上加工不同坯布，织造速度有区别。织物组织结构越复杂，织造难度越大。

某织造厂规定纬密为 16 梭/cm 的平纹全涤坯布的织造价格为 0.018 元，则该织物的织造费用为 1.8 元/m。

生产中，用"每 100 梭的织造费用"来表达织造价格也较常见，有时在口语中经常被表述为"每梭"的价格。如纺织厂的业务员说"每梭 0.12 元"，其真正含义是：每 100 梭的加工费为 0.12 元。

比如一般全棉的用喷气织布机，通常说"一毛钱一梭"，即：纬密除以"2.54"，再乘"0.1"，就是织造费用。

仍以上例为例，对织造费用进行估算：72 根/英寸÷2.54=28.3 根/cm，28.3×100=2 830根/m，即每织造 1 m 需要 2 830 梭，已知每 100 梭的加工费为 0.1 元，则 2 830 梭的加工费为 2.83 元。

五、坯布成本价格计算

坯布成本价=原料成本+织造费=7.62+2.83=10.45 元/m

六、原料损耗

织造时坯布在卷绕到卷布杠前，要切掉布边。用成品或坯布小样分析坯布价格时，须考虑原料消耗。用坯布小样分析坯布价格，化纤长丝边组织耗纱量可按坯布单位面积用纱总量的1.5%计；以混纺纱为原料的坯布，边组织耗纱量可按坯布单位面积用纱总量的 2%计；纤维素纤维制品，边组织耗纱量可按坯布单位面积用纱总量的 3%计。以成品小样估算坯布价格时，边组织耗纱量可适当增加。

七、坯布价格计算举例

已知 200 D 涤纶低弹丝的价格为 12 000 元/t。每吨涤纶低弹丝包覆氨纶丝时，需氨纶 44 kg，氨纶单价为 90 000 元/t，氨纶包覆丝的加工费为 500 元/t。问每千克氨纶包覆丝的单价是多少？

90 000 元/t÷1 000＝90 元/kg
90 元/kg× 44 kg＝3 960 元
12 000 元/t＋3 960 元/t＋500 元/t＝16 460 元/t
16 460 元/t÷ 1 000 kg/t＝16.46 元/kg

坯布经纬纱都是(P200 D＋Sp40 D)，上机经密为每英寸 76 根，纬密为每英寸 46 根，上机门幅为 81 英寸，织造时裁边造成的原料损耗为坯布质量的 4%，氨纶按坯布质量的 4%计算，喷气织机每 100 梭加工费为 0.11 元。问该双弹织物的单位成本是多少？

具体计算如下：

① 经纱用量：

由上机经密可知整个门幅的经纱根数为：

76 根/英寸×81 英寸＝6 156 根

6 156 根经纱的长度为 6 156 m，200 D 涤纶，单位长度质量为：

22.2 tex÷1 000 m＝0.022 2 g/m

则 1 m 内经纱的质量为：

0.022 2 g/米×6 156 米＝137 g

② 纬纱用量：

纬密为 46 根/英寸，1 m 织物内纬纱根数为：

46÷2.54＝18 根/cm
18 根/cm×100＝1 800 根/m

则整个门幅内 1 根纬纱的长度为：

81 英寸×2.54 cm/英寸÷100＝2.06 m/根

则整个门幅内纬纱的质量为：

0.022 2 g/m×1 800 根/m×2.06 m/根＝82 g

③ 每米用纱量：

整个门幅内每米的纱线质量为：

137 g＋82 g＝219 g

若氨纶质量按坯布的 4%计算，则其质量估算为 8 g。

裁边质量按坯布质量的 4%计，则为 8 g，那么整个门幅内每米的坯布质量为：

219 g/m＋8 g/m＋8 g/m＝235 g

④ 原料价格：

235 g/m×16.46 元/kg＝3.87 元/m

⑤ 织造加工费：

每米有 1 800 根纱，即每织造 1 m 需要 1 800 梭。

已知每 100 梭的加工费为 0.11 元，则 1 800 梭的加工费为：

$$1\,800\text{ 梭/m} \times 0.11\text{ 元/100 梭} = 1.98\text{ 元/m}$$

⑥ 坯布成本费：

$$3.87\text{ 元/m} + 1.98\text{ 元/m} = 5.85\text{ 元/m}$$

八、影响纺织原料价格的因素

1. 属性

羊毛和涤纶的价格相差甚远，是由纤维的产量和生产成本决定的。相同细度的普通涤纶低弹丝 DTY 和涤纶牵伸丝 FDY 的价格相差较大，而相同细度的涤纶牵伸丝和海岛丝的价格相差更大。莫代尔、莱赛尔与普通黏胶相比，价格相差几倍以上。无论是天然纤维，还是再生纤维与合成纤维，纤维的基本属性决定纤维的价格。

2. 细度

纱线越细、生产效率越低，价格就越高。55.5 dtex 的涤纶长丝与 333.3 dtex 的涤纶长丝，价格上相差接近一半。16^S 棉纱和 32^S 棉纱在价格上也有很大区别。

3. 股数

以涤纶为例，165 dtex/72 f 的长丝与 165 dtex/144 f 的长丝相比，单丝股数越多，聚合抽丝难度越大，柔顺性就越好，成品手感就越理想，所以 165 dtex/144 f 长丝的价格较高。棉纱中 32^S 单纱的价格低于 $32^S/2$ 股线的价格。

4. 混纺比例

一般情况下，涤/棉纱、涤/黏纱的混纺比例较固定，大多为涤纶 65%、棉纱或黏胶纱 35%。仿毛织物的混纺比例具有多变性。如羊毛、涤纶和腈纶"三合一"纱线的混纺比例，可以是 45/35/20，也可以是 49/36/15，还可以是 51/24/25。总之，随着羊毛在混纺纱中的比例提高，纱线价格逐渐提高。

5. 季节与供需关系

纺织品价格波动具有明显的季节性。原料价格和织造成本随季节波动，是造成纺织品价格波动的主要原因。国内市场供求关系造成的纺织品价格波动，对纺织行业的发展往往会带来较大冲击。在考虑纺织品综合成本时须加以注意。

九、染费计算

纺织品染费价格主要受染色方法、染料选用、染色工艺、织物规格、颜色深浅等方面的影响。

1. 染色方法

① 轧染。棉织物轧染，染色牢度较好，织物表面光洁。轧染适合于密度较高、颜色较深的全棉织物的连续加工。染厂要求的最低加工数量较高，成品手感偏硬，需要染后预缩，以降低经向缩率，并改善手感，与间歇式绳状浸染相比，每米织物的染色费用较高。

② 卷染。平幅卷染不仅适合于加工棉织物，也适合加工化纤织物。小批量、多品种加工方式可更好地满足市场需求。涤塔夫织物或尼丝纺织物用分散染料染色，价格较便宜；尼丝纺用酸性染料染色，加工费稍高。全棉府绸织物采用平卷缸活性染料染色，加工费为每米 2 元以下。厚重织物的染色较少使用平卷缸。为防止牛仔棉纬弹织物表面出现染色折痕，也可用平卷缸加工，加工费为 2 元/m 左右。

③ 浸染。绳状浸染最常用。涤/棉、涤/黏、全涤织物用此染色方法加工的量较多。一缸普通全涤织物以 320 kg 计，长 800 m，染色加工费为 1 元/m 左右；涤/棉用混纺染料套色，需适当加价，涤、棉套色一致时须适当加价。T/R 仿毛织物染整加工，用分散染料染涤，用活性染料染黏，后续连接轧光罐蒸工艺，目前加工费用为 2.5 元/m 左右。

2. 织物规格

① 密度。长车轧染时，织物密度越高，门幅越宽，染色加工难度越大。高支高密全棉宽幅织物的轧染加工费用比普通全棉织物的轧染加工费用高。高支高密织物的练漂难度大，密度越高，染料渗透越困难，染色加工工艺条件越苛刻，成本就越高。

② 厚度。长车轧染时，棉织物越厚，染色难度越大。涤纶浸染时，织物越厚，每缸织物米数越短。所以，染色加工费随织物厚度有所增加。

3. 颜色

有些染厂把常用染料在染色配方中的用量是否超过织物质量的 1%，作为区别颜色档次的依据：低于 1%是浅色，高于 2%是深色，高于 3%算特黑，高于 4%算特殊颜色。单位长度的染料成本越高，染费就越高。

织物上有时会镶嵌一些其他纤维，可使成品表面呈现格子或条子。为体现嵌条风格，染色时需在染液中加入其他染料。这样的染色过程常被称为套色。嵌条织物套色加工，价格增加不多。如客户要求把交织物或混纺织物中两种纤维颜色染成一种颜色，其加工过程叫作套色套平。颜色套平时，工艺时间较长，染色难度加大，染费较高。

4. 整理加工

① 定形。常规产品加工不加收定形费用。有些色织产品或涂层基布无需染色，在加工前需要进行出水定形。出水定形需加收定形费用，通常加工费为 0.4 元/m。

② 轧光。有专门从事轧光加工的企业，根据客户要求对纺织品进行轧光，加工费通常由双方商定，一般情况下加工费用为 0.5 元/m。

③ 轧花。轧花加工可赋予纺织品独特的外观效果。根据轧花花型的复杂性和加工难度，加工费用不同，通常轧花加工费为 0.6 元/m。

④ 柔软。柔软整理大多在产品定形时通过浸轧柔软剂实现加工目的。柔软剂加入量和柔软剂价格决定柔软整理价格。通常柔软整理加工费用为每米 0.1 元。

⑤ 树脂整理。棉织物抗皱性能大多通过树脂整理完成。树脂整理加工费较低，一般为每米 0.2 元。液氨整理属特殊抗皱整理，因整理效果极佳而价格较高。

⑥ 功能整理。纺织品功能整理形式多样。阻燃、防水、卫生、抗菌、抗紫外线、抗静电、吸湿排汗、驱蚊、芳香等，都属常见方式。整理剂价格和流程不同，加工费也区别较大。如通过特殊整理剂对织物进行防水、抗污、抗静电的联合整理，那么加工费就更高。

⑦ 预缩。长车轧染加工结束后可通过橡胶毯预缩机进行预缩整理，提高织物尺寸稳定性。预缩整理的加工费较低，通常为每米 0.1 元。弹力织物在服装裁剪前有时也需预缩整理，特别是经向弹力织物预缩整理更显重要。弹力织物裁剪前预缩大多在松式汽蒸预缩机上完成。此类预缩设备染厂很少购置，大多由服装厂购置或专门从事弹力织物预缩加工的企业购置。弹力织物预缩加工的费用通常为每米 0.8 元。

⑧ 植绒。植绒加工可以在纺织品表面产生立体感较强的美丽图形。通常由专业植绒厂来完成。一般情况下，根据织物门幅和花型复杂程度确定植绒加工价格。织物门幅越宽，

植绒花型越复杂，需要的绒毛越多，加工费越高。

5. 其他加工

① 减量。涤纶强捻织物减量是常用仿真丝方法。通常染缸减量每米加价 0.2 元，两次减量每米加价 0.4 元。

② 拉毛、磨毛。拉毛、磨毛可赋予织物表面新特性。根据拉毛磨毛的加工难度，使用的设备以及产品加工品质要求，拉毛磨毛产品加工价格略有不同。通常，拉毛磨毛加工费为每米 0.4 元。有些产品不但需拉毛或磨毛，还需剪毛。有的染厂把剪毛当作产品拉毛或磨毛的一部分，不加收费用。

③ 抛光。纤维素纤维制品磨毛后的抛光属新技术。莱塞尔纤维制品生物酶处理加工难度也较大，因此抛光加工费用较高。织物在气流柔软机内干式拍打可改善手感。强捻人造丝衬衫面料染整加工后手感较硬，需干式拍打。该加工方法通常费用较高。

④ 检验、打卷与包装。纺织品检验、打卷常连在一起计费，费用每米不超过 0.1 元/m。纺织品包装费相差较大。产品内外唛费用不太高，而内包装和外包装费相差较悬殊。包装材料与厚度决定产品包装价格。

6. 经向缩率

织物加工中的经向缩率对产品价格的影响非常直接。产品的经向缩率越大，单位长度坯布生产出的成品长度就越短，产品单价越高。若其他费用不变，单价为 15 元/m 的纺织品，其经向缩率每增加 1%，成品价格就上升 0.151 5 元/m。

产品预定和成品定形的张力、超喂、门幅和弹性等都是控制产品经向缩率的重点。染色后的预缩和罐蒸对产品经向缩率的影响也非常明显，加工时应引起特别注意。

十、产品价格核算

把纺织品的坯布价格、染费、经向缩率和检验包装费用累计，就是纺织品的加工费用总和。这样计算往往并不能代表产品的实际价格。在纺织品出口贸易中，还会产生一些其他费用，如装箱费用、运输费用、次品费用、合理的税费、报关费用和其他费用。

以 1 000 匹织物计，普通集装箱大柜装箱费为 300 元左右。此货柜从上海周边地区到上海港运输费用为 1 500 元左右。一个货柜产品以 60 000 m 计，那么 1 800 元装箱费和运输费分摊到 60 000 m 成品上，每米产品新增成本 0.03 元。

通常，次品数量在产品总数的 2%以内，超过 2%则说明产品品质控制有问题。以每米 15 元的产品为例，如次品数量为总数的 2%，由此增加的成本为每米 0.33 元。

思考题

1. 根据不同的分类方法，织物通常可分成哪些类别？
2. 分析日常生活中遇到的纺织品，并识别哪些是机织物，哪些是针织物，哪些是非织造布？
3. 你知道纯纺、混纺和交织织物的区别吗？
4. 描述织物规格的指标有哪些？织物的规格不同会体现什么样的差别？
5. 染整加工前后，织物门幅、经纬密度有何变化？
6. 什么是织物的质量？测定织物的质量有什么实际意义？
7. 机织物的三原组织有哪些？分析各自的特点。

8. 什么是针织面料？其基本结构单元是什么？

9. 纬编针织面料的基本组织有哪些？哪些是单面针织面料的组织？易卷边的有哪些？弹性和延伸性最好的是哪些？

10. 什么是 T/C 织物？什么是 CVC 织物？

11. 什么是正面线圈？什么是反面线圈？

12. 说出 T/C 40×40/133×72/56″ 所表达的具体含义，并指出该面料的名称。

13. 解释下列织物规格的具体含义：

$$C16^{S}\times(P150\ D+Sp40\ D)/86\times68/57/58''$$

14. 说出 P200 D×(P150 D+Sp40 D)/108×72/57/58″所表达的具体含义，指出该面料的名称，并将该织物的规格用标准单位进行表述。

15. 举例说明常见棉纤维面料的品种，并描述它们的区别。

16. 举例说明常见蚕丝面料的品种，并描述它们的区别。

17. 举例说明常见化纤面料的品种，并描述它们的区别。

18. 举例说明常见针织面料的品种，并描述它们的区别。

19. 根据纺织面料的布边、密度、浆纱情况、筘痕、纱线结构，如何识别织物的经纬向？

20. 计算下列规格织物中各种纤维的含量：

已知织物成品规格(P150 D+Sp40 D)×(P150 D+Sp40 D)/98×62/57/58″，织物坯布规格(P150 D+Sp40 D)×(P150 D+Sp40 D)/78×38/72/73″，氨纶牵伸比为 4 倍。

21. 计算下列棉/涤交织纬弹织物的坯布成本：

已知坯布的规格为 $C32^{S}/2$×(P150 D+SP40 D)/72×48/75/77″，$C32^{S}/2$ 的价格是 26 500元/t，P150 D 的价格是 13 500 元/t，SP40D 的价格是 90 000 元/t。氨纶包覆丝的牵伸比是 4 倍，坯布原料的损耗为 2%。织造费用是每 100 梭 0.125 元。

项目4 纺织面料外观品质检测

学习目标

1. 通过任务4-1“纺织面料外观疵点检测”，学习外观品质检测的标准和要求等知识，能检测常见原料、织造和染整加工疵点。

2. 通过任务4-2“纺织面料色差检测”，学习影响色差检验的因素、色差的种类和检测方法等知识，能正确检测面料的色差。

3. 通过任务4-3“纺织面料纬斜检测”，学习纬斜的概念、种类及其产生原因等知识，能正确检测纺织面料的纬斜，知道控制纬斜的方法。

项目导入

在一批服装生产中，某服饰企业将部分服装外发进行加工。外发工厂进行服装加工时，发现面料存在较大的纬斜和比较明显的色差，要求该服饰企业的业务员将面料进行回修；否则，如加工后服装出现问题，一律不承担责任。该服饰企业的面料业务员随即与面料供应商进行协商，将部分问题较为严重的面料重新进行生产加工。在该服饰企业的例行会议上，面料部经理要求大家对面料质量严格把关，以避免再次出现类似问题。

纺织品的外观品质检测在产品检测中是非常重要的。检测时必须遵照一定的标准进行，同时，在检测过程中必须符合一定的检测条件。从多年外贸产品检验的实际情况来看，在外观质量检验中，纺织厂产生的外观疵点居多，而印染厂产生的疵点中颜色偏差较大为主要部分。

任务分析 >>>

本项目的教学过程设计三个学习任务。通过任务驱动，使学生在完成各个任务的过程中，熟悉纺织面料外观疵点、色差和纬斜等外观品质的检测方法。

任务 4-1　纺织面料外观疵点检测

任务 4-1“纺织面料外观疵点检测”是本项目的首项任务。完成纺织面料外观疵点的检测，需要明确常见外观疵点的类型、检测的方法等。

一、基本要求

通过对纺织面料的外观进行观察，熟悉纺织面料常见的外观疵点，能准确说出它们的名称。

二、任务准备

1. 教师布置学习任务，将学生分成若干小组。

2. 教师准备好 6～8 块有外观疵点的纺织面料，并给每一种面料样品编号，以便学生进行观察、分析。

3. 在完成本任务的过程中，各小组应首先明确任务，进行小组分工，准备相关材料。通过对本项目中外观检测标准、外观疵点检测等相关知识的学习，以及上网查阅资料等，进一步了解和掌握完成本任务所需知识。在任务实施前各小组需明确以下问题：

(1) 在纺织面料的外观疵点检测中，最常用到的标准是什么？

(2) 是否了解美国四分制标准。

(3) 纺织品的外观疵点通常由哪些环节产生？

(4) 常见的外观疵点有哪些？

(5) 在检测过程中需要注意些什么？

三、实施内容

学生分组完成对纺织面料外观疵点的检测，及时进行观察和记录。具体包括：

1. 观察纺织面料外观，找到外观疵点的位置，做好标记。

2. 写出纺织面料外观疵点的名称。

四、实施后记

1. 学生整理实验结果，按要求完成学习任务报告的撰写。

2. 教师进行点评，总结本次任务的完成情况，形成任务总结。

任务 4-2　纺织面料色差检测

任务 4-2“纺织面料色差检测”是本项目的重要任务。完成纺织面料色差检测，需要明确常见色差的类型、色差检验的条件、检测的方法等。

一、基本要求

通过对纺织面料的外观进行观察，熟悉纺织面料常见的色差种类、色差检验的条件和色差的检测方法等。

二、任务准备

1. 教师布置学习任务，将学生分成若干小组。

2. 教师准备好 6～8 块有色差的纺织面料，并给每一种面料样品编号，以便学生进行观察、分析。

3. 在完成本任务的过程中，各小组应首先明确任务，进行小组分工，准备相关材料。通过对本项目中色差检验条件、色差的类型、色差的检测方法等相关知识的学习，以及上网查阅资料等，进一步了解和掌握完成本任务所需知识。在任务实施前各小组需明确以下问题：

（1）色差检验需注意哪些方面？

（2）工厂中常见的色差类型有哪些？

（3）色差级别如何确定？

（4）哪些方法可以检测纺织面料的色差？

（5）工厂中如何检测大货的色差？在检测过程中需要注意些什么？

三、实施内容

学生分组完成对纺织面料色差的检测，及时进行观察和记录。具体包括：

1. 观察纺织面料外观，明确是否有色差。

2. 写出纺织面料色差名称。

3. 通过检验，确定纺织面料色差级别。

四、实施后记

1. 学生整理实验结果，按要求完成学习任务报告的撰写。

2. 教师进行点评，总结本次任务的完成情况，形成任务总结。

任务 4-3　纺织面料纬斜检测

任务 4-3“纺织面料纬斜检测”是本项目的重要任务。完成纺织面料纬斜检测，需要明确纬斜的种类、纬斜的检测方法等。

一、基本要求

通过对纺织面料的外观进行观察，熟悉纺织面料常见的纬斜种类、纬斜的检测方法等。

二、任务准备

1. 教师布置学习任务，将学生分成若干小组。

2. 教师准备好6～8块有纬斜的纺织面料，并给每一种面料样品编号，以便学生进行观察、分析。

3. 在完成本任务的过程中，各小组应首先明确任务，进行小组分工，准备相关材料。通过对本项目中纬斜种类、纬斜的检测及纬斜的产生与控制等相关知识的学习，以及上网查阅资料等，进一步了解和掌握完成本任务所需知识。在任务实施前各小组需明确以下问题：

(1) 什么是纬斜？纬斜是如何产生的？

(2) 常见的纬斜类型有哪些？

(3) 如何检测纺织面料的纬斜？纬斜结果如何表示？

(4) 任务实施过程中需要注意些什么？

三、实施内容

学生分组完成对纺织面料纬斜差的检测，及时进行观察和记录。具体包括：

1. 观察纺织面料外观，明确是否有纬斜。

2. 确定纺织面料纬斜的类别。

3. 按照一定的方法检测纺织面料的纬斜，记录相关数据。

4. 根据记录数据进行计算，确定纺织面料的纬斜数值。

四、实施后记

1. 学生整理实验结果，按要求完成学习任务报告的撰写。

2. 教师进行点评，总结本次任务的完成情况，形成任务总结。

知识准备 >>>

纺织品经染整加工后，成品的外观品质检测主要包含外观疵点的检测、色差的检测和纬斜的检测等。外观疵点主要包括织造疵点和染整加工疵点：织造疵点通常由原料疵点和织造过程中产生的各种疵点构成；染整疵点主要包括前处理疵点、染色疵点、印花疵点、整理疵点和其他疵点。总之，凡存在于纺织品表面，可通过人工检验发现和确认的各种疵点，都属于外观品质检测的内容。

一、外观检测标准

对于具体的产品来讲，外观检测属于产品标准中技术条件的有关内容。由于纺织产品千差万别，新产品不断涌现，所以产品标准大多是企业标准。对于具有地方特色的某类纺织品，其产品标准以地方标准的形式出现，机会并不多。而对于那些相对成熟的纺织品，则以行业标准居多。在纺织品有关的国家标准中，产品标准的数量并不多。所以，在产品外观品质检测过程中，一旦有相关的地方标准、行业标准或国家标准，企业必须采用更高级别的产品标准。当企业为提升产品品质而制定一系列高于地方标准、行业标准或国家标准的质量指标时，企业标准就成为水平最高的标准。所以说，无论采用什么标准，标准的级别并不重要，企业采用的标准中质量指标较高而且合法，才是最重要的。

在外观品质检测标准中，除了项目 1 中所提到的各类标准外，外观品质的检测最常用到的标准为"美国四分制标准"。所谓的四分制标准，最早由美国人提出。由于美国在纺织品国际贸易中是一个非常重要的买家，加上此标准执行起来简单有效，所以在纺织品国际贸易中很快被大家所接受。织物疵点的评分标准如下：

1. 评分方法

① 对于经纬向和其他方向的疵点，按疵点的长度评分：

1 分：疵点长度≤3 英寸；2 分：3 英寸＜疵点长度≤6 英寸；3 分：6 英寸＜疵点长度≤9 英寸；4 分：疵点长度＞9 英寸。

② 任何单一疵点的最高评分为 4 分。

③ 无论存在多少疵点，对其进行的每码疵点评分，都不得超过 4 分。

④ 对于严重的疵点，都评为 4 分。例如：无论直径大小，所有的洞眼都评为 4 分。

⑤ 对于连续出现的疵点，如横档、边中色差、窄封或不规则布宽、折痕、染色不均匀等，每码疵点评分为 4 分。

⑥ 无论经向或纬向，无论何种病疵，都以"看得见"为原则，并按疵点评分给予正确扣分。

⑦ 除了特殊规定(如涂层上胶布)，通常只需检验布的正面。

2. 评分的计算

按以下公式计算每卷布匹每 100 平方码的分数，进行最终评分：

$$每\ 100\ 平方码的分数 = \frac{总分数 \times 3\ 600}{受检长度(码) \times 门幅(英寸)}$$

3. 验收通用标准

表 4-1　验收通用标准

标准组别	评　分	备　注
1 组	15 分/100 平方码	
2 组	20 分/100 平方码	一般需用 2～3 组标准
3 组	25 分/100 平方码	
4 组	40 分/100 平方码	一般不用
5 组	60 分/100 平方码	

此外，不同布种有不同的接受水平。根据布的种类不同，有更为详细而具体的验收标准。通常，超过指定分数的单卷布匹应被定为二等品。如果整批布匹的平均评分超过了指定的分数水平，则该批布匹应被视为未通过检验。

在贸易公司与国外客户签订加工协议以后，贸易公司就会转向国内寻找纺织厂和印染厂，作为完成加工定单的合作伙伴。贸易公司与印染企业签订加工协议时，可以参照四分制标准。在检验纺织品外观质量时，选择四分制标准作为检验标准，在实际工作中执行具有较好的可操作性。

二、外观疵点检测

(一) 检测内容

1. 原料疵点

原料的条干不均匀，有明显的大肚纱、胖瘦丝、结头过多、纱结、异性纤维、网络丝不良、氨纶包覆丝质量不过关、混纺纱混合不均匀等等，都可能引起织物降等。影响纺织品外观质量的各种原料的毛病，都属于原料疵点。能够通过检验人员的修补达到提等的目的，必须让检验人员进行必要的修补。因原料质量不好而引起的纺织品成品质量大幅度降等现象，时有发生，主要是因为匹样确认和缸样确认时没有把成品外观质量检验放在重要位置，同时有些颜色不便于发现原料方面的质量问题。在修补过程中，修补方法必须可靠，不允许在修补过程中损坏织物表面，产生新的无法修补的疵点，进而严重影响纺织品外观质量。有时某种外观疵点在没有被发现之前，全体检验人员很容易忽视此类疵点。当客户在船样上找到这种疵点并提出修补意见时，很有可能这一订单的所有产品已经完成检验和包装工序，重新返工所带来的检验现场的混乱是可想而知的，给全体检验人员工作热情上带来的打击，远比返工给他们的体力上造成的打击大得多。染整跟单员此时需要挺身而出，耐心地做好全体检验人员的思想工作，在保证产品交货期的前提下保质保量地完成返修工作。在返工的同时尽可能地保护包装箱不受损坏。

2. 织造疵点

无论是哪种织造设备，都会产生织造疵点。产生织造疵点的原因是多方面的。设备本身、原料方面、环境的温度和湿度、操作者的技术水平、织物的组织结构等等，都会造成织造疵点。以机织物为例，断经断纬、停车痕、纬档、接头、错经错纬、嵌条经纱或纬纱错位、纬密过密或过稀、布边松懈、卷布轴松动、上机门幅过窄、组织结构错误等等，都属于织造方面的常见疵点(图4-1)。上述的各种织造疵点，有些是可以修补的，有些是无法修补的。对于那些无法修补的织造疵点，可以采取吊线让码、开剪拼匹等方法，以提高产品等级。对于严重的长度较大的疵点，必须开剪处理。

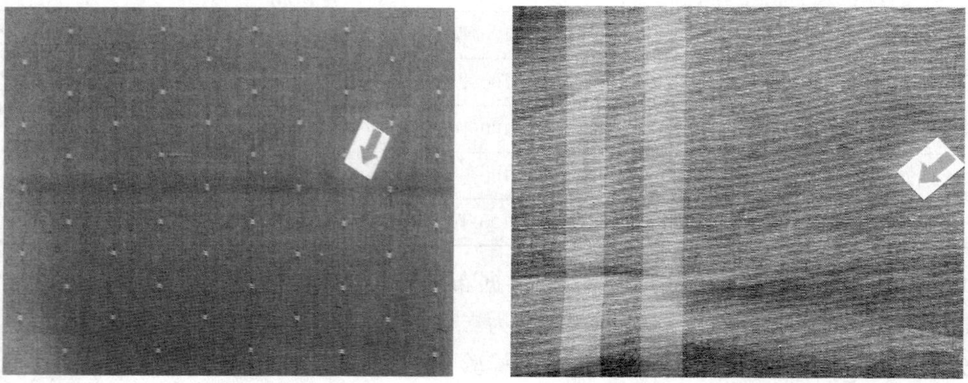

稀密路　　断纬

图4-1　织造疵点

3. 前处理疵点

品种不同，前处理疵点的特点也不尽相同。对于全棉或涤/棉漂白织物来说，白度是否合格显得非常重要。对于涤纶强捻织物来说，碱减量加工以后的强度问题是非常重要的。而对于进行烂花加工的涤/棉产品、生物酶抛光处理的磨毛棉织物和莱赛尔织物来说，强力损伤问题仍然是重要问题。有时，前处理工序的疵点在本工序加工时无法发现。比如：涤纶减量织物减量后出水不净会造成染色后织物表面产生黄斑；棉织物退浆不净会在染色后的织物表面产生"浆头迹"，煮练不净会在织物表面残留棉籽壳；等等。对于缺乏经验的检验工来说，可能会把这些疵点全部当作染色疵点。但是，反过来说，无论是前处理疵点还是染色疵点，检验人员发现这些疵点并做出适当处理，对于产品外观质量检验才是最重要的。

4. 染色疵点

对于纺织品检验而言，发现染色疵点相对简单。染色疵点在织物表面具有有别于底色的颜色和不规则外形等特点。色点、色花、色迹是最常见的染色疵点。发现这些疵点并做出明显标注，按照检验标准进行适当处理，是检验染色疵点的基本要求。在染色过程中，很有可能因各种原因造成织物的堵缸或断头，特别是堵缸，会对纺织品造成极大的伤害，在织物表面产生"鸡爪印"或"郁刹污"等疵点。此类疵点很难回修。有时，有些仿毛品种因原料特殊，在染色降温阶段因冷水加入过快，会在织物表面产生大量类似于"鸡爪印"的疵点；这类仿毛产品在脱水时，如果织物过多或脱水时间过长，也会在织物表面产生上述疵点。关于织物表面的"细花"类疵点，需要引起检验工的特别注意。发现此类疵点应及时向染整跟单员汇报，由跟单员根据疵点的严重程度决定检验方式。

① 色点。色点是因染料聚集在织物表面而形成的染色疵点，在浅色织物中较多见。粉状染料在化料阶段由于漂浮于比较干燥的空气中，也会在浅色织物表面产生蓝点子或红点子之类的染料沾污。检验此类外观疵点相对容易。

② 色花。色花是染料上染织物不均匀而在织物表面形成的染色疵点。由于织物在染色时运行不畅形成的堵缸，或者织物在染色前出水不净，不同部位的酸碱度不一致，影响染料上染速度，都会在织物表面形成色花现象。

③ 色迹。严重的色花也叫作色迹。由于布车内不清洁而造成的织物严重沾色，也常被称作色迹。

色点、色花和色迹经常出现在间歇式绳状染色加工中。连续式的长车轧染，通常会在织物表面出现染色色差。

5. 印花疵点

在外观疵点检测中，印花疵点也比较容易发现，但大多数印花疵点难以修复，更多的需要在生产中加以注意，提高技术水平，预防疵点的产生。产生印花疵点的环节较多，印花加工的设备不同所产生的印花疵点也会有些差异。印花疵点主要表现为堵版、漏浆、刮刀印、渗化和拖色等(图4-2)。

6. 整理疵点

由于整理工序的多样性，整理疵点也呈现出多样性。对于进行外观整理加工的纺织品来说，磨毛整理、拉毛整理、生物酶抛光整理是比较常见的加工方式。绒毛的长度、密度和均匀度是检验上述三种整理加工质量的主要指标。而对于全棉织物的树脂整理，织物的强力损伤问题也不容忽视。对织物的功能整理，无法通过外观检验来获得令人满意和信服的检

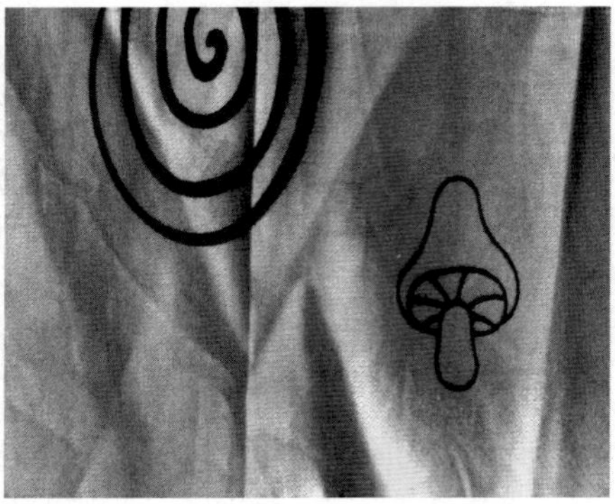

拖色

脱浆

图 4-2　印花疵点

验结果。而对于大多数织物都要进行的柔软整理来说，在外观检验方面有两点需要引起特别的注意：一是是否“拔丝”或“劈裂”；二是织物表面有无“硅油斑”。纺织品柔软整理时大多通过浸轧柔软剂来改善织物手感。柔软剂含量过多，会明显地降低织物中经纱或纬纱之间的摩擦系数。在外力作用下，经纱可以沿纬纱发生比较明显的位移，在织物表面产生“拔丝”或“劈裂”现象。目前使用较多的是有机硅系列柔软剂。此类柔软剂多为乳化液，当加工环境的温度过高或柔软剂乳液在工作现场存放时间过长时，会出现破乳现象。如果柔软剂出现破乳以后未能及时发现而继续使用，就会较多地黏附在烘干机、定形机或轧车的各种滚筒上。这会对后续加工的浅色的纺织品造成严重的黏辊现象。浅色织物黏辊后会在织物表面产生大量的“柔软迹”。“柔软迹”可以回修，但如果回修时方法不当，会对织物表面产生更大的“污染”。

（二）检验场地

检验场地基本可以分为待检产品区域、检验区域、次品堆放区域、回修返工产品堆放区域、正品堆放区域和产品包装区域。有些工厂的产品包装区域可以另设场地，但大多数工厂内部的产品检验场地内都设有产品包装区域。检验场地是产品检验车间的主体。光线柔和，阳光不直射，保持良好通风，场地相对密闭，安全通道相对宽敞，是对检验场地的基本要求。同时，检验车间应设有两个大门，便于产品的运输和最终成箱的产品装入集装箱。

1. 待检区域

待检区域主要用来堆放还没有检验的产品。待检区域可以设置在检验场地内部距离检验车间大门不远，同时距离检验区域也不太远的位置。待检产品的堆放不能直接接触地面。用大型塑料车斗或用液压滑轮车可移动的垫有木架的装置装载染整加工成品，可以极大地减少检验过程造成的对织物的沾污。

2. 检验区域

检验区域一般在检验车间的中央部位，主要由检验工作台和照明系统两个部分组成。返工返修织物用的退卷支架和检验用的辅助工具必不可少。工作台的宽度应该为 160 cm 左右，太宽或太窄都会影响产品检验效率。工作台的高度为 80～90 cm，高度过高，检验员无法修补位于产品中部的疵点；高度过低，检验员会因检验操作姿势不当而引起过度疲劳。放大镜、镊子、锥子、修剪用的小剪刀和开匹用的大剪刀等辅助工具，都必须由检验组长负责保管，工作结束后放入工具箱内。照明装置必须顺着检验工作台的走向延伸。照明装置的高度必须适中：过高影响照明效果，检验工作台台面的亮度也不够；过低可能会经常碰撞检验者头部，有可能引发安全事故。照明系统的开关可以单独设置，如果照明系统的开关设置在检验台上部的照明系统旁边，也有可能引起安全事故。

3. 次品堆放区域

次品堆放区域可以设置在检验车间内部的角落里。当次品的总量达到一定数量时，可由贸易公司主管指派专人联系专门收购次品的个人或单位前来看货。以2%计，10 000 m的订单允许200 m的次品。一个中型贸易公司每个月的订单数量为 15×10^4 m左右，那么每个月产生的次品数量为3 000 m左右。一般情况下，外贸产品次品的销售价格约为5元/m。那么对于贸易公司来说，每个月3 000 m次品可以产生15 000元的营业外收入。

4. 回修返工产品堆放区域

对于纺织品，回修或返工的意义略有不同。回修是通过一定的工艺流程和工艺要求，重新对产品上存在的不足加以弥补或改善。对于染整加工中出现的可能通过重新加工加以弥补或改善的疵点，可以采用回修的方法。而对于那些无法通过回修加以弥补或改善的疵点，只能采取返工的方法。通常使用的返工方法就是改色。纺织厂产生的疵点，有些可以通过染整加工的返工方式加以改善。对于此类返工，贸易公司应再次支付染厂的染整加工费。而对于染厂造成的染整疵点的返工，贸易公司没有理由再次支付加工费用。回修或返工之前，染整跟单员必须请染厂的生产主管对产品的疵点类型进行必要的确认。回修返工产品的摆放可以分为两步。首先，检验工发现需要返工回修产品后，需要得到检验组长的确认；然后在纺织品吊牌上注明疵点种类，并放入位于检验工作台旁边的返工回修专用布车内。检验车间的装卸工定期收集这些需要返工回修的产品，集中堆放于回修返工产品堆放区。染整跟单员定期与染厂生产主管商议，安排此类产品回修或返工。

5. 正品堆放区域

按照客户提出的检验标准，检验合格的产品为正品。在检验车间内部，随着待检产品数量逐渐减少，正品数量会逐渐增加。因此，正品堆放区域需要较大的面积。正品堆放区域应该距离产品包装区域较近，否则可能会引起产品检验时检验车间内部混乱的状况。随着正品堆放区域逐渐扩大，产品包装工序必须进入工作状态，否则也可能造成检验车间内部过分拥堵。正品堆放过程中，不仅要考虑纺织品堆放高度必须合适，也要考虑留出必要的安全通道。

6. 产品包装区域

产品包装工序是纺织品加工的最后一道工序。为了便于产品装箱，包装区域可以设置在距离检验车间大门较近的地方。但是，决不能因为距离大门较近而发生成箱的纺织品曝晒、淋雨、浸水等现象。检验车间大门外的排水系统必须能够正常工作，否则，一旦发生成箱纺织品浸水现象，后果会相当严重。正品装箱后叠放的高度不宜过高，底层需垫有木架，包装区域需留有安全通道，便于成品最终装入集装箱。

（三）检验方式与设备

手工检验是我国目前纺织品检验的主要方式。两人一组，在确定纺织品正面后，对纺织品进行检验。实践证明，这种检验方式的生产效率较高，完全可以满足客户对产品的要求。

除检验工作台（图4-3）和检验辅助工具外，检验车间内部必须有全自动产品检验设备

(图 4-4)。此类设备主要用于客户或检品公司复检。国外客户通常十分看重此类检验设备,对我国传统的检验方法不以为然。在自动的产品检验设备上检验纺织品,比较适合大宗常规产品的检验,不适合新型面料的检验。如果检验速度过快,漏验率会明显上升。自动检验设备也比较适合于精纺呢绒产品的检验。选用什么样的产品检验方式和检验设备,不仅要看产品的类型,还要看本厂和本地区的实际情况。凡适合于企业发展的检测方式、方法和检验设备,只要能够满足客户要求,就是有效的。

图 4-3　检验台

图 4-4　验布机

三、色差检验

(一) 色差检验条件

色差检验就是检验颜色之间的差别,通常是化验室确认样与客户来样之间的颜色差别,或生产大样与客户来样之间的颜色差别。这种检验有时是由客户提出的,有时是由染厂内部技术主管提出的。无论是谁提出的颜色检验,都需要一定的检验条件。如检验光源的确定、检验场地的光线、检验工具的确定、样品尺寸的确定、对色方法的确定等等。人工检验颜色偏差,最终结果有时需经多人商议才可得出。当有人对人工检验结果提出异议时,可通过第三方检验或者借助计算机测色软件检验,以回复有关方面的质疑。颜色检验的目的是发现颜色之间的差别。这种差别既包括深浅上的差别,也包括色光上的差别。

1. 光源

在检验颜色差别时,需要首先确定在什么光源下检验。对于照明光源,各地区、各国家都有自己的喜好,在测色、评定色差时,必须在客户指定的光源要求下进行。比如,某纺织品是用来制作外套的,而成衣需要在商场的衣架上展示,那么检验该织物颜色的光源应首选用于商场照明的 A 光源。换句话说,客户的来样若是从挂于商场内的外套上剪下来的,为了准确地检验以该样品为标准色的纺织品的颜色准确性,就必须在 A 光源下进行。如果客户没有特别的说明,颜色的检验一般在 D_{65} 光源下进行。当客户有特殊要求时,在客户指定的光源下完成颜色检验。

图 4-5　标准光源箱

颜色检验时,光源可由标准光源箱内的灯光提供(图 4-5)。标准光源箱内一般有 D_{65} 光源、UV 光源、CWF 光源和 A 光源等几种光源。每一种光源有不同的含义和作用。常用标准光源及其含义见表 4-2。

表 4-2　常用标准光源及其含义

光源	含　　义
D_{65}	符合欧洲、太平洋周边地区视觉颜色标准，模拟平均北天空日光
TL_{84}（F_{11}）	稀土商用荧光灯，在欧洲和太平洋周边地区用于商场和办公室照明
CWF（F_{02}）	冷荧光、美国商业光源，典型的美国商场和办公室灯光，同色异谱测试
A	白炽灯光源，美国橱窗射灯，主要用于家庭照明和商场照明，同色异谱测试
D_{75}	符合美国视觉颜色标准，模拟北天空日光
TL_{83}	稀土商用荧光灯，在欧洲和太平洋周边地区用于商场和办公室照明
UV	近紫外线不可视，用于检视增白剂效果、荧光染料等
U_{30}	美国商业荧光，用于商场照明

2. 光线

颜色检验时，检验环境的光线强度对检验结果有较大的影响。在没有标准光源箱的染厂内，颜色检验必须在照度适中的日光灯下进行。如果在较强的阳光照射下，尽管化验室内日光灯的光线比较充足，白天阳光对颜色检验环境的影响是直接的，颜色检验必须在北光下进行。所谓北光，就是阳光无法从窗户照射到室内，仅仅可以从朝北的窗户中对室内的颜色检验产生较微弱的影响。这时，颜色检验才可以在日光灯下正常进行。日光灯的光照强度以 4 只 40 W 日光灯距离颜色检验工作台的高度为 50 cm 为宜。灯架过高影响照度，过低影响值班人员工作。

3. 背景

背景的色泽和亮度对目光测色结果有一定的影响，通常以中等明度的中性灰较为适宜，如灰布和灰漆的台面等，要避免与试样形成强烈的对比。在标准光源箱中目测色差时，由于光源箱中的照度很高，与四周的环境照度明显不同，光谱组成上又有差异，因此评色人员在评色之前要让自己的眼睛有一个适应的阶段。

4. 样品尺寸

在检验颜色差别时，需要对样品的尺寸提出一些要求。人们都有这样的经验：在一块较大的样品上剪下尺寸较小的小样，如 1 cm×1 cm；然后把这块小样放在原来的大块样品的中央，此时大多数人认为小样的颜色更深。其实这是一种错觉，主要原因就是被对比的两块颜色样中，小样的尺寸太小，而大样的尺寸太大。一般情况下，在对比颜色差别时，两块色样的尺寸应该尽量接近，样品尺寸最好为 3 cm×3 cm。

5. 对色方法

正确的对样方法有助于准确地判断颜色的差别。把两块尺寸接近的色样并排摆放在工作台上，中间不留任何缝隙，观察色样颜色的差别；换一个方向再次比对颜色的差别，或者把两个色样的位置对调，再次观察色样的差别。通过这样的方法，用肉眼就能对两块色样的颜色差别给出一个基本的判断。先看深浅，后看色光，可以对颜色差别给出具体的判断结论。也可以通过对折样品的方法来比对颜色差别，具体的做法是：分别把两块小样对折后叠放在一起，观察两块小样的深浅；如果不能马上判断出两块色样的深浅差别，把两块色样的位置对调一次，再次比对；如仍不能判断，只能说这两块小样的颜色深浅程度相同。单独对折两块小样的时候，小样的对折纹路必须相同。如果客户来样的材质与染出颜色的材质不相同或差别很大，通过肉眼检验颜色之间的区别，就显得相对困难。

6. 判色色卡

在国家标准 GB 250 中，明确规定了判断纺织品色差的基本方法。该标准规定颜色差别为 5 级 9 档，其中 5 级最好，1 级最差。5 级 9 档标准设置如下：1 级，1～2 级，2 级，2～3 级，3 级，3～4 级，4 级，4～5 级，5 级。为了准确判断纺织品之间的颜色差别，GB 250 还配备了灰色样卡。灰色样卡简称灰卡，由灰卡外套、灰卡内套和灰卡三个部分组成。其中：灰卡外套用来保存灰卡；灰卡内套和灰卡本身构成灰卡的主要部分。灰卡内套为中间开有方孔的铁灰色纸质物品，灰卡本身可在灰卡内套的内部沿长度方向通过手控滑行。灰卡外套中间开孔的地方可以看见灰卡本身呈现出来的不同等级的颜色差别。被测的样卡并排摆放在灰卡外套的中间下方。当外套方孔内的颜色差别与被测样品之间的颜色差别接近或一致时，就可以判断出被测颜色之间的色差。灰卡的两面都标有标准色差，两面标有的色差不同。一面是 1 级到 3 级，另一面是 3 级到 5 级。为了保护灰卡，严禁用手指触摸灰卡内套方孔内呈现的灰卡表面，以免逐渐沾污灰卡表面。灰卡本身也由铁灰色纸质材料制成，每一级色差都是由深灰和浅灰两种颜色标出。随着色差的增大，深灰与浅灰之间的深度差别越来越大。灰卡使用示意图见图 4-6。

图 4-6　灰卡检验色差示意图

(二) 计算机测色

用电子计算机技术对颜色的差别进行检测，是目前许多染厂在使用的方法之一。当人工测配色无法满足客户需求时，就可以运用计算机测色技术对颜色的差别进行检测。比如，染厂打样室打出小样，然后交染整跟单员送客户确认，但是染整跟单员认为打样室打出的小样颜色的准确性不高，需要重新打样；如果双方争执不下，就可以借助计算机测色技术进行颜色色差的检验。随着我国染料生产行业的进一步整合，国内印染企业开始大量使用计算机进行颜色管理。

1. 计算机测配色系统

计算机测配色系统（图 4-7）由装有测配色软件的计算机和分光光度仪构成。计算机用来对分光光度仪的测色结果进行分析处理，所以其配置要求能满足测配色软件和当前操作系统。测色与配色软件的主要功能是进行测色和配色运算，进行人机对话。计算机测配色软件中包含标准光源（如 A，B，D_{65}，U_{3000}，TL_{84}，CWF 和 UV)

图 4-7　计算机测配色系统

的光谱功率分布值、标准观察者光谱三刺激值[$X(\lambda)$，$Y(\lambda)$，$Z(\lambda)$]、2°和10°两种视角的数据，以及各种计算公式(色差公式、配方计算公式、配方修正公式、染色常数计算公式、三刺激值计算公式、反射率计算公式、白度和深度比较公式等)。

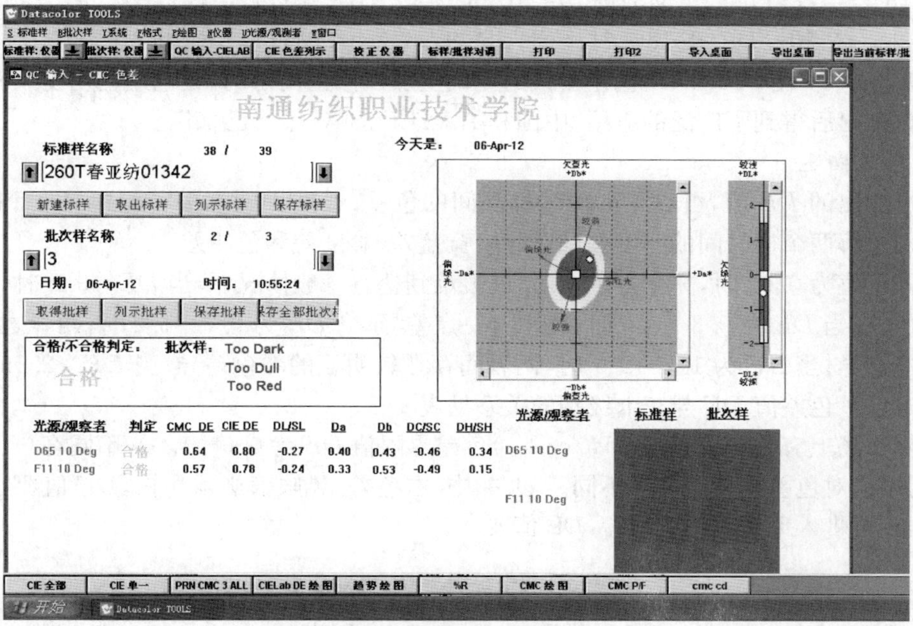

图4-8　计算机测色界面

2. 常用色差公式

目前常用的色差公式主要有两个。

(1) *CIE LAB* 色差公式

$$DE=(dL^{*2}+da^{*2}+db^{*2})^{1/2}$$

式中：$dL^*=L^*BAT-L^*STD$，dL^*值为正，表示批次样比标准样偏淡，反之偏浓；

$da^*=a^*BAT-a^*STD$，da^*值为正，表示批次样比标准样偏红，反之偏绿；

$db^*=b^*BAT-b^*STD$，db^*值为正，表示批次样比标准样偏黄，反之偏蓝。

DE 表示颜色的总差异值。

(2) *CMC*(*L*：*C*) 色差公式

$$DE=[(dL^*/L\cdot S_L)^2+(dC^*/C\cdot Sc)^2+(dH^*/S_H)^2]^{1/2}$$

式中：*L*，*C*——调节明度和饱和度相对宽容度的两个系数，对纺织品染色试样间的色差进行评价时，常取 *L*：*C*＝2：1，记作 *CMC*(2：1)；

dL^*，dC^*，dH^*——由 *CIE LAB* 色差公式计算得到的标样与样品之间的亮度差、饱和度差、色相差[$dL^*=L^*BAT-L^*STD$，$dC^*=C^*BAT-C^*STD$，$dH^*=H^*BAT-H^*STD$。其中：C^*为彩度坐标，$C^*=(a^{*2}+b^{*2})^{1/2}$；$H^*$为色相角，$H^*=\tan^{-1}(b^*/a^*)$]；

S_L，Sc，S_H——修正系数。

$S_L = 0.040\,975LSTD^*/(1+0.017\,65LSTD^*)$，当 $LSTD^* < 16$ 时，$S_L = 0.511$

$Sc = [0.063\,8CSTD^*/(1+0.013\,1CSTD^*)] + 0.638$

$S_H = Sc(tf + 1 - f)$，其中 $f = \{(CSTD^*)^4/[(CSTD^*)^4 + 1\,900]\}^{1/2}$

当 $164° \leqslant HSTD^* < 345°$ 时，$t = 0.36 + |0.4\cos(HSTD^* + 35)|$

当 $345° \leqslant HSTD^* < 164°$ 时，$t = 0.56 + |0.2\cos(HSTD^* + 168)|$

CMC(2∶1)在 *CIE LAB* 色差公式的基础上加以修正而得的，其色差均匀度大有改进。该公式自推出后得到了广泛的应用。中国和AATCC、SDC等均已采用。

3. 色差描述

通过测出的 *DE* 值，可以了解两个样品间的色差；根据 DL^*，da^*，db^*，dC^* 和 dH^*，可以分别了解两个样品间的明度差、红绿差、黄蓝差、彩度差和色相差。

当 *DE* 值为0.00时，完全等色，实际上很难到达。一般情况下，当 *DE*<0.2时，人眼已看不出色差；当 *DE* 为0.3～0.6时，表示有一点差异；当 *DE* 为0.7～1.2时，两者之间存在可接受的差异；当 *DE* 为1.2～2.1时，两者间存在较明显的颜色差异；当 *DE*>2.1时，两者完全不对色。色差值 *DE* 与灰卡级别的关系见表4-3。

国际市场上有色纺织品的 *CMC*(2∶1)色差界限值 *DE* 为0.6～1.0。不同客户、不同产品、不同用途对色差质量的要求不同。如左、中、右色差，界限值必须严格，*DE* 值要小；绒类织物，测量时带入无法消除的误差，DE值要大。

表4-3　灰卡级别与 *DE* 值对应表

DE 值	灰卡级别/级	*DE* 值	灰卡级别/级
>11.85	1	2.16～3.05	3-4
8.41～11.85	1-2	1.27～2.15	4
5.96～8.40	2	0.20～1.26	4-5
4.21～5.95	2-3	<0.20	5
3.06～4.2	3	—	—

(三) 色差类别

常见的纺织品色差主要包括头尾差、前后差、左中右色差、缸差、管差、匹差和页差等多种。无论是哪一种色差，通常情况下客户都不会接受，因为所有的服装面料最后都需要经过服装厂的进厂检验。服装厂对色差和坯布外观质量的要求比面料供应商的要求更加严格。虽然面料供应商对面料品质的要求通常高于面料生产商，但也无法满足服装厂的一般要求；特别是新开发的产品，这种情况尤其突出。头尾差是指长车轧染织物某种颜色一匹布的头部和尾部的颜色差别，一般要求不得超过4级。每种颜色的前端和后端颜色之间的差别叫作前后差，目前的要求也是4级。相同颜色或相同包装内不同匹数之间的颜色差别叫作匹差，要求不得超过4级。长车轧染的整幅织物内，左边、右边和中间三个部位

图4-9　织物色差

的颜色差别称为左中右色差，有时候也叫作左右色差或边中差。通常客户要求织物的左右色差不得超过 4.5 级。用绳状浸染的方式对批量比较大的某一个颜色进行染色时，染色的缸数经常会超过一缸。染色配方相同，染色缸号不同的织物间存在的颜色差别就是缸差。通常客户要求织物的缸差不得超过 4 级。上述几种常见的颜色差别在纺织品检验时必须满足客户要求。而管差和页差两种色差的检验主要发生在染厂内部的产品日常检验中。管差是指一缸双管染色设备对织物染色后形成的两根染管之间的颜色差别，通常要求不得超过 4.5 级。页差是指一匹染色织物经挂码计量后在织物折痕处发现的不同页之间的颜色差别。若目测能够发现成品织物有页差，说明染色时出现了严重的色花现象。发现页差以后不得转入下道工序，必须回修或改色。

(四) 色差检测

1. 实验仪器与材料

染色织物、直尺。

2. 测试方法

① 将染色织物沿门幅方向平均分成 7 个部分(图 4-10)。

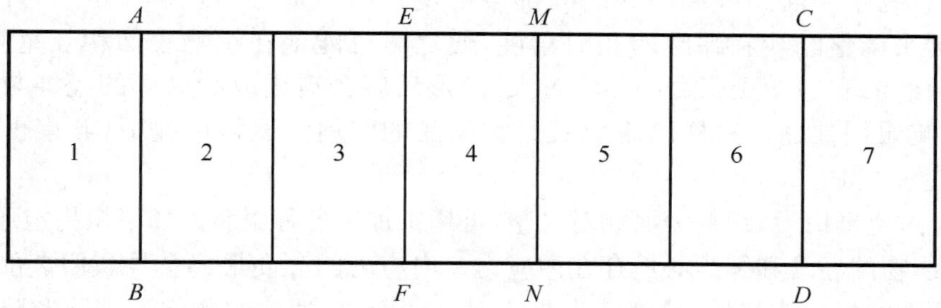

图 4-10

② 将色样左侧沿直线 AB 拎起，使直线 AB 与直线 EF 重合；同理，将色样右侧的直线 CD 拎起，使其与直线 MN 重合。色样就形成图 4-11 所示的状态。

③ 比较图 4-11 中色样的左侧、中间和右侧之间的颜色差，就可以检测出该批号染色布左中右的颜色色差。长车轧染头尾色差的检测也可参照此方法进行，检测时可以在同一批号的头尾各取色布 0.5 m，按上述方法检测。

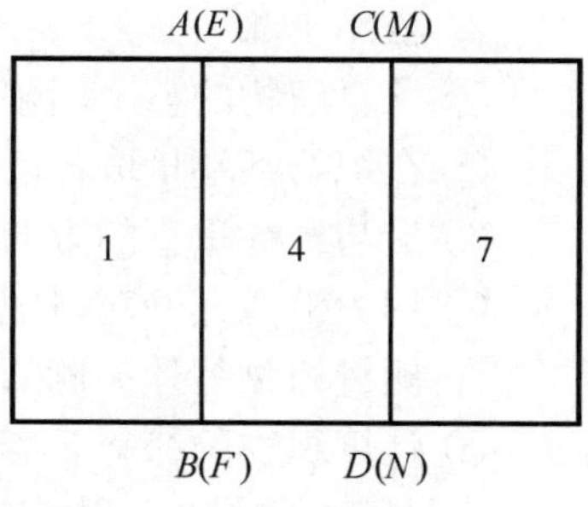

图 4-11

四、纬斜检验

(一) 纬斜

纬斜是由于纺织品染整加工过程中经纱受力不匀，牵动纬纱移动而造成的。纬斜主要为直线纬斜、弧形纬斜和更复杂的波浪形纬斜(图 4-12)。机织物在染整加工中更多的是产生直线纬斜。针织物由于结构较松散，所以容易产生弧形纬斜。加工印花织物、色织格子织物或条形织物时，要特别注意产生各种纬斜。

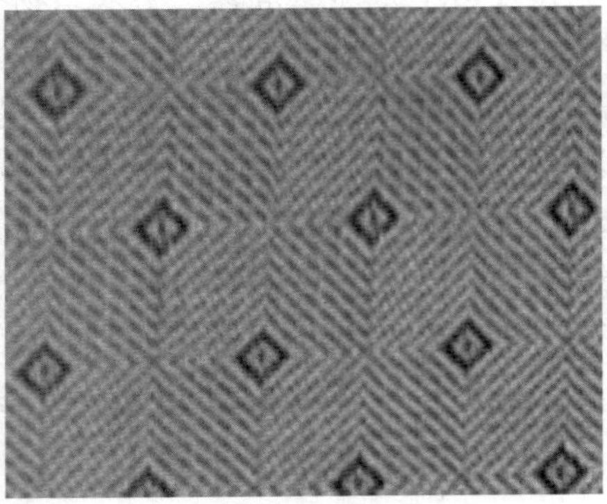
直线纬斜

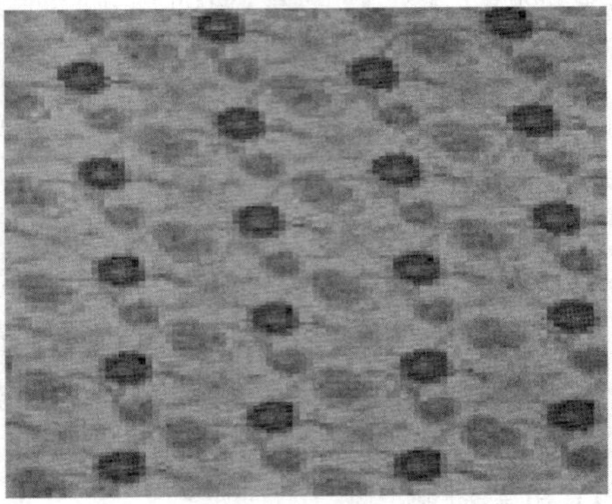
弧形纬斜

图 4-12 织物纬斜

机织物的经纱和纬纱只有在相互垂直的情况下,织物的经密和纬密才能保持相对的稳定。在染整加工过程中,织物由于不断地受到来自经向、纬向和其他方向的各种张力的作用,在织物定形前经纱和纬纱之间都会出现一些不垂直的现象。定形时,虽然可以通过整纬器来调整经纱和纬纱的相对角度,使之尽可能地在织物表面相互垂直。但是,如果定形前经纱和纬纱受张力的影响过大,定形后就会造成成品局部的经纱与纬纱不垂直,从而影响服用性能。这样的现象就是纺织品的纬斜。通常情况下,允许出现的织物纬斜不得超过 2%。

成品经过定形以后,织物表面相对平整,可用来加工各种服装。如果织物定形后存在严重纬斜,则织物的经纱和纬纱必然存在内应力。内应力的存在最终会导致服装的某些部位发生比较严重的扭曲或扭转,给消费者带来麻烦。所以,通过织物定形消除和降低织物纬斜,是染整加工者的责任。

(二) 纬斜的检测

1. 实验仪器与材料

整门幅的织物、直尺、剪刀。

2. 检测步骤

① 计量织物的整个门幅。

② 在织物某端量取长度为 1 m 的距离作为开剪起点。

③ 沿与经纱垂直的方向,用剪刀把织物的边部剪开。

④ 用力沿剪开的豁口把织物撕开。

⑤ 测量织物另外一侧的布边长度。

⑥ 计算织物的纬斜。

在计量织物另外一边布边的长度时,可能存在三种情况:一种是其长度大于 1 m;一种是其长度小于 1 m;最后一种是其长度刚好为 1 m。如果织物另一边的长度刚好为1 m,则说明该织物的纬斜为 0。无论织物另一边的长度大于 1 m 还是小于 1 m,该边长与 1 m 之间的差值的绝对值占织物整个门幅的百分比,就是该匹织物的纬斜数值。计算过程见图 4-13。图中 A 和 B 两点为织物某匹布的一端,A 和 C 或者 B 和 D 两点之间的距离为 1 m。在 C 点开豁口时,就不可在 D 点开豁口。豁口的长度一般为 2 cm 左右。只要豁口的长度超过布边边组织的宽度，不影响顺利地撕开整个门幅的待测织物即可。

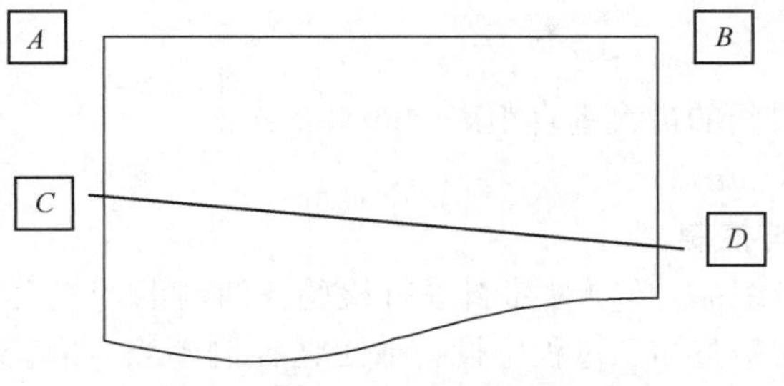

图 4-13　直线纬斜检测示意图

假设图 4-13 中在织物的左侧 C 点开豁口，撕开后 BD 边的长度为 107.5 cm，织物门幅为 152 cm，则该匹织物此段的纬斜为 4.93%。计算过程如下：

$$织物纬斜=(BD长度-AC长度)\div 门幅宽度\times 100\%=$$
$$(107.5-100)\div 152\times 100\%=4.93\%$$

织物的纬斜超过 2%，会对织物的服用性能产生较大的影响。

用同样的方法，也可以检测弧形纬斜。典型的弧形纬斜如图 4-14 所示。

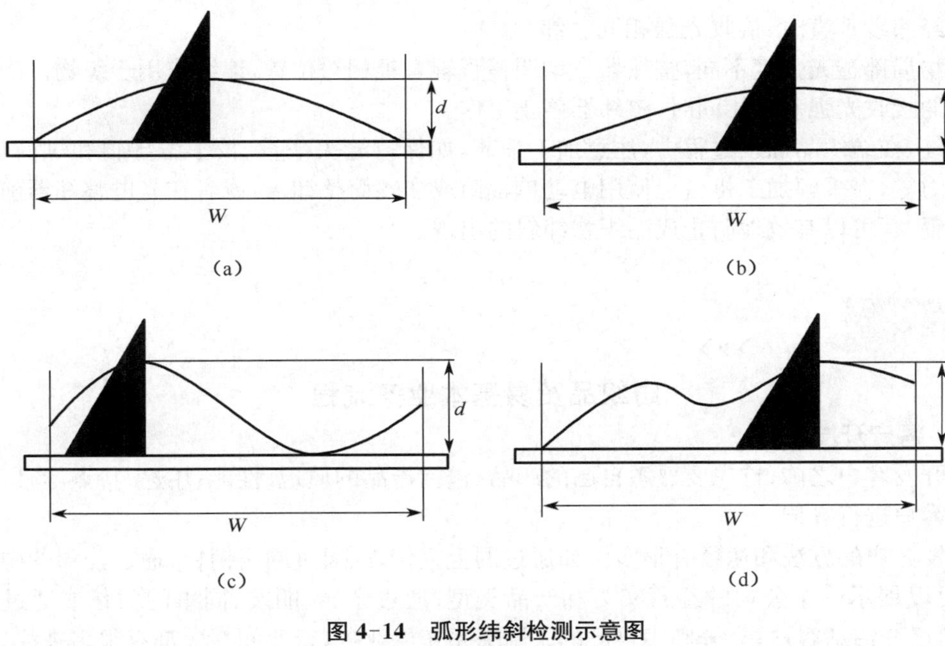

图 4-14　弧形纬斜检测示意图

测量织物的门幅 W。在织物布边处开豁口，把织物撕开。织物撕开后，一端就会显示纬斜的形状。沿纬纱的最低点放置一把垂直于经纱的直尺，将三角尺的一个直角边置于直尺上，并沿其滑动，测量直尺与弧形纬斜纬纱最高点间的垂直距离 d，精确到 1 mm。按上述步骤测量三处，记录测量值。d 值取三个测量值中的最大值。按下式计算织物的弧形纬斜：

$$S=\frac{d}{W}\times 100\%$$

式中：S——纬斜；

d——纬纱与直尺间的最大垂直距离(mm)；

W——织物幅宽(mm)。

(三) 纬斜的产生与控制

经过染整加工的纺织品，必须对纬斜进行检验。纬斜的产生会影响成品的最终质量。其主要原因是纺织品在染整加工过程中设备或工艺控制不当，如缝头不直、轧辊压力不匀、导辊或烘筒不平等。

目前纺织品加工中多采用成品定形时通过光电整纬器来消除织物纬斜。光电整纬器属自动整纬器，由直辊整纬装置、弯辊整纬装置、发光装置、光电接收装置和辅助装置组成(图 4-15)，具有生产效率高、劳动强度低、灵敏度高和连续自动检测等特点。织物穿过直辊、弯辊整纬器，上端发光装置发出光线，底部检测器接收。经纬纱垂直时，接收光强相同。纬斜时织物局部透光强度不同，整纬器自动调整直辊弯辊相对位置，连续作用于织物。当多个检测器的接收光强基本相同时，整纬器停止工作。

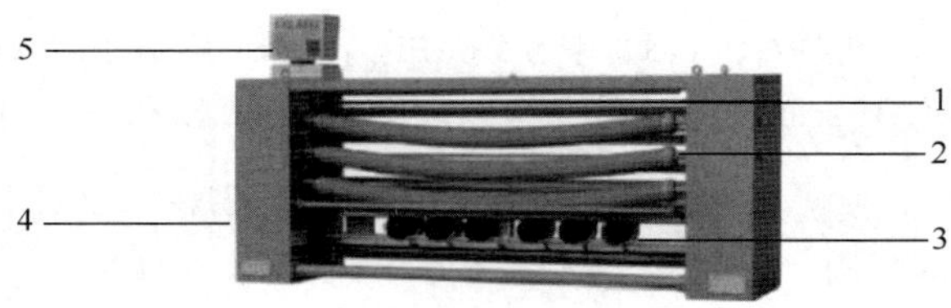

图 4-15　光电整纬器结构示意图

1—直辊　2—弯辊　3—检测器　4—机架　5—控制柜

此外，在纺织品加工过程中，注意加工细节，如保持缝头平直、校平各导辊和烘筒、校准轧辊压力等，在平幅加工机台上使用电动单辊筒或多辊筒整纬器，或者在光电整纬器前加装电动弯辊，都可以有效地防止成品织物纬斜的出现。

阅读材料 >>>

纺织品贸易基本业务流程

一、客户开发

在开发客户之前，首先要熟悉自己的产品，包括产品的质地、性能、用途、特点等，以便更好地向客户进行宣传。

开发客户的方法和途径有很多。如通过网上宣传，或通过网络销售，通过公司的中英文网站，可以展示一个公司的经营实力和产品类型；通过亲属、朋友、同事的引荐或通过老客户，给自己介绍新客户；充分利用自己的人脉关系拓展业务，行业间一般都有很多来往，熟悉了一个客户，就可以顺着这个客户，寻找到行业内更多的新客户；多参加相关的展会也是开发客户非常有效的途径，每年都有各类纺织面料展销会在上海、广州等地召开，不仅可以展示公司的各类纺织品，还可直接与客户洽谈，甚至签约，同时可以了解目前的市场动态。

二、样品提供

客户会向纺织品贸易公司提出对某种纺织品的需求，通常会提供一个实际的样品作为参照的品质样。贸易公司会安排业务员积极寻找，提供对等样交付给客户。贸易公司也可以预先准备若干产品，供客户进行，或开发新产品向客户推荐。

三、询价与报价

纺织品贸易一般由产品的询价、报价作为贸易的开始。客户向贸易公司咨询纺织品的价位，贸易公司进行报价，即对客户咨询价位的回应。对纺织品进行报价，必须对市场行情、市场动态加以了解，如充分考虑原料价位的波动和产品生产加工的难易程度，以及订单的交货期等，从而为确定自己产品的价位提供参考，再结合公司的实际情况灵活进行。在对待客户询价和公司进行报价的过程中，都应认真对待。这将直接影响订单的落实情况。

四、订单洽谈与确认

纺织品贸易公司所接的订单就是客户的需求。纺织品订单洽谈是针对某类纺织品的交易而进行的，需要对纺织品的技术参数（如纺织品的名称、规格、品质等）、纺织品的交易数量（交易数量的多少会影响纺织品的价格，订单洽谈时要考虑这一因素）、纺织品价位、交货时间、结算方式（要考虑客户的信誉、合作关系等因素）等条件进行协商，最终使双方满意，达成协议。洽谈时，对客户提出的要求应仔细审核，从而确定是否可以实施。客户会基于贸易公司的初步报价，就商务条款不断沟通，并在此阶段达成比较一致的约定，包括订单的数量、价格、交期、交货方式、付款方式等内容。可通过电话、传真、E-mail 等形式确认订货意向。

五、交易合同的签订

合同是买卖双方洽谈结果的表现形式。客户确认订单之后，正式订货并就一些相关事项与贸易公司进行协商，双方协商认可后，需要签订《购货合同》。在签订《购货合同》的过程中，主要对商品名称、规格、数量、价格、包装、产地、装运期、付款条件、结算方式、索赔、仲裁等内容进行商谈，并将商谈后达成的协议写入《购货合同》。同时，合同内容中还包括订单编号、签订时间、双方名称、地址和联系方式等相关内容。合同内容必须明确，不能模糊不清。买卖双方确认合同后，签字盖章。通常情况下，签订《购货合同》一式两份，由双方盖本公司公章生效，双方各保存一份。在交易合同签订后，双方就必须按合同规定的条款执行。

六、备货

备货在整个贸易流程中起着举足轻重的作用，须按照合同条款逐一落实。业务员应仔细阅读，理解客户对纺织品的要求。

与客户签订《购货合同》后，就需要尽快组织货源，业务员根据和客户确定的价格，在国内寻找质量稳定、价格合理的供货方。贸易公司与合作工厂签订正式的订单，跟踪督促生产进度，在合同规定的时间内，按照合同规定要求生产纺织品，在加工生产过程中及时和工厂沟通，以确保产品的质量。要按照合同的规定进行包装，合同规定采用什么样的包装，在工厂生产加工过程中就要严格要求用什么样的包装，以确保包装和合同规定一致。

七、交货

完成订单，如期交货。对纺织品订单进行核对，检查交付的纺织品是否符合客户订单要求。具体核查的内容通常有订单号、纺织品数量、纺织品质量、纺织品的名称、规格和颜色、纺织品交货时间、包装运输要求等。

交货一般应在合同规定的交期内完成。订单的交期是订单要求生产加工的交付期限，是纺织品贸易中很重要的一方面。交期一旦确定，一般是不能够更改的。若由于种种原因不能按时交货，就会造成违约，会引起双方合作的不愉快，给公司的经济和信誉造成一定的影响。根据客户的要求，可以将纺织品订单全部结束后一次性交付，对于数量较大和品种较多的纺织品可分几次交付。

对于纺织品的运输来说，若为国内贸易，一般直接安排车辆，将符合要求的纺织品运送交给客户即可；若所在企业从事的是国际贸易，则需根据合同要求安排商检和报关事宜，确定船期、装船的时间和地点等，以便在合同规定的时间内，将货物安全地运到目的港。

思考题

1. 什么是美国四分制标准？其具体的含义是什么？
2. 外观疵点检测主要包含哪些方面？外观疵点名称有哪些？
3. 什么是色点、色花和色迹？
4. 什么是色差？进行色差检验时要注意哪些方面？
5. 如何利用计算机测配色软件进行色差的检测？
6. 织物常见的色差种类有哪些？如何检测左中右色差？
7. 什么是纬斜？纬斜的种类有哪些？如何进行纬斜的检测？
8. 染整加工过程中为什么会产生纬斜？如何纠正？

项目 5

纺织面料内在品质检测

学习目标

1. 通过子项目 5-1“纺织面料色牢度检测”，学习各种染色牢度的测试方法，能正确使用各类染色牢度测试仪对给定的织物进行染色牢度测试，并能对色牢度进行正确评定与分析。

2. 通过子项目 5-2“纺织面料外观保持性测试”，学习织物抗皱性、尺寸稳定性、悬垂性、抗起毛起球性、抗勾丝性的测试方法，能正确使用各类测试仪对给定的织物进行测试，并能对测试结果进行正确评定与分析。

3. 通过子项目 5-3“纺织面料舒适性测试”，学习织物柔软性、透气性、保温性、透湿性的测试方法，能正确使用各类测试仪对给定的织物进行测试，并能对测试结果进行正确评定与分析。

4. 通过子项目 5-4“纺织面料耐用性测试”，学习织物断裂强力、顶破强力、撕破强力、织物耐磨性的测试方法，能正确使用各类测试仪对给定的织物进行测试，并能对测试结果进行正确评定与分析。

5. 通过子项目 5-5“纺织面料功能性测试”，学习织物拒水性、阻燃性、抗静电性的测试方法，能正确使用各类测试仪对给定的织物进行测试，并能对测试结果进行正确评定与分析。

6. 通过子项目 5-6“纺织面料生态性测试”，学习布面 pH 值、禁用偶氮染料、重金属含量和纺织品甲醛含量等的测试方法，能正确使用各类测试仪对给定的织物进行测试，并能对测试结果进行正确评定与分析。

项目导入

某市工商局在全市流通领域进行儿童及婴幼儿服装商品抽样检测。这次监测抽查了包括商场、超市、专业市场、个体经营店等 23 家经销企业销售的儿童及婴幼儿服装 100 种，涉及生产企业 88 家。抽样以 T 恤衫、针织衫、连衣裙、休闲裤等夏季儿童及婴幼儿服装为主，涵盖高、中、低不同档次的儿童及婴幼儿服装。最终结果为：100 种商品样品，合格商品 63 种，不合格 37 种。甲醛超标、pH 值超标、色牢度不符合标准、纤维成分含量与标识含量不符等，成为主要问题。

色牢度不符合标准主要是耐摩擦色牢度和耐皂洗牢度不合格。产品出现甲醛超标问题的主要原因是生产厂家在面料后整理生产工艺中使用了低成本的含甲醛的整理剂。pH 值不合格的原因主要是生产厂家在生产工艺处理中没有对产品进行充分的中和或水洗。

子项目 5-1　纺织面料色牢度检测

任务分析 >>>

纺织面料的色牢度检测是纺织面料内在品质检测中非常重要的环节。纺织面料的成分、用途等不同，进行纺织面料色牢度测试时所涉及的测试项目和要求等会有所区别。根据本教材的特点和实际教学的需要，在子项目 5-1“纺织面料色牢度检测”的教学过程中设计了七个学习任务。通过任务驱动，使学生在完成各个任务的过程中，熟悉纺织面料色牢度的检测方法。

任务 5-1-1　纺织面料耐洗色牢度检测

要完成任务 5-1-1“纺织面料耐洗色牢度检测”，需要明确耐洗色牢度的检测方法等相关内容。

一、基本要求

通过对纺织面料的耐洗色牢度进行检测，了解耐洗色牢度的检测方法，能够熟练运用耐洗色牢度测试仪对面料的耐洗色牢度进行检测，并能对检测结果进行正确的评价和分析。

二、任务准备

1. 教师布置学习任务，将学生分成若干小组。

2. 根据小组数量，教师准备好所需的面料样品若干，以便学生对面料的耐洗色牢度进行检测和分析。

3. 在学习本任务的过程中，各小组应首先明确任务，进行小组分工，准备相关材料。通过对本项目中耐洗色牢度及其检测等相关知识的学习，以及上网查阅资料了解 GB，AATCC 和 JIS 等检测标准在测试耐洗色牢度时的异同点等相关内容，进一步了解和掌握完成本任务所需知识。在任务实施前各小组需明确以下问题：

(1) 什么是耐洗色牢度？耐洗色牢度的级别有哪些？

(2) 耐洗色牢度需测试哪些指标?
(3) 什么是贴衬织物? 在耐洗色牢度测试过程中如何进行贴衬织物的选择?
(4) 进行耐洗色牢度测试时,需要用到哪种测试仪器?
(5) 进行耐洗色牢度测试时,如何准备测试样? 如何准备测试液?
(6) 耐洗色牢度的测试结果如何评定?
(7) 任务实施过程中需要注意哪些地方?
(8) GB, AATCC 和 JIS 等检测标准在测试耐洗色牢度时有何异同点?

三、实施内容

学生分组完成纺织面料耐洗色牢度检测,及时进行观察和记录。具体包括:
1. 根据给定的织物选择所需贴衬织物。
2. 进行测试样的准备。
3. 配制耐洗色牢度检测所需测试液。
4. 根据给定的织物确定耐洗色牢度的测试方法。
5. 正确使用耐洗色牢度测试仪,对织物进行耐洗色牢度测试。
6. 使用灰色样卡对测试后的织物进行准确的色牢度评级。

四、实施后记

1. 学生整理实验结果,按要求完成学习任务报告的撰写。
2. 教师进行点评,总结本次任务的完成情况,形成任务总结。

任务 5-1-2　纺织面料摩擦色牢度检测

要完成任务 5-1-2“纺织面料摩擦色牢度检测”,需要明确摩擦色牢度的检测方法等相关内容。

一、基本要求

通过对纺织面料摩擦色牢度进行检测,了解摩擦色牢度的检测方法,能够熟练运用摩擦色牢度测试仪对面料的摩擦色牢度进行检测,并能对检测结果进行正确的评价和分析。

二、任务准备

1. 教师布置学习任务,将学生分成若干小组。
2. 根据小组数量,教师准备好所需的面料样品若干,以便学生对面料的摩擦色牢度进行检测和分析。
3. 在学习本任务的过程中,各小组应首先明确任务,进行小组分工,准备相关材料。通过对本项目中摩擦色牢度及其检测等相关知识的学习,以及上网查阅资料了解 GB, AATCC 和 JIS 等检测标准在测试摩擦色牢度时的异同点等相关内容,进一步了解和掌握完成本任务所需知识。在任务实施前各小组需明确以下问题:
(1) 什么是摩擦色牢度? 摩擦色牢度的级别有哪些?

(2) 摩擦色牢度需测试哪些指标?

(3) 湿摩擦色牢度与干摩擦色牢度在测试中有何区别?

(4) 进行摩擦色牢度测试时,需要用到哪种测试仪器?

(5) 进行摩擦色牢度测试时,如何准备测试样? 如何准备摩擦用布?

(6) 摩擦色牢度的测试结果如何评定?

(7) 任务实施过程中还有哪些需要注意的地方?

(8) GB, AATCC 和 JIS 等检测标准在测试摩擦色牢度时有何异同点?

三、实施内容

学生分组完成纺织面料摩擦色牢度检测,及时进行观察和记录。具体包括:

1. 进行测试样的准备。
2. 进行摩擦用布的准备。
3. 根据给定的织物确定摩擦色牢度的测试方法。
4. 正确使用摩擦色牢度测试仪,对织物进行摩擦色牢度测试。
5. 使用灰色样卡对测试后的织物进行准确的色牢度评级。

四、实施后记

1. 学生整理实验结果,按要求完成学习任务报告的撰写。
2. 教师进行点评,总结本次任务的完成情况,形成任务总结。

任务 5-1-3 纺织面料汗渍色牢度检测

要完成任务 5-1-3"纺织面料汗渍色牢度检测",需要明确汗渍色牢度的检测方法等相关内容。

一、基本要求

通过对纺织面料汗渍色牢度进行检测,了解汗渍色牢度的检测方法,能够熟练运用汗渍色牢度测试仪对面料的汗渍色牢度进行检测,并能对检测结果进行正确的评价和分析。

二、任务准备

1. 教师布置学习任务,将学生分成若干小组。

2. 根据小组数量,教师准备好所需的面料样品若干,以便学生对面料的汗渍色牢度进行检测和分析。

3. 在学习本任务的过程中,各小组应首先明确任务,进行小组分工,准备相关材料。通过对本项目中汗渍色牢度及其检测等相关知识的学习,以及上网查阅资料了解 GB, AATCC 和 JIS 等检测标准在测试汗渍色牢度时的异同点等相关内容,进一步了解和掌握完成本任务所需知识。在任务实施前各小组需明确以下问题:

(1) 什么是汗渍色牢度? 汗渍色牢度的级别有哪些?

(2) 汗渍色牢度需测试哪些指标?

(3) 在汗渍色牢度测试过程中如何进行贴衬织物的选择?
(4) 进行汗渍色牢度测试时,需要用到哪种测试仪器?
(5) 进行汗渍色牢度测试时,如何准备测试样?如何准备测试液?
(6) 汗渍色牢度的测试结果如何评定?
(7) 任务实施过程中还有哪些需要注意的地方?
(8) GB,AATCC 和 JIS 等检测标准在测试汗渍色牢度时有何异同点?

三、实施内容

学生分组完成纺织面料汗渍色牢度检测,及时进行观察和记录。具体包括:
1. 根据给定的织物选择所需贴衬织物。
2. 进行测试样的准备。
3. 配制汗渍色牢度检测所需测试液。
4. 根据给定的织物确定汗渍色牢度的测试方法。
5. 正确使用汗渍色牢度测试仪,对织物进行汗渍色牢度测试。
6. 使用灰色样卡对测试后的织物进行准确的色牢度评级。

四、实施后记

1. 学生整理实验结果,按要求完成学习任务报告的撰写。
2. 教师进行点评,总结本次任务的完成情况,形成任务总结。

任务 5-1-4　纺织面料耐热压色牢度检测

要完成任务 5-1-4“纺织面料耐热压色牢度检测”,需要明确耐热压色牢度的检测方法等相关内容。

一、基本要求

通过对纺织面料耐热压色牢度进行检测,了解耐热压色牢度的检测方法,能够熟练运用熨烫升华色牢度测试仪对面料的耐热压色牢度进行检测,并能对检测结果进行正确的评价和分析。

二、任务准备

1. 教师布置学习任务,将学生分成若干小组。
2. 根据小组数量,教师准备好所需的面料样品若干,以便学生对面料的耐热压色牢度进行检测和分析。
3. 在学习本任务的过程中,各小组应首先明确任务,进行小组分工,准备相关材料。通过对本项目中耐热压色牢度及其检测等相关知识的学习,以及上网查阅资料了解 GB,AATCC 和 JIS 等检测标准在测试耐热压色牢度时的异同点等相关内容,进一步了解和掌握完成本任务所需知识。在任务实施前各小组需明确以下问题:
(1) 什么是耐热压色牢度?耐热压色牢度的级别有哪些?

(2) 耐热压色牢度需测试哪些指标？
(3) 什么是干压、潮压和湿压？测试时有何区别？
(4) 进行耐热压色牢度测试时，需要用到哪种测试仪器？
(5) 进行耐热压色牢度测试时，如何准备测试样？
(6) 耐热压色牢度的测试结果如何评定？
(7) 任务实施过程中还有哪些需要注意的地方？
(8) GB，AATCC和JIS等检测标准在测试耐热压色牢度时有何异同点？

三、实施内容

学生分组完成纺织面料耐热压色牢度检测，及时进行观察和记录。具体包括：
1. 进行测试样的准备。
2. 根据给定的织物确定耐热压色牢度的测试方法。
3. 正确使用熨烫升华色牢度测试仪，对织物进行耐热压色牢度测试。
4. 使用灰色样卡对测试后的织物进行准确的色牢度评级。

四、实施后记

1. 学生整理实验结果，按要求完成学习任务报告的撰写。
2. 教师进行点评，总结本次任务的完成情况，形成任务总结。

任务5-1-5　纺织面料耐氯色牢度检测

要完成任务5-1-5“纺织面料耐氯色牢度检测”，需要明确耐氯色牢度的检测方法等相关内容。

一、基本要求

通过对纺织面料耐氯色牢度进行检测，了解耐氯色牢度的检测方法，能够熟练对面料的耐氯色牢度进行检测，并能对检测结果进行正确的评价和分析。

二、任务准备

1. 教师布置学习任务，将学生分成若干小组。

2. 根据小组数量，教师准备好所需的面料样品若干，以便学生对面料的耐氯色牢度进行检测和分析。

3. 在学习本任务的过程中，各小组应首先明确任务，进行小组分工，准备相关材料。通过对本项目中耐氯色牢度及其检测等相关知识的学习，以及上网查阅资料了解GB，AATCC和JIS等检测标准在测试耐氯色牢度时的异同点等相关内容，进一步了解和掌握完成本任务所需知识。在任务实施前各小组需明确以下问题：

(1) 什么是耐氯色牢度？耐氯色牢度的级别有哪些？
(2) 耐氯色牢度需测试哪些指标？
(3) 在耐氯色牢度测试过程中如何进行贴衬织物的选择？

(4) 进行耐氯色牢度测试时,如何准备测试样?如何准备测试液?
(5) 耐氯色牢度的测试结果如何评定?
(6) 任务实施过程中还有哪些需要注意的地方?
(7) GB,AATCC 和 JIS 等检测标准在测试耐氯色牢度时有何异同点?

三、实施内容

学生分组完成纺织面料耐氯色牢度检测,及时进行观察和记录。具体包括:
1. 根据给定的织物选择所需贴衬织物。
2. 进行测试样的准备。
3. 配制耐氯色牢度检测所需测试液。
4. 根据给定的织物确定耐氯色牢度的测试方法。
5. 正确对织物进行耐氯色牢度测试。
6. 使用灰色样卡对测试后的织物进行准确的色牢度评级。

四、实施后记

1. 学生整理实验结果,按要求完成学习任务报告的撰写。
2. 教师进行点评,总结本次任务的完成情况,形成任务总结。

任务 5-1-6 纺织面料耐晒色牢度检测

要完成任务 5-1-6"纺织面料耐晒色牢度检测",需要明确耐晒色牢度的检测方法等相关内容。

一、基本要求

通过对纺织面料耐晒色牢度进行检测,了解耐晒色牢度的检测方法,能够熟练运用耐晒色牢度测试仪对面料的耐晒色牢度进行检测,并能对检测结果进行正确的评价和分析。

二、任务准备

1. 教师布置学习任务,将学生分成若干小组。
2. 根据小组数量,教师准备好所需的面料样品若干,以便学生对面料的耐晒色牢度进行检测和分析。
3. 在学习本任务的过程中,各小组应首先明确任务,进行小组分工,准备相关材料。通过对本项目中耐晒色牢度及其检测等相关知识的学习,以及上网查阅资料了解 GB,AATCC 和 JIS 等检测标准在测试耐晒色牢度时的异同点等相关内容,进一步了解和掌握完成本任务所需知识。在任务实施前各小组需明确以下问题:
(1) 什么是耐晒色牢度?耐晒色牢度的级别有哪些?
(2) 什么是蓝色羊毛标样?有何作用?
(3) 耐晒色牢度的测试方法有几种?在测试过程中如何进行选择?
(4) 进行耐晒色牢度测试时,需要用到哪种测试仪器?

（5）进行耐晒色牢度测试时，如何准备测试样？
（6）耐晒色牢度的测试结果如何评定？
（7）任务实施过程中还有哪些需要注意的地方？
（8）GB，AATCC 和 JIS 等检测标准在测试耐晒色牢度时有何异同点？

三、实施内容

学生分组完成纺织面料耐晒色牢度检测，及时进行观察和记录。具体包括：
1. 根据要求选择进行耐晒色牢度测试的方法。
2. 进行耐晒色牢度测试的准备工作，如测试样的准备、测试样卡的安装等。
3. 正确使用耐晒色牢度测试仪，对织物进行耐晒色牢度测试。
4. 对测试后的织物进行准确的色牢度评级。

四、实施后记

1. 学生整理实验结果，按要求完成学习任务报告的撰写。
2. 教师进行点评，总结本次任务的完成情况，形成任务总结。

任务 5-1-7　纺织面料耐唾液色牢度检测

要完成任务 5-1-7“纺织面料耐唾液色牢度检测”，需要明确耐唾液色牢度的检测方法等相关内容。

一、基本要求

通过对纺织面料耐唾液色牢度进行检测，了解耐唾液色牢度的检测方法，能够熟练对面料的耐唾液色牢度进行检测，并能对检测结果进行正确的评价和分析。

二、任务准备

1. 教师布置学习任务，将学生分成若干小组。
2. 根据小组数量，教师准备好所需的面料样品若干，以便学生对面料的耐唾液色牢度进行检测和分析。
3. 在学习本任务的过程中，各小组应首先明确任务，进行小组分工，准备相关材料。通过对本项目中耐唾液色牢度及其检测等相关知识的学习，以及上网查阅资料了解 GB，AATCC 和 JIS 等检测标准在测试耐唾液色牢度时的异同点等相关内容，进一步了解和掌握完成本任务所需知识。在任务实施前各小组需明确以下问题：
（1）什么是耐唾液色牢度？耐唾液色牢度的级别有哪些？
（2）是否所有的纺织面料都需要测定耐唾液色牢度？
（3）耐唾液色牢度需测试哪些指标？
（4）在耐唾液色牢度测试过程中如何进行贴衬织物的选择？
（5）进行耐唾液色牢度测试时，如何准备测试样？如何准备测试液？
（6）耐唾液色牢度的测试结果如何评定？

(7) 任务实施过程中还有哪些需要注意的地方?

(8) GB, AATCC 和 JIS 等检测标准在测试耐唾液色牢度时有何异同点?

三、实施内容

学生分组完成纺织面料耐唾液色牢度检测,及时进行观察和记录。具体包括:

1. 根据给定的织物选择所需贴衬织物。
2. 确定耐唾液色牢度的测试方法。
3. 进行测试样的准备。
4. 配制耐唾液色牢度检测所需测试液。
5. 正确对织物进行耐唾液色牢度测试。
6. 使用灰色样卡对测试后的织物进行准确的色牢度评级。

四、实施后记

1. 学生整理实验结果,按要求完成学习任务报告的撰写。
2. 教师进行点评,总结本次任务的完成情况,形成任务总结。

知识准备 >>>

一、染色牢度

染色牢度,是指染色织物在使用过程中或在以后的加工过程中,染料(或颜料)在各种外界因素的影响下,能否保持原来色泽状态的能力。它是衡量染品质量的一个重要指标。根据染色织物的用途不同,对染色牢度的要求也不同。

在染整的后续加工过程中,酸、碱、氧化剂、还原剂等化学药剂,以及使用过程中的水洗、阳光、摩擦、汗液、高温等,都可能引起染色织物褪色或变色。因而,染色牢度是多方面的,常见的主要有耐洗、耐晒、耐摩擦、耐汗渍、耐氯漂、耐熨烫等牢度。

纺织品的用途或加工过程不同,它们的牢度要求也不一样。在进行染整加工时,应针对染色产品的不同色牢度要求选择染料。例如:窗帘布在日常使用过程中洗涤次数较少,对耐洗色牢度的要求较低,但因长时间接触阳光,对耐晒色牢度的要求较高;夏季服装面料因经常曝晒和人体出汗等原因,应具有较高的耐晒、耐洗和耐汗渍色牢度。对于不同种类的染料,往往可在染色过程中进行适当的处理,以提高染色牢度。如:直接染料染色后可通过金属盐或阳离子固色剂处理,使染料与固色剂反应生成不溶性化合物,从而改善直接染料的湿牢度;分散染料对涤纶织物染色后,通过还原剂和碱剂作用下的还原清洗,可达到去除织物表面浮色、提高色牢度的目的;活性染料染色后的皂洗处理也可在一定程度上改善织物的染色牢度。

纺织品的用途和使用环境不同,测试的重点和对色牢度的要求会有所区别。对于在我国境内生产、销售的服用、装饰用和家用纺织产品,在 GB 18401《国家纺织产品基本安全技术规范》中,根据纺织品的用途不同,对色牢度的要求做了说明(表5-1)。

表 5-1　不同种类纺织品的色牢度要求

项　目		A类 （婴幼儿纺织品）	B类 （直接接触皮肤的纺织品）	C类 （非直接接触皮肤的纺织品）
耐洗色牢度		3-4	3	3
汗渍色牢度	耐酸	3-4	3	3
	耐碱	3-4	3	3
摩擦色牢度（干摩）		4	3	3
耐唾液色牢度		4	—	—

注：① 对需经洗涤褪色工艺的非最终产品、本色和漂白产品不要求。
② 对扎染、蜡染等传统的手工着色产品不要求。
③ 耐唾液色牢度仅考核婴幼儿纺织品。
④ 窗帘等悬挂类装饰产品不考核耐汗渍色牢度。

二、染色牢度常用术语

1. 贴衬织物

贴衬织物是指色牢度试验中，为判定染色物对其他纤维的沾色程度，和染色物缝合在一起，形成组合试样共同进行处理的未染色的白色织物。

2. 蓝色羊毛标样

蓝色羊毛标样是指耐光色牢度试验中，为评定染色物的色牢度级别，和染色物一起曝晒的蓝色羊毛织物。这些蓝色羊毛织物是用规定的染料染制而成的，具有 1～8 级的耐光色牢度。

3. 变色

变色是指经过一定处理后，染色物的颜色在色光、深度或鲜艳度方面的变化，或这些变化的综合结果。

4. 沾色

沾色是指经过一定处理后，染色物的颜色向相邻的贴衬织物转移，对贴衬织物的沾污。

5. 色牢度评级

根据色牢度试验时染色物的变色程度及其对贴衬织物的沾色程度，对纺织品的染色牢度进行评定。如耐光色牢度为 8 级，耐洗、耐摩擦等为 5 级。级数越高，表示色牢度越高。

6. 评定变色用灰色样卡

指色牢度试验中，为评定染色物的变色程度而使用的标准灰色样卡，一般称为变色灰卡。

7. 评定沾色用灰色样卡

指色牢度试验中，为评定染色物对贴衬织物的沾色程度而使用的标准灰色样卡，一般称为沾色灰卡。

三、耐洗色牢度及其检测

（一）耐洗色牢度

耐洗色牢度是指染色织物在皂洗过程中褪色和变色的情况。耐洗色牢度试验常用的主要仪器是 SW－12，SW－8 或 SW－4 耐洗色牢度试验机。耐洗色牢度一般需测试原样褪色和白布沾色两项指标。原样褪色是指染色织物在皂洗前后色泽的变化。白布沾色是指与染色织物同时皂洗的白布,因染色织物的褪色而沾染的情况。测试时,将染色试样与一块或两块规定的贴衬织物缝合,放于皂液中,在规定的时间和温度条件下,经机械搅拌,再经冲洗、干燥。此时染色试样发生褪色,并沾污白色贴衬织物。用灰色样卡评定试样的变色和贴衬织物的沾色情况。耐洗色牢度共分 5 级 9 档,其中 5 级最好,1 级最差。

(二) 耐洗色牢度测试

1. 实验仪器与材料

SW-12 耐洗色牢度试验机(图 5-1)、评定变色用灰色样卡、评定沾色用灰色样卡、烧杯、无水碳酸钠(C. P.)、标准皂片、标准多纤维贴衬布(由羊毛、聚丙烯腈纤维、聚酯纤维、聚酰胺纤维、棉、醋纤丝组成)或单纤维贴衬布、待测试样。

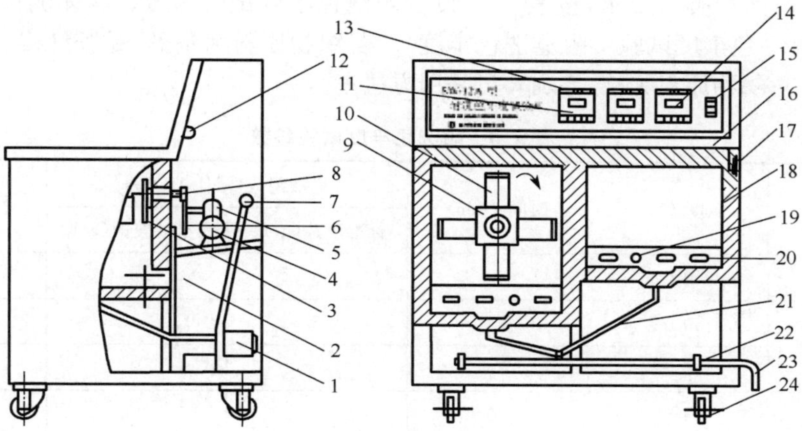

图 5-1　SW-12 耐洗色牢度试验机

1—排水泵　2—加热保护器　3—被动齿轮　4—电动机　5—减速器　6—电动机副齿轮　7—排水接口　8—主动齿轮　9—旋转架　10—试杯　11—工作室温度控制仪　12—时间继电器　13—蜂鸣器　14—预热室温度控制仪　15—排水开关　16—门盖　17—电源开关　18—保温层　19—温度传感器　20—管状加热器　21—排水管道　22—排水管接口　23—水管　24—走轮

2. 测试方法

(1) 试样准备

① 织物试样。取 40 mm×100 mm 试样一块,正面与一块 40 mm×100 mm 多纤维贴衬织物相接触,沿一短边缝合,形成一个组合试样;或将试样放入两块 40 mm×100 mm 单纤维贴衬织物中间,第一块用试样的同类纤维制成,第二块则由表 5-2 中与第一块织物相对应的纤维制成。如试样为混纺或交织品,则第一块用主要含量的纤维制成,第二块用次要含量的纤维制成。

② 纱线或散纤维试样。取纱线或散纤维约等于贴衬织物总质量的一半,夹于一块 40 mm×100 mm 多纤维贴衬织物和一块 40 mm×100 mm 染不上色的织物(如聚丙烯纤维)之间,沿四边缝合,组成一个组合试样。亦可取纱线或散纤维约等于贴衬织物总质量的一半,夹于两块 40 mm×100 mm 规定的单纤维贴衬织物之间,沿四边缝合,形成一个组合试样。若为纱线,也可将其编织成织物,然后按照织物的方式进行试验。

表5-2　测试耐洗色牢度贴衬织物的选择

第一块	第二块		第一块	第二块	
	40 ℃和50 ℃试验	60 ℃和95 ℃试验		40 ℃和50 ℃试验	60 ℃和95 ℃试验
棉	羊毛	黏纤	醋纤	黏纤	黏纤
羊毛	棉	—	聚酰胺纤维	羊毛或棉	棉
丝	棉	—	聚酯纤维	羊毛或棉	棉
麻	羊毛	黏纤	聚丙烯腈纤维	羊毛或棉	棉
黏纤	羊毛	棉	—	—	—

(2) 操作步骤

① 根据产品种类与要求，按表5-3设置耐洗色牢度试验参数。具体测试参见GB/T 3921《纺织品　色牢度试验　耐皂洗色牢度》。若织物原料为蚕丝、黏胶纤维、羊毛、锦纶，可采用方法一；织物原料为棉、涤、腈，可采用方法三。

表5-3　耐洗色牢度试验参数

条件	温度(℃)	时间(min)	皂液组成(浴比1∶50)		钢球(粒)
			标准皂片(g/L)	无水碳酸钠(g/L)	
方法一	40±2	30	5	—	—
方法二	50±2	45	5	—	—
方法三	60±2	30	5	2	
方法四	95±2	30	5	2	10
方法五	95±2	240	5	2	10

② 将预先准备好的组合试样放在容器内，注入已预热至规定温度的皂液。

③ 启动耐洗色牢度试验机。

④ 经规定时间后取出组合试样，用三级水清洗两次，然后在流动冷水中冲洗干净，挤去水分，拆开组合试样，使试样和贴衬仅由一条短边缝线连接，悬挂在不超过60 ℃的空气中干燥。

⑤ 用灰色样卡评定试样的原样变(褪)色和贴衬织物的沾色情况。

四、耐摩擦色牢度及其检测

(一) 耐摩擦色牢度

耐摩擦色牢度是指染色织物受到摩擦时保持不褪色、不变色的能力。耐摩擦色牢度分为干摩擦色牢度和湿摩擦色牢度两种。干摩擦色牢度，是指用标准白布与染色织物进行摩擦后染色织物的褪色和沾色情况；湿摩擦色牢度，是指用含水率为95%～105%的标准白布与染色织物进行摩擦后染色织物的褪色和沾色情况。耐摩擦色牢度主要以白布沾色程度作为评价依据，测试后将标准白布和沾色样卡进行对比，评定出沾色牢度。耐摩擦色牢度与耐洗色牢度一样，分为5级9档，其中5级最好，1级最差。织物的摩擦褪色是在摩擦力的作用下使染料脱落而引起的，湿摩擦除了外力作用外，还有水的作用，因此湿摩擦色牢度一般比干摩擦低1级左右。

(二) 耐摩擦色牢度测试

1. 实验仪器与材料

Y571D 型多功能摩擦色牢度试验仪(图 5-2)、评定沾色用灰色样卡、标准棉贴衬布(50 mm×50 mm 用于圆形摩擦头,25 mm×100 mm 用于长方形摩擦头)、待测试样。

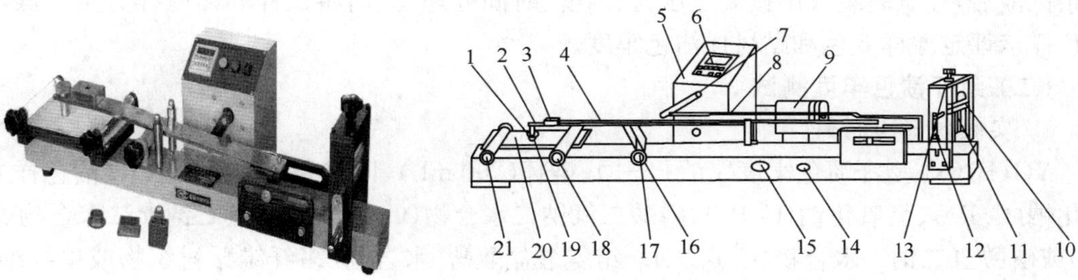

图 5-2　Y571D 型多功能摩擦色牢度试验仪

1—套圈　2—摩擦头球头螺母　3—重块　4—往复扁铁　5—减速箱　6—计数器　7—曲轴　8—连杆　9—电动机　10—压轮　11—滚轮　12—摇手柄　13—压力调节螺钉　14—启动开关　15—电源开关　16—撑柱捏手　17—撑柱　18—右凸轮捏手　19—摩擦头　20—试样台　21—左凸轮捏手

2. 测试方法

(1) 试样准备

当被测试样为织物或地毯时,必须备有两组不小于 50 mm×200 mm 的样品,每组两块:一组的长度方向平行于经纱,用于经向的干摩和湿摩测试;另一组的长度方向平行于纬纱,用于纬向的干摩和湿摩测试。

当测试有多种颜色的试样时,应细心选择试样的位置,使所有颜色被摩擦到;若各种颜色的面积足够大时,必须全部取样。

若被测试样是纱线,则将其编结成织物,并保证试样尺寸不小于 50 mm×200 mm;亦可将纱线平行缠绕于与试样尺寸相同的纸板上。

(2) 操作步骤

① 摩擦用布可采用退浆、煮练、漂白且不含任何整理剂的棉半制品织物。

② 用夹紧装置将试验样品固定在试验仪的底板上,使试样的长度方向与仪器的动程方向一致。

③ 将干摩擦布固定在试验仪的摩擦头上,使摩擦布的经向与摩擦头运行方向一致。

④ 按下启动按钮,在 10 s 内往复摩擦 10 次(往复动程为 100 mm,垂直压力 9 N),取下干摩擦布。

⑤ 取另一块摩擦布,用冷水浸湿后在轧液装置上轧压,使织物含水率控制在95%～105%。

⑥ 重复上述干摩擦布的操作。摩擦结束后,在室温下晾干。

⑦ 用评定沾色用灰色样卡分别评定上述干、湿摩擦布的沾色牢度。

五、耐汗渍色牢度及其检测

(一) 耐汗渍色牢度

耐汗渍色牢度是指染色织物受汗渍浸渍后保持不褪色、不沾色的能力。人的汗液是由复杂的成分组成的，其主要成分为盐。汗液因人而异，有酸性和碱性之分。纺织品与汗液长时间的接触会对某些染料产生很大的影响。耐汗渍色牢度的测试，是用不同酸碱性的人造汗液，模拟人体实际穿着出汗的情况，对纺织品进行试验。汗渍色牢度测试所用仪器为汗渍色牢度仪。测试时将纺织品试样与规定的贴衬织物缝合在一起，放入人工汗液中浸透，去除多余试液后，在试验装置中按规定压力、温度、时间处理，然后将试样和贴衬样分别干燥，用灰色样卡评定原样变色和贴衬样沾色牢度。

(二) 耐汗渍色牢度测试

1. 实验仪器与材料

YG(B)631 型汗渍色牢度仪（图 5-3）、染杯（200 mL）、评定变色用灰色样卡、沾色样卡、氯化钠（C. P.）、氢氧化钠（C. P.）、磷酸二氢钠二水合物（C. P.）、磷酸氢二钠十二水合物（C. P.）或磷酸氢二钠二水合物（C. P.）、L-组氨酸盐酸盐-水合物、多纤维贴衬织物或单纤维标准贴衬织物、待测试样。

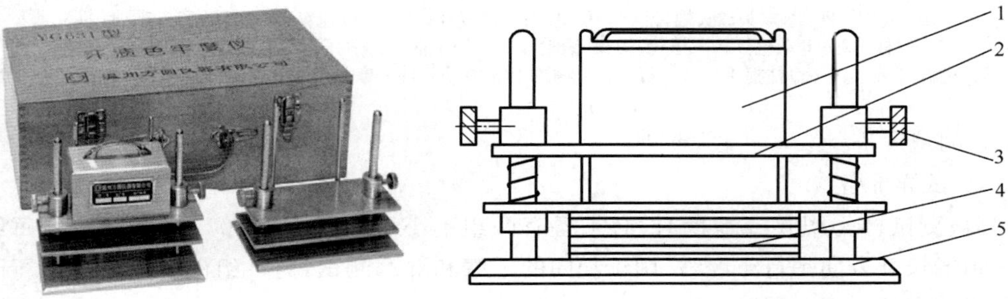

图 5-3　YG(B)631 型汗渍色牢度仪

1—重锤　2—弹簧压架　3—紧定螺钉　4—夹板　5—座架

2. 测试方法

(1) 试样准备

同耐洗色牢度试验。标准单纤维贴衬布的选择见表 5-4。

表 5-4　测试耐汗渍色牢度贴衬织物的选择

第一块	第二块	第一块	第二块
棉	羊毛	黏胶纤维	羊毛
羊毛	棉	醋纤	黏胶纤维
丝	棉	聚酰胺纤维	羊毛或黏胶纤维
麻	羊毛	聚酯、聚丙烯腈纤维	羊毛或棉

(2) 操作步骤

① 按表 5-5 的要求配制人工汗液，分别进行酸性和碱性耐汗渍色牢度试验。

② 按规定要求准备两个组合试样，并称量，按浴比 1∶50 取酸性液、碱性液。

③ 将两个组合试样分别放在酸性液、碱性液中，使其完全润湿，然后在室温下放置 30 min。

表 5-5 人工汗液配制表

试剂	1#	2#
	酸性液(g/L)	碱性液(g/L)
L-组氨酸盐酸盐-水合物($C_6H_9O_2N_3 \cdot HCl \cdot H_2O$)	0.5	0.5
氯化钠(NaCl)	5	5
磷酸氢二钠十二水合物($Na_2HPO_4 \cdot 12H_2O$) 或磷酸氢二钠二水合物($Na_2HPO_4 \cdot 2H_2O$)	—	5 或 2.5
磷酸二氢钠二水合物($NaH_2PO_4 \cdot 2H_2O$)	2.2	—
0.1 mol/L 氢氧化钠 (NaOH) 调节 pH 值	5.5	8.0

④ 取出组合试样,用两根玻璃棒夹去组合试样中多余的试液,然后放在试样板上,用另一块试样板刮去过多的试液,并将试样夹在两块试样板中间,加上 12.5 kPa 的压力并保持。用同样的方法放置另一个试样,但酸性液和碱性液试验用仪器应分开。

⑤ 把带有酸、碱两组试样的仪器放在 37 ℃±2 ℃的恒温箱中 4 h。

⑥ 拆去组合试样上的缝线(保留一短边),展开组合试样,并将其悬挂在温度不高于 60 ℃的空气中干燥。

⑦ 用灰色样卡评定原样变色和标准贴衬布沾色情况。

六、耐热压色牢度及其检测

(一) 耐热压色牢度

耐热压色牢度是指染色织物在不同热压条件下保持不褪色、不沾色的能力。热压试验可在干态、潮态和湿态下进行,通常由纺织面料的最终用途决定。耐热压色牢度测试所用仪器为熨烫升华色牢度试验仪。测试时,将染色试样与一块或两块规定的贴衬织物相贴,与加热装置紧密接触,在规定温度和压力下受热一定时间。干压,即干试样在规定温度和规定压力的加热装置中受压一定时间;潮压,即干试样用一块湿的棉贴衬织物覆盖后,在规定温度和规定压力的加热装置中受压一定时间;湿压,即湿试样用一块湿的棉贴衬织物覆盖后,在规定温度和规定压力的加热装置中受压一定时间。用灰色样卡评定试样的变色和贴衬织物的沾色情况。

(二) 耐热压色牢度测试

1. 实验仪器与材料

YG605 型熨烫升华色牢度仪(图 5-4)、多纤维贴衬织物或标准单纤维贴衬织物、待测试样。

2. 测试方法

(1) 试样准备

如试样是织物,取 40 mm×100 mm 试样一块。如试样是纱线,将其编成织物,取 40 mm×100 mm 试样一块;或将纱线紧密地绕在一块 40 mm×100 mm 薄的热惰性材料上,形成一个仅及纱线厚度的薄层。如试样是散纤维,取足够量,梳压成 40 mm×100 mm 的薄层,并缝在一块棉贴衬织物上。

(2) 操作步骤

① 将组合试样平摊在由加热系统精确控制的两块金属加热板中间,选定合适的温度、

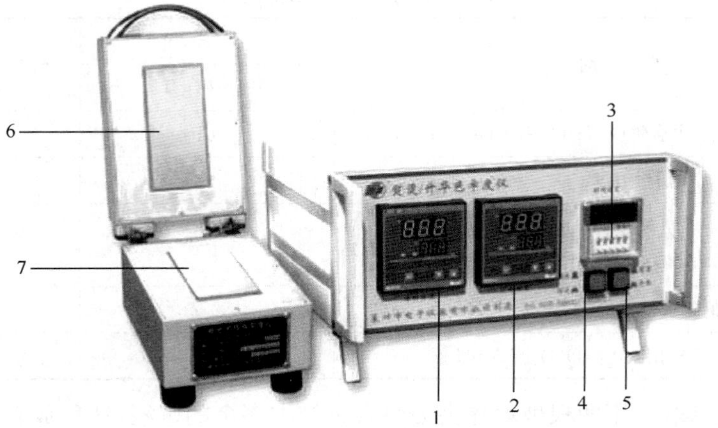

图 5-4　YG605 型熨烫升华色牢度仪

1—上块温控仪　2—下块温控仪　3—时间控制器　4—预热/测试选择开关　5—熨烫/升华选择开关　6—上加热块　7—下加热块

压力进行加热处理。加压的温度按照纤维的类型和织物或服装的组织结构确定。通常使用三种温度：110 ℃±2 ℃，150 ℃±2 ℃，200 ℃±2 ℃。必要时可采用其他温度。如为混纺织物，所用温度应与最不耐热的纤维相适应。

② 经受过任何加热和干燥处理的试样，必须在试验前于标准大气中调湿。

③ 不管加热装置的下平板是否加热，应始终覆盖石棉板、羊毛法兰绒和干的未染色棉布。

④ 根据要求将织物进行热压处理。

a. 干压：把干试样置于覆盖在羊毛法兰绒衬垫的棉布上，放下加热装置的上平板，使试样在规定温度下受压 15 s。

b. 潮压：把干试样置于覆盖在羊毛法兰绒衬垫的棉布上，取一块 40 mm ×100 mm 棉贴衬织物，浸在水中，经挤压或甩水，使之含有自身质量的水分，然后将这块湿织物放在干试样上。放下加热装置的上平板，使试样在规定温度下受压 15 s。

c. 湿压：将试样和一块 40 mm×100 mm 棉贴衬织物浸在水中，经挤压或甩水，使之含有自身质量的水分，然后把湿的试样置于覆盖在羊毛法兰绒衬垫的棉布上，再把湿的棉贴衬织物放在试样上。放下加热装置的上平板，使试样在规定温度下受压 15 s。

⑤ 取出试样，用灰色样卡评定原样褪色和白布沾色等级。在标准大气（即温度 20 ℃±2 ℃，相对湿度 65%±2%）中放置 4 h 后，再次评定。

七、耐氯色牢度及其检测

（一）耐氯色牢度

耐氯色牢度是指试样放在次氯酸盐溶液中处理，某些染料因不耐氯而色变的情况。活性染料的耐氯色牢度一般较差，其高低主要取决于染料本身的结构。如以吡唑酮为母体的活性染料，耐氯色牢度较差；酞菁结构的活性染料，耐氯色牢度较好。进行耐氯色牢度测试时，试样按测试要求处理后清洗、干燥，用灰色样卡评定试样的变色。

(二) 耐氯色牢度测试

1. 实验仪器与材料

玻璃或釉瓷容器、评定变色用灰色样卡、沾色样卡、次氯酸钠(表 5-6)、亚硫酸钠(C. P.)或双氧水(工业用)、磷酸二氢钾(C. P.)、磷酸氢二钠(C. P.)、多纤维贴衬织物或标准单纤维贴衬织物、待测试样。

表 5-6 次氯酸钠配制要求

有效氯 (g/L)	氯化钠 (g/L)	氢氧化钠 (g/L)	碳酸钠(g/L)	铁(g/L)
140～160	120～170	<20	<20	<0.1

2. 测试方案

① 耐氯漂牢度的试验方案见表 5-7。

表 5-7 耐氯漂色牢度试验参数

有效氯 (g/L)	碳酸钠(10 g/L)	温度(℃)	浴比
2	调节 pH=10.0 ± 0.2	20 ± 2	1∶50

② 耐氯浸牢度的试验方案见表 5-8。

表 5-8 耐氯浸色牢度试验参数

试样编号	1#	2#	3#
有效氯(mg/L)	20	50	100
磷酸二氢钾和磷酸氢二钠缓冲溶液	调节 pH=7.5±0.05		
温度(℃)	27 ± 2		
浴比	1∶100		

3. 测试方法

(1) 试样准备

同耐洗色牢度实验。

(2) 溶液制备

① 2 g/L 有效氯工作液:吸取 20 mL 次氯酸钠溶液,用水稀释至 1 L。此时,工作液有效氯浓度约为 2 g/L,按规定方法经分析标定。

② 10 g/L 碳酸钠溶液。

③ 14.35 g/L 磷酸二氢钾溶液和 20.05 g/L 磷酸氢二钠缓冲溶液。

(3) 操作步骤

① 按试验方案要求配制次氯酸钠溶液,置于容器中并加盖,防止其分解。

② 将试样在室温下用冷水浸湿。若试样经过拒水整理,则用标准皂片配制 5 g/L 皂液,于 25～30 ℃下充分浸湿。

③ 去除多余的水或皂液,使织物保持与其质量相同的溶液。

④ 将试样展开,放入次氯酸钠溶液中,加盖并避免阳光直射,按规定要求静置 60 min。

⑤ 耐氯浸牢度试样取出后挤干,在室温柔光下干燥,然后用测色仪或灰色样卡评级。

⑥ 耐氯漂牢度试样取出,经冷水充分水洗后,用 2.5 mL/L 双氧水(30%)溶液或5 g/L

亚硫酸钠溶液在室温下处理 10 min，再以流动冷水冲洗，去除多余水分，用不超过 60 ℃的热风烘干，用测色仪或灰色样卡评定试样的变色。

八、耐晒色牢度及其检测

(一) 耐晒色牢度

耐晒色牢度又称耐光牢度，是指染色织物受光照时保持不褪色、不变色的能力。耐晒色牢度分为 8 级，其中 8 级最好，1 级最差。耐晒色牢度通常采用耐晒色牢度测试仪。测试时，将被测织物与蓝色羊毛标样（表 5-9）放在一起同时进行光照，然后根据试样的褪色情况与哪个标样相当来评定耐晒色牢度等级。蓝色羊毛标样是以规定深度的 8 种染料染于羊毛织物上而制成的，共分 8 级，代表 8 种不同的褪色程度，适用于 GB/T 8427 和 ISO 105 B02：1994 中规定的欧洲曝晒条件。除了可用蓝色羊毛标样 1～8 来测定耐晒色牢度外，还可采用美国的蓝色羊毛标样 L2～L9。L2～L9 是用两种染料对原纤维进行染色，再将染色后的两种纤维以不同的配比制成的，适用于 GB/T 8427 和 ISO 105 B02：1994 中规定的美国曝晒条件，且适用于 AATCC TM 16。蓝标 1～8 和 L2～L9 不能混用，测试结果也不能互换。

表 5-9　蓝色标样所用染料及其结构类别

标准	染料名称	染料索引号	化学类别
1 级	酸性艳蓝 FFR	C. I. Acid Blue 104	三苯甲烷
2 级	酸性艳蓝 FFB	C. I. Acid Blue 109	三苯甲烷
3 级	酸性纯蓝 6B	C. I. Acid. Blue 83	三苯甲烷
4 级	酸性纯蓝 EG	C. I. Acid. Blue 21	吖嗪
5 级	酸性蓝 RX	C. I. Acid. Blue 47	蒽醌
6 级	酸性淡蓝 4GL	C. I. Acid. Blue 23	蒽醌
7 级	可溶性还原蓝 04B	C. I. Solubilized Vat Blue 5	靛蓝
8 级	可溶性还原蓝 AGG	C. I. Solubilized Vat Blue 8	靛蓝

(二) 耐晒色牢度测试

1. 实验仪器与材料

耐晒色牢度仪（氙弧灯）、评级用光源箱、评定变色用灰色样卡、蓝色羊毛标样、待测试样。

2. 测试方法

(1) 试样准备

评定耐光色牢度前，将试样放在暗处，室温条件下平衡 24 h。

试样的尺寸可以按试样数量、设备的试样夹形状和尺寸确定。若采用空冷式设备，在同一块试样上进行逐段分期曝晒，通常使用的试样面积不小于 45 mm×10 mm，每一曝晒面积不应小于 10 mm×8 mm。将待测试样紧附于硬卡上。若为纱线，则将纱线紧密卷绕在硬卡上或平行排列固定于硬卡上。若为散纤维，将其梳压整理成均匀薄层固定于硬卡上。

为了便于操作，可将一块或几块试样和相同尺寸的蓝色羊毛标样按装样图 1(图 5-5)或装样图 2(图 5-6)排列，置于一块或多块硬卡上。

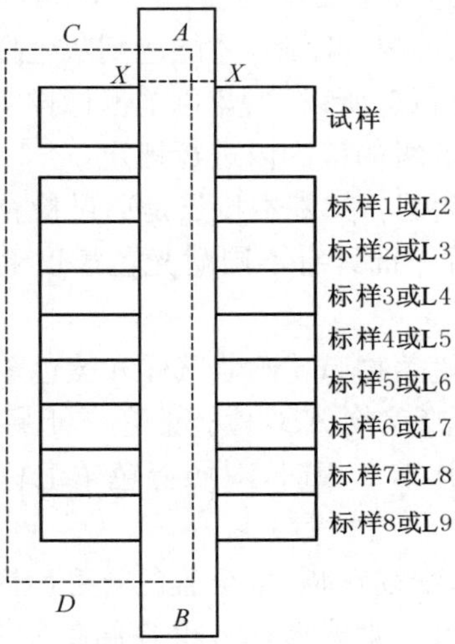

图 5-5　装样图 1

AB—第一遮盖物(在 X—X 处可成折页，使其能在原处从试样和蓝色羊毛标样上提起和复位)

CD—第二遮盖物

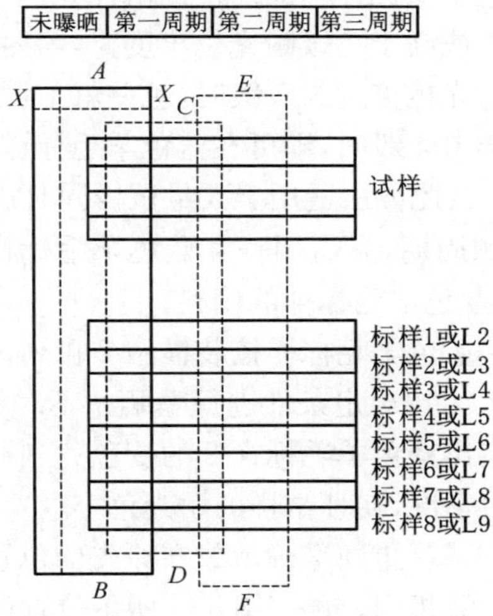

图 5-6　装样图 2

AB—第一遮盖物(在 X—X 处可成折页，使其能在原处从试样和蓝色羊毛标样上提起和复位)

CD—第二遮盖物　EF—第三遮盖物

若采用水冷式设备，试样夹宜放置尺寸约为 70 mm×120 mm 的试样。不同尺寸的试样可选用与试样相配的试样夹。如果需要，试样可放在白纸卡上。蓝色羊毛标样必须放在白纸卡背衬上进行曝晒。遮板必须与试样和蓝色羊毛标样的未曝晒面紧密接触，使曝晒和未曝晒部分界限分明，但不可过分紧压。试样的尺寸和形状应与蓝色羊毛标样相同，以免对曝晒与未曝晒部分进行目测评级时，面积较大的试样对照面积较小的蓝色羊毛标样，会出现评定偏高的误差。

试验绒类织物时，可在蓝色羊毛标样下垫衬硬卡，使光源至蓝色羊毛标样的距离与光源至绒类织物表面的距离相同，但必须避免遮盖物将试样未曝晒部分的表面压平。绒类织物的曝晒面积应不小于 50 mm×40 mm 或更大。

(2) 操作步骤

① 将装好的试样夹安放在设备的试样架上，呈垂直状排列。试样架上所有的空档，都要用没有试样而装着硬卡的试样夹填满。

② 开启氙灯，在预定的条件下，对试样(或一组试样)和蓝色羊毛标样同时进行曝晒。其方法和时间以能否对照蓝色羊毛标样完全评出每块试样的耐光色牢度为准。

a. 方法一：此方法最精确，可在评级有争议时采用。其基本特点是通过检查试样来控制曝晒周期。所以，每块试样需配备一套蓝色羊毛标样。

将试样和蓝色羊毛标样按装样图 1 排列，将遮盖物 AB 放在试样和蓝色羊毛标样的中段 1/3 处。在规定条件下曝晒，不时提起遮盖物 AB，检查试样的光照效果，直至试样的曝晒和未曝晒部分之间的色差达到灰色样卡 4 级。用另一个遮盖物 CD 遮盖试样和蓝色羊毛标样的左侧 1/3 处，继续曝晒，直至试样的曝晒和未曝晒部分的色差达到灰色样卡 3 级。

如果蓝色羊毛标样 7 的褪色比试样先达到灰色样卡 4 级，此时曝晒即可终止。因为当试样具有等于或高于 7 级耐光色牢度时，需要很长的时间曝晒，才能达到灰色样卡 3 级的色差；再者，当耐光色牢度为 8 级时，色差就不可能测得。所以，当蓝色羊毛标样 7 上产生的色差等于灰色样卡 4 级时，即可在蓝色羊毛标样 7～8 级的范围内进行评定。

b. 方法二：此方法适用于大量试样同时进行测试。其基本特点是通过检查蓝色羊毛标样来控制曝晒周期，只需用一套蓝色羊毛标样，对一批具有不同耐光色牢度的试样进行试验，可以节省蓝色羊毛标样的用料。

将试样和蓝色羊毛标样按装样图 2 排列。用遮盖物 AB 遮盖试样和蓝色羊毛标样总长度的 1/5～1/4，按规定条件进行曝晒。不时提起遮盖物 AB，检查蓝色羊毛标样的光照效果。当能观察出蓝色羊毛标样 2 的变色达到灰色样卡 3 级时，对照蓝色羊毛标样 1，2，3 上所呈现的变色情况，初评试样的耐光色牢度。

将遮盖物 AB 重新准确地放在原先的位置上，继续曝晒，直至蓝色羊毛标样 4 上的变色与灰色样卡 4 级相同。再按图 5-6 所示位置放上另一遮盖物 CD，重叠盖在遮盖物 AB 上继续曝晒，直到蓝色羊毛标样 6 的变色达到灰色样卡 4 级为止。然后按图 5-6 所示位置放上遮盖物 EF，其他遮盖物仍保留原处，继续曝晒，直至下列任一种情况出现为止：一是蓝色羊毛标样 7 上产生的色差达到灰色样卡 4 级；二是最耐光的试样上产生的色差达到灰色样卡 3 级。

c. 方法三：该方法适用于核对与某种性能规格是否一致，允许试样只与两块蓝色羊毛标样一起曝晒，一块按规定为最低允许牢度的蓝色羊毛标样和另一块更低的蓝色羊毛标样。连续曝晒，直到最低允许牢度的蓝色羊毛标样的分段面上达到灰色样卡 4 级（第一阶段）和 3 级（第二阶段）的色差。

d. 方法四：该方法适用于检验是否符合某一商定的参比样，允许试样只与这块参比样一起曝晒。连续曝晒，直到参比样达到灰色样卡 4 级和（或）3 级的色差。

e. 方法五：该方法适用于核对是否符合认可的辐照能值，可单独将试样曝晒，或与蓝色羊毛标样一起曝晒，直至达到规定辐照量为止，然后与蓝色羊毛标样一同取出，进行评定。

③ 在试样的曝晒和未曝晒部分之间的色差达到灰色样卡 3 级后，停止试验，进行耐光色牢度的评定。

④ 移开所有遮盖物，试样和蓝色羊毛标样露出试验后的两个或三个分段面，其中有的已曝晒过多次，连同至少一处未受到曝晒的，在标准光源箱中比较试样和蓝色羊毛标样的相应变色。

试样的耐光色牢度为显示相似变色（试样曝晒和未曝晒部分间的目测色差）的蓝色羊毛标样的号数。如果试样所显示的变色在两个相邻蓝色羊毛标样的中间，而不是近于两个相邻蓝色标样中的一个，应评判为中间级数，如 4-5 级等。如果不同阶段的色差得出不同的评定，可取其算术平均值作为试样的耐光色牢度，以最接近的半级或整级表示。当级数的算术平均值为 1/4 或 3/4 时，评定应取邻近的高 0.5 级或 1 级。如果试样颜色比蓝色羊毛标样 1 更易褪色，则评为 1 级。

九、耐唾液色牢度及其检测

(一) 耐唾液色牢度

耐唾液色牢度是指染色织物受唾液浸渍时保持不褪色、不变色的能力。将试样与规定的贴衬织物贴合在一起，于人造唾液中处理后去除试液，放在试验装置内的两块平板之间，并施加规定压力，然后将试样和贴衬织物分别干燥，用灰色样卡评定试样的变色和贴衬织物的沾色。婴幼儿纺织品一般需要测试耐唾液色牢度。

(二) 耐唾液色牢度测试

1. 实验仪器与材料

评定变色用灰色样卡、沾色样卡、氯化钠、氯化钾、硫酸钠、氯化铵、乳酸、尿素、多纤维贴衬织物或单纤维标准贴衬织物、待测试样。

2. 测试方法

(1) 试样准备

取 40 mm×100 mm 试样一块，夹在两块贴衬织物(表 5-10)之间，或与一块多纤维贴衬织物相贴合，并沿一短边缝合，形成一个组合试样。印花织物试验时，正面与两块贴衬织物每块的一半相接触，剪下其余一半，交叉覆于背面，缝合两短边；或与一块多纤维贴衬织物相贴合，缝一短边。如不能包括全部颜色，需用多个组合试样。若为纱线或散纤维，则取质量约为贴衬织物总质量的一半的试样，夹于两块单纤维贴衬织物之间，或夹于一块40 mm×100 mm 多纤维贴衬织物和一块同尺寸但染不上色的织物之间，并缝合四边。

表 5-10 贴衬织物

第一块	第二块	第一块	第二块
棉	羊毛	黏胶纤维	羊毛
羊毛	棉	醋纤	黏胶纤维
丝	棉	聚酰胺纤维	羊毛或黏胶纤维
麻	羊毛	聚酯、聚丙烯腈纤维	羊毛或棉

(2) 人造唾液配制

人造唾液按表 5-11 进行配制。

表 5-11 人造唾液处方

试剂	用量(g/L)	试剂	用量(g/L)
乳酸	3.0	氯化钾	0.3
尿素	0.2	硫酸钠	0.3
氯化钠	4.5	氯化铵	0.4

(3) 操作步骤

① 按要求准备组合试样，按人造唾液处方配制处理液。

② 在浴比为 1∶50 的人造唾液中放入一块组合试样，使其完全润湿，然后在室温下放置30 min，必要时可稍加按压和搅动，以保证试液良好而均匀地渗透。

③ 取出组合试样，倒去残液，用两根玻璃棒夹去组合试样上过多的试液，或把组合试样

放在试样板上，用另一块试样板刮去过多的试液。将试样夹在两块试样板中间，使试样受压12.5 kPa。

④ 把带有组合试样的仪器放在恒温箱里，在 37 ℃±2 ℃的温度下放置 4 h。

⑤ 拆去组合试样上除一条短边以外的所有缝线，展开组合试样，悬挂在温度不超过 60 ℃的空气中干燥。

⑥ 用灰色样卡评定试样的变色和贴衬织物与试样接触一面的沾色。

子项目 5-2 纺织面料外观保持性检测

任务分析 >>>

纺织面料的成分、用途等不同，在进行纺织面料外观保持性测试时，所涉及的测试项目和要求等会有所区别。根据本教材的特点和实际教学的需要，在子项目 5-2“纺织面料外观保持性检测”的教学过程中设计了五个学习任务。通过任务驱动，使学生在完成各个任务的过程中，熟悉纺织面料的抗皱性、尺寸稳定性等外观保持性的检测方法。

任务 5-2-1 纺织面料抗皱性检测

要完成任务 5-2-1“纺织面料抗皱性检测”，需要明确纺织面料的抗皱性及其检测方法等相关内容。

一、基本要求

通过对纺织面料的抗皱性进行检测，了解纺织面料的抗皱性的检测指标及其检测方法，能够熟练地对纺织面料的抗皱性进行检测，并能对检测结果进行正确的评价和分析。

二、任务准备

1. 教师布置学习任务，将学生分成若干小组。

2. 根据小组数量，教师准备好所需的纯棉及其抗皱整理面料样品若干，以便学生对该类面料的抗皱效果进行检测和分析。

3. 在学习本任务的过程中，各小组应首先明确任务，进行小组分工，准备相关材料。通过对本项目中织物抗皱性及其检测等相关知识的学习，以及上网查阅资料等，进一步了解和掌握完成本任务所需知识。在任务实施前各小组需明确以下问题：

(1) 什么是抗皱性？如何衡量纺织面料的抗皱性？

(2) 进行抗皱性测试时需要用到哪种测试仪器？

(3) 进行抗皱性测试时，如何准备测试样？

(4) 抗皱性的测试结果如何评定？

(5) 任务实施过程中还有哪些需要注意的地方？

三、实施内容

学生分组完成纺织面料抗皱性检测任务，及时进行观察和记录。具体包括：

1. 确定纺织面料抗皱性的测试方法。
2. 进行测试的准备工作，如测试样的准备、测试仪器的调试等。
3. 正确使用织物折皱弹性仪，对织物抗皱性进行测试。
4. 对所测织物的抗皱性进行正确评定。

四、实施后记

1. 学生整理实验结果，按要求完成学习任务报告的撰写。
2. 教师进行点评，总结本次任务的完成情况，形成任务总结。

任务 5-2-2　纺织面料尺寸稳定性检测

要完成任务 5-2-2“纺织面料尺寸稳定性检测”，需要明确纺织面料的尺寸稳定性及其检测方法等相关内容。

一、基本要求

通过对纺织面料的尺寸稳定性进行检测，了解纺织面料尺寸稳定性的检测指标及其检测方法，能够熟练地对纺织面料尺寸稳定性进行检测，并能对检测结果进行正确的评价和分析。

二、任务准备

1. 教师布置学习任务，将学生分成若干小组。
2. 根据小组数量，教师准备好纯棉、纯黏胶、真丝、羊毛及其混纺织物等面料样品若干，以便学生对面料的尺寸稳定性进行检测和分析。
3. 在学习本任务的过程中，各小组应首先明确任务，进行小组分工，准备相关材料。通过对本项目中织物尺寸稳定性及其检测等相关知识的学习，以及上网查阅资料等，进一步了解和掌握完成本任务所需知识。在任务实施前各小组需明确以下问题：

(1) 什么是织物的尺寸稳定性？
(2) 如何衡量纺织面料的尺寸稳定性？
(3) 进行尺寸稳定性测试的方法有哪些？如何进行选择？
(4) 对于给定的织物，将选择何种方式进行尺寸稳定性测试？
(5) 进行缩水率、蒸汽收缩率等测试时，如何准备测试样？
(6) 进行缩水率测试时，可选择哪些方法进行干燥？
(7) 缩水率、蒸汽收缩率如何计算？
(8) 任务实施过程中还有哪些需要注意的地方？

三、实施内容

学生分组完成纺织面料尺寸稳定性检测任务，及时进行观察和记录。具体包括：

1. 根据给定的织物，确定纺织面料尺寸稳定性的测试方法。
2. 进行测试的准备工作，如测试样的准备、测试仪器的调试等。
3. 正确使用缩水率试验仪、蒸汽缩率测试仪器，对织物尺寸稳定性进行测试。
4. 选择面料的干燥方法。
5. 测量织物处理前后的尺寸变化，计算缩水率或蒸汽收缩率。

四、实施后记

1. 学生整理实验结果，按要求完成学习任务报告的撰写。
2. 教师进行点评，总结本次任务的完成情况，形成任务总结。

任务5-2-3 纺织面料悬垂性检测

要完成任务5-2-3“纺织面料悬垂性检测”，需要明确纺织面料的悬垂性及其检测方法等相关内容。

一、基本要求

通过对纺织面料的悬垂性进行检测，了解纺织面料的悬垂性的检测指标及其检测方法，能够熟练地对纺织面料的悬垂性进行检测，并能对检测结果进行正确的评价和分析。

二、任务准备

1. 教师布置学习任务，将学生分成若干小组。

2. 根据小组数量，教师准备好所需的面料样品若干，以便学生对该类面料的悬垂性进行检测和分析。

3. 在学习本任务的过程中，各小组应首先明确任务，进行小组分工，准备相关材料。通过对本项目中织物悬垂性及其检测等相关知识的学习，以及上网查阅资料等，进一步了解和掌握完成本任务所需知识。在任务实施前各小组需明确以下问题：

(1) 什么是织物的悬垂性？
(2) 衡量纺织面料悬垂性的指标是什么？
(3) 进行悬垂性测试需要用到哪种测试仪器？
(4) 进行悬垂性测试时，如何准备测试样？
(5) 悬垂性的测试结果如何评定？
(6) 任务实施过程中还有哪些需要注意的地方？

三、实施内容

学生分组完成纺织面料悬垂性检测任务，及时进行观察和记录。具体包括：
1. 确定纺织面料悬垂性的测试方法。
2. 进行悬垂性测试的准备工作，如测试样的准备、测试仪器的调试等。
3. 正确使用悬垂性试验仪，对织物悬垂性进行测试。
4. 对所测织物的悬垂性进行正确评定。

四、实施后记

1. 学生整理实验结果，按要求完成学习任务报告的撰写。
2. 教师进行点评，总结本次任务的完成情况，形成任务总结。

任务 5-2-4　纺织面料起毛起球性检测

要完成任务 5-2-4“纺织面料起毛起球性检测”，需要明确纺织面料的起毛起球性及其检测方法等相关内容。

一、基本要求

通过对纺织面料的起毛起球性进行检测，了解纺织面料的起毛起球性的检测指标及其检测方法，能够熟练地对纺织面料的起毛起球性进行检测，并能对检测结果进行正确的评价和分析。

二、任务准备

1. 教师布置学习任务，将学生分成若干小组。
2. 根据小组数量，教师准备化纤及其混纺织物、羊毛及其混纺织物等所需的面料样品若干，以便学生对这些面料的起毛起球性进行检测和分析。
3. 在学习本任务的过程中，各小组应首先明确任务，进行小组分工，准备相关材料。通过对本项目中织物起毛起球性及其检测等相关知识的学习，以及上网查阅资料等，进一步了解和掌握完成本任务所需知识。在任务实施前各小组需明确以下问题：

(1) 什么是织物的起毛起球性？哪些织物比较容易出现起毛起球现象？
(2) 如何衡量纺织面料的起毛起球性？
(3) 进行起毛起球性测试的方法有哪些？
(4) 准备用哪种方法进行起毛起球性测试？
(5) 测试时需要用到哪种测试仪器？
(6) 测试时，如何准备测试样？
(7) 起毛起球性测试结果如何评定？
(8) 任务实施过程中还有哪些需要注意的地方？

三、实施内容

学生分组完成纺织面料的起毛起球性检测任务，及时进行观察和记录。具体包括：

1. 选择纺织面料起毛起球性的测试方法。
2. 进行起毛起球性测试的准备工作，如测试样的准备、测试仪器的调试等。
3. 正确使用所选仪器对织物的起毛起球性进行测试。
4. 对所测织物的起毛起球性进行正确评定。

四、实施后记

1. 学生整理实验结果，按要求完成学习任务报告的撰写。

2. 教师进行点评，总结本次任务的完成情况，形成任务总结。

任务5-2-5 纺织面料勾丝性检测

要完成任务 5-2-5“纺织面料勾丝性检测”，需要明确纺织面料的勾丝性及其检测方法等相关内容。

一、基本要求

通过对纺织面料的勾丝性进行检测，了解纺织面料的勾丝性的检测指标及其检测方法，能够熟练地对纺织面料的勾丝性进行检测，并能对检测结果进行正确的评价和分析。

二、任务准备

1. 教师布置学习任务，将学生分成若干小组。
2. 根据小组数量，教师准备好所需的真丝、化纤丝、针织面料样品若干，以便学生对这些面料的勾丝性进行检测和分析。
3. 在学习本任务的过程中，各小组应首先明确任务，进行小组分工，准备相关材料。通过对本项目中织物的勾丝性及其检测等相关知识的学习，以及上网查阅资料等，进一步了解和掌握完成本任务所需知识。在任务实施前各小组需明确以下问题：

(1) 什么是织物的勾丝性？哪些织物比较容易出现勾丝现象？
(2) 如何衡量纺织面料的勾丝性？
(3) 进行勾丝性测试的方法有哪些？
(4) 准备用哪种方法进行勾丝性测试？
(5) 测试时需要用到哪种测试仪器？
(6) 测试时如何准备测试样？
(7) 勾丝性测试结果如何评定？
(8) 任务实施过程中还有哪些需要注意的地方？

三、实施内容

学生分组完成纺织面料的勾丝性检测任务，及时进行观察和记录。具体包括：
1. 确定纺织面料勾丝性的测试方法。
2. 进行勾丝性测试的准备工作，如测试样的准备、测试仪器的调试等。
3. 正确使用所选仪器对织物勾丝性进行测试。
4. 对所测织物的勾丝性进行正确评定。

四、实施后记

1. 学生整理实验结果，按要求完成学习任务报告的撰写。
2. 教师进行点评，总结本次任务的完成情况，形成任务总结。

知识准备 >>>

一、织物抗皱性及其检测

(一) 织物抗皱性

棉、黏胶等织物具有许多优良性能,但在印染加工和服用洗涤过程中,因不断经受外力的作用而容易产生变形、收缩等现象,同时缺少弹性,防皱性差。为了克服以上缺点,可以对棉、黏胶及其与合成纤维的混纺织物进行防皱整理。

织物抵抗由于搓揉而引起的弯曲变形的能力称为防折皱性。织物的防皱性能主要由折皱回复性决定。折皱回复性是指去除外力后,织物从形变中回复原状的能力。因而,通过测定织物的折皱回复性,可以判断织物的防皱性能。如:羊毛织物有较高的折皱回复性,因此防皱性能很好;而棉织物的折皱回复性较差,所以防皱性能较差,可以通过防皱整理加以改善。

(二) 防皱整理

1. 防皱整理剂

纤维素纤维容易起皱的原因主要是纤维中存在大量羟基,纤维受到外力作用后在新的位置易形成氢键,从而形成折皱且不易回复,因此抗皱整理剂多数是能够与纤维素纤维分子中的羟基发生交联反应的化合物。

防皱整理剂有热固性树脂和热塑性树脂两大类,通常以热固性树脂为主,如脲醛树脂、三聚氰胺-甲醛树脂、环氧树脂等。热固性树脂一般是具有三维空间结构的体型高聚物。用热固性树脂整理的织物,往往具有持久的抗皱、免烫等性能,而且缩水率较低,但手感粗糙,织物强力下降。热塑性树脂一般是线型高聚物,如聚乙烯、聚乙烯醇、聚丙烯酸酯、有机硅等。单独用热塑性树脂涂覆于纤维表面,可以在纤维表面形成一层塑料薄膜,产生树脂整理的效果,但防皱整理效果不好,且洗后易脱落。不过,热塑性树脂可以提高织物的强力,改进手感。因此,热塑性树脂通常与热固性树脂联合使用,可以减轻或防止树脂整理引起的织物强力降低的缺点,改进手感,并赋予织物一定的防水性能。

防皱整理剂中用到的热固性树脂具有良好的防皱效果,却存在甲醛污染等一系列问题,尽管可以采用醚化的方法来降低甲醛含量,但无法从根本上解决甲醛释放问题。要彻底解决这一问题,只能开发无甲醛的整理剂,如多元羧酸类、水溶性聚氨酯类和反应性有机硅等整理剂。

2. 树脂整理工艺

树脂整理可以采用干态交联、潮态交联、湿态交联和多步交联等工艺,其中以干态交联工艺为主。这里以棉织物为例介绍干态交联的整理工艺。其工艺流程如下:

浸轧整理液(二浸二轧,轧余率 55%~65%)→预烘(80~100 ℃)→拉幅烘干→焙烘(150~160 ℃,3~5 min)→后处理

整理液主要由树脂初缩体、催化剂和添加剂组成。树脂初缩体的用量一般为织物质量的 4%~10%,随织物结构、初缩体性质、整理要求和轧余率的不同而不同。

为了使树脂初缩体在焙烘过程中与纤维迅速反应,整理液中需加入适当的催化剂。常用的催化剂一般为高温释酸剂,如氯化铵、氯化镁、氯化锌、硫酸铵、磷酸二氢铵等,其中以氯

化镁、氯化锌等最为常用，其用量一般为树脂含量的 6%～15%，用量太大可能造成整理剂水解，用量过少则交联不完全、抗皱效果不佳。

整理液中的添加剂主要是为了改善树脂整理品的手感、外观和物理机械性能。常用的添加剂为柔软剂、渗透剂、热塑性树脂等。它们可以增强树脂整理效果，改善手感，减少织物的泛黄性，降低织物的强力损失，等。经树脂整理后，织物上往往残留树脂初缩体、催化剂、游离甲醛、柔软剂、渗透剂等，因此必须经过充分水洗等后处理。

（三）织物抗皱性检测

1. 实验仪器与材料

YG541C 型全自动数字式织物折皱弹性仪（图 5-7）和附件（有机玻璃压板、试样尺寸模板、手柄）、剪刀、织物等。

图 5-7　YG541C 型全自动数字式织物折皱弹性仪

2. 测试原理

将织物进行折叠，以一定的外力作用一定时间，观察其回复的状态来判断回复性能的高低。折皱回复性能的测试指标为折皱回复角，是指在规定条件下，受力折叠的试样去除外力并经一定时间后，两个对折面所形成的夹角。折皱回复性的测定在折皱弹性测试仪上进行。国际标准规定织物的回弹性分为 5 级：1 级 180°，2 级 200°，3 级 210°～240°，4 级 240°～280°，5 级 280°。

3. 测试方法

（1）试样准备

① 将试样放置在试验用标准大气（温度为 20 ℃±2 ℃，相对湿度为 65%±2%）中调湿。

② 每次试验用试样至少为 20 个，其中经向与纬向各 10 个，每一方向的试样再分正面对折和反面对折各 5 个；日常试验只需测试样的正面，即经纬向各 5 个。取样时须注意不能在有折痕、弯曲或变形的部位抽取样品。

③ 试样在样品上的采集部位和尺寸如图 5-8 所示。试样离布边的距离大于 50 mm。裁剪试样时，尺寸务必正确，经纬向剪得平直。在试样的正面做“经向”或“纬向”的标记。

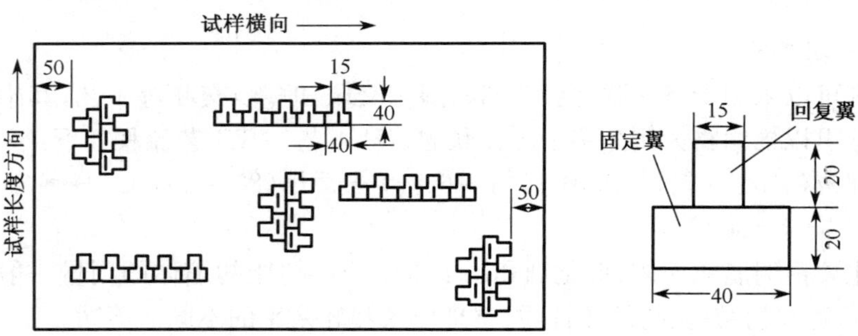

图 5-8　试样采集示意图

(2) 测试步骤

① 开启总电源开关,仪器指示灯亮,仪器自动进行自检一次。

② 检查重锤、翻板、小车是否在初始位置,否则应按"返回键",运行一次。

③ 将试样翻板推倒,贴在小电磁铁上,此时翻板处在水平位置。

④ 将剪好的试样,按 5 经 5 纬的顺序,夹在试样用板刻度线的位置上,将试样的固定翼装入试样夹内。

⑤ 开启工作按钮,仪器进入自动工作程序,迅速将左边的第一个试样用手柄沿折痕线对折,盖上有机玻璃压板。此时 10 个重锤每隔 15 s 从左到右按顺序依次压住 10 个试样(图 5-9)。加压重锤的质量为 500 g。

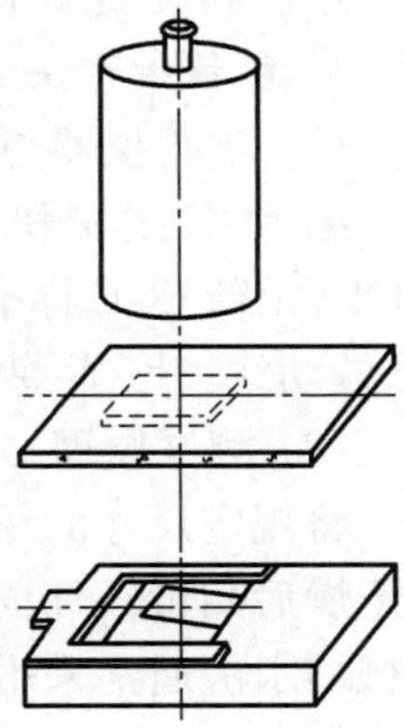

图 5-9　试样加压装置

⑥ 当第一个重锤压 5 min 后,喇叭报警,同时第一个重锤跳起。这时要做好读取试样数据准备。当第一只指示灯亮时读取试样 1 的折皱回复角(此时试样释重已 15 s)。从左到右依次读取并记录 10 个试样数据。此时测得的为试样的急弹性折皱回复角。

⑦ 仪器进行延时,在喇叭第二次报警后(5 min 后),等左边第一只指示灯亮时,再次读取试样数据,从左到右依次读取并记录 10 个试样数据。此时测得的为试样的缓弹性折皱回复角。

⑧ 待仪器自动卸压,急弹和缓弹测试完毕后,小车自动返回原位,即可开始下一批试样的测试。

⑨ 每次试验所记录的急、缓弹数据,其中急弹数据供参考用,缓弹数据经整理后,计算出 5 经 5 纬的平均值,最后用经向平均回复角与纬向平均回复角之和来作为该样品的折皱弹性回复性指标。

⑩ 可在全部试样测试完毕后,检索测试数据,记录并复位。试验全部结束,关闭电源开关。

二、织物尺寸稳定性及其检测

(一) 织物尺寸稳定性

纺织面料在加工和使用过程中通常会发生遇水收缩或受热收缩等尺寸不稳定的现象。如棉、黏胶等织物遇水,纤维充分吸收水分,导致纤维横向膨胀,直径的增加多,长度的增加少,使织物中经纬纱线的弯曲度增大,织物变厚,尺寸缩短。另一方面,在纺纱、织造和染整加工过程中,受到一定程度的拉伸等机械外力作用,使纤维、纱线和织物伸长;在外力撤销后,织物内部就存在内应力,当织物进入水中处于自由状态时,内应力促使织物产生形变,发生不同程度的收缩,即缩水现象。对羊毛织物,除了上述因素引起的缩水外,更多的是纤维本身的特性促使其产生毡缩现象而引起的。毡缩是在非方向性的外力搅拌系统中,纤维发生相互纠缠的过程。同样,合成纤维织物在纺织和染整加工过程中,由于受到各种外力的反复作用,织物内部也积存着内应力,它是造成织物尺寸和形态不稳定的主要原因,当织物受热时,内应力松弛,导致织物发生收缩。通常以缩水率和热收缩率来衡量纺织面料的尺寸稳定性。

织物的原材料不同会影响缩水率和热收缩率。一般情况下,缩水率最小的织物是合成纤维及其混纺织物,其次是麻织物,棉织物居中,而最大的是黏胶织物。除此之外,织物的密度、纱线粗细、织造和印染工艺不同，缩水率也会不一样。对各种不同类型的织物，都规定了缩水率标准。在染整加工过程中，可以通过丝光、预缩等工序来降低织物缩水率。合成纤维受热时容易变形，尤其是涤纶织物，受热时更易收缩，可通过热定形加工来改善其尺寸稳定性。

（二）织物缩水率检测

缩水率是指织物在洗涤或浸水后尺寸发生收缩的百分数，是衡量织物缩水程度的指标。织物缩水率的高低是衡量产品品质好坏的标准之一。目前常用的缩水率测试方法主要有机械缩水法和浸渍缩水法。

1. 机械缩水法

（1）实验仪器与材料

缩水率试验机（图 5－10）、AATCC 1993 标准洗涤剂 WOB、无磷 ECE 标准洗涤剂、无磷 IEC 标准洗涤剂、烘箱、刻度尺、缝纫线、针、笔、织物等。

图 5-10　缩水率试验机

（2）测试原理

将规定尺寸的织物，在一定温度的水中处理一定的时间，经干燥后测量经纬向的长度变化，从而衡量织物的缩水情况。机械缩水法通常采用缩水率试验机来完成测试，又分前门加料的滚筒洗衣机和顶部加料的搅拌型洗衣机。

（3）测试方法

① 试样准备。选取平整、无明显折痕的试样，试样尺寸应不小于 500 mm×500 mm；若幅宽小于 500 mm，可取全幅试样，长度方向至少 500 mm。分别沿试样的经、纬方向做 3 对标记，标记间距离不小于 350 mm，标记距布边不小于 50 mm。必要时可采用 250 mm×250 mm 的试样，长度和宽度方向各做 3 对标记，每对标记间相距 200 mm。

② 陪洗物准备。

a. 用于 A 型洗衣机的陪洗物。为纯聚酯变形长丝针织物，单位面积质量 310 g±20 g，由 4 片织物叠合而成，沿四边缝合，角上缝加固线。形状呈方形，尺寸为(20 cm±4 cm)×(20 cm±4 cm)，每片缝合后的陪洗物质量为 50 g±5 g。也可使用折边的纯棉漂白机织物或涤/棉 50/50 平纹漂白机织物，两者的单位面积质量均为 155 g±5 g，尺寸为(92 cm±5 cm)×(92 cm±5 cm)。

b. 用于 B 型洗衣机的陪洗物。如表 5-12 所示。

表 5-12　B 型洗衣机用陪洗物

陪洗物特性	类型 1：纯棉	类型 2：涤/棉 50/50
纱线（环锭纱）[tex（英支）]	37×1(16/1)	18.6×2(30/2)
织物密度（根/cm）	210×(190±20)	190×(190±20)
单位面积质量（g）	155±5	155±5
陪洗片尺寸（cm）	92×(92±2)	92×(92±2)
陪洗片质量（g）	130±10	130±10

表 5-13 水平转鼓型洗衣机——A 型洗衣机洗涤程序

程序编号	搅拌方式	总装料质量[1](kg)	洗涤				冲洗 1		冲洗 2			冲洗 3			冲洗 4		
			温度[2](℃)	水位[3,4](cm)	洗涤时间[5](min)	冷却[6]	水位[3](cm)	冲洗时间[5,7](min)	水位[3](cm)	冲洗时间[5,7](min)	脱水时间[5](min)	水位[4](cm)	冲洗时间[5,7](min)	脱水时间[5](min)	水位[4](cm)	冲洗时间[5,7](min)	脱水时间[5](min)
1A[8]	正常	2±0.1	92±3	10	15	要[9]	13	3	13	3	—	13	2	—	13	2	5
2A[8]	正常	2±0.1	60±3	10	15	不要	13	3	13	3	—	13	2	—	13	2	5
3A[8]	正常	2±0.1	60±3	10	15	不要	13	3	13	2	—	13	2	2[10]	—	—	—
4A[8]	正常	2±0.1	50±3	10	15	不要	13	3	13	2	—	13	2	2[10]	—	—	—
5A	正常	2±0.1	40±3	10	15	不要	13	3	13	3	—	13	2	—	13	2	5
6A	正常	2±0.1	40±3	10	15	不要	13	3	13	2	—	13	2	2[10]	—	—	—
7A	柔和[11]	2±0.1	40±3	13	3	不要	13	3	13	3	1	13	2	6	—	—	—
8A[12]	柔和[11]	2±0.1	30±3	13	3	不要	13	3	13	3	—	13	2	2[10]	—	—	—
9A[12]	柔和	2	92±3	10	12	要[9]	13	3	13	3	—	13	2	2[10]	—	—	—
仿手洗	柔和[11]	2	40±3	13	1	不要	13	2	13	2	2	—	—	—	—	—	—

1. 程序 1A、2A 和 5A，也可使用 5 kg 总负荷。为提高洗涤效率，降低磨损敏感程度或类似效应，程序 7A 也可使用 1 kg 总负荷。
2. 洗涤和冲洗注水水温均为 20 ℃±5 ℃。
3. 机器运转 1 min，停顿 30 s，自滚筒底部测量液位。
4. 与水位相对应的液体容积，应使用带刻度容器，由另外一次试验确定。
5. 时间允差 20 s。
6. 冷却：加注冷水至 13 cm 液位，搅拌 2 min。
7. 冲洗时间自达到规定液位时计。
8. 先加热至 40 ℃，保持该温度 15 min，再进一步加热至洗涤温度。
9. 仅适用于安全试验室试验。
10. 短时间脱水或滴干。
11. 加热时无搅拌。
12. 本程序为 GB/T 8685 规定的程序。

③ 测试步骤

a. 将洗涤剂加入洗衣机中。AATCC 1993 标准洗涤剂 WOB(不含荧光增白剂)适用于顶部加料的 B 型洗衣机,无磷 ECE 标准洗涤剂(不含荧光增白剂)和无磷 IEC 标准洗涤剂(含荧光增白剂)适用于 A 型和 B 型洗衣机。

b. 选择洗涤温度、水位和洗涤时间。将准备好的试样和陪洗物放入洗涤液中,按所选洗涤程序进行处理。

c. 织物洗涤后,可从下述 6 种干燥方法中选择一种进行干燥:

悬挂晾干——脱水后,织物以长度方向垂直地面,悬挂在绳子或光滑晾杆上,室温下静止空气中晾干。

滴干——未经脱水的试样,以长度方向垂直地面,悬挂在绳子或光滑晾杆上,室温下静止空气中晾干。

摊平晾干——将试样平铺在水平筛网的干燥架上,去除折皱,使试样平整但不要使其伸长、变形,室温下晾干。

平板压烫——把试样放在平板压烫机上,用手抚平较大的折皱,根据干燥试样的需要,放下压头对试样压烫一个或多个短周期,直至烫干。选择适合的温度,记录所用温度和压力。

翻滚烘干——将试样和陪洗物装入翻滚式干燥机(图 5-11)内,选择烘干档。对于对热敏感的纤维,可使用较低的温度。

烘箱烘燥法——把试样平铺在烘箱(图 5-12)内的筛网上,注意不要使其伸长或变形,烘箱温度设置为 60 ℃±5 ℃,使之烘干。

表 5-14　搅拌型洗衣机——B 型洗衣机的洗涤程序

程序编号	搅拌方式	总装料质量(kg)	洗涤			冲洗液位	脱水时间
			温度(℃)	液位	洗涤时间(min)		
1B	正常	2±1	70±3	满水位	12	满水位	正常
2B	正常	2±1	60±3	满水位	12	满水位	正常
3B	正常	2±1	60±3	满水位	10	满水位	柔和
4B	正常	2±1	50±3	满水位	12	满水位	正常
5B	正常	2±1	50±3	满水位	10	满水位	柔和
6B	正常	2±1	40±3	满水位	12	满水位	正常
7B	正常	2±1	40±3	满水位	10	满水位	柔和
8B	柔和	2±1	40±3	液位	8	满水位	柔和
9B	正常	2±1	30±3	满水位	12	满水位	正常
10B	正常	2±1	30±3	满水位	10	满水位	柔和
11B	柔和	2±1	30±3	满水位	8	满水位	柔和
使用冷水冲洗							

图 5-11　翻滚式干燥机

图 5-12　缩水率烘箱

d. 测量与计算

调湿后，将试样以无张力状态水平平铺在台面上，在不施加任何张力的情况下，用缩水尺直接量取缩水率；或用刻度尺量取试样经、纬向 3 对标记间的长度(精确到 1 mm)，然后分别取平均值代入下式，计算出织物的缩水率：

$$缩水率=\frac{洗涤前经(纬)向长度-洗涤后经(纬)向长度}{洗涤前经(纬)向长度}\times100\%$$

2. 浸渍缩水法

(1) 实验仪器与材料

刻度尺、缝纫线、润湿剂、毛巾、笔、织物等。

(2) 测试原理

浸渍缩水法通常用于不宜剧烈洗涤的纺织品。洗涤之前，在试样上标记尺寸，通过测量洗涤前后标记的尺寸变化来判断测试样的缩水情况。

(3) 测试方法

① 将调湿后的试样无张力地放在 600 mm×600 mm×6 mm 的一块玻璃上。

② 把同样规格的另一块玻璃覆盖在试样上。

③ 测量每对标记间的距离，精确到 1 mm。

④ 将测量后的试样以自然状态浸在温度为 15～20 ℃的水中 2 h，液面高出试样至少 25 mm，水中加 0.5 g/L 高效润湿剂。水为软水或硬度不超过 5/100 000 碳酸钙的硬水。

⑤ 取出试样，把试样的四角向中央折叠，并移至毛巾上，将另一块毛巾覆盖在试样上，轻压以去除多余水分。

⑥ 将试样在 20 ℃±5 ℃的条件下干燥。

⑦ 将干燥后试样在标准大气条件下调湿，达到平衡后，再次测量每对标记间的距离。

(4) 结果计算

$$缩水率=\frac{浸水前经(纬)向长度-浸水后经(纬)向长度}{浸水前经(纬)向长度}\times100\%$$

(三) 蒸汽收缩率测试

1. 实验仪器与材料

套筒式汽蒸仪、针线、刻度尺、织物若干。

2. 测试原理

使织物在不受压力的情况下经受蒸汽作用，通过测量汽蒸前后织物的尺寸变化，来反映织物受蒸汽作用的收缩情况。

3. 测试方法

(1) 试样准备

经向和纬向各取4块试样，试样尺寸为长300 mm、宽50 mm。试样上不应有明显疵点。试样经预调湿(温度不超过50 ℃，相对湿度10%～25%)4 h后，放置在标准大气(温度20 ℃±2 ℃，相对湿度65%±2%)中调湿24 h。

(2) 测试步骤

① 在试样上相距250 mm处的两端，对称地各做一个标记。

② 量取标记间的长度为汽蒸前长度，精确到0.5 mm。

③ 蒸汽以70 g/min(允差20%)的速度通过蒸汽圆筒至少1 min，使圆筒预热。如圆筒过冷，可适当延长预热时间。试验时蒸汽阀保持打开状态。

④ 把调湿后的4块试样分别平放在每一层的金属丝支架上，立即放入圆筒内，并保持30 s。

⑤ 从圆筒内移出试样，冷却30 s后再放入圆筒内。试样进出圆筒重复3次。

⑥ 3次循环后把试样放置在光滑平面上冷却。

⑦ 预调湿和调湿后，量取标记间的长度为汽蒸后长度，精确到0.5 mm。

(3) 结果计算

$$\text{汽蒸收缩率}=\frac{\text{汽蒸前长度}-\text{汽蒸后长度}}{\text{汽蒸前长度}}\times 100\%$$

分别计算经、纬向汽蒸收缩率的平均值，并修约至小数点后一位。

三、织物悬垂性及其检测

(一) 悬垂性

织物悬垂性是指由于其自身质量，在下垂时产生的形态特性，是衡量服装外形贴身性的重要指标之一。裙子、窗帘、桌布等织物通常要求具有良好的悬垂性。织物的悬垂性与纤维的种类、纤维的刚柔性和粗细、纱线的捻度、织物的密度和组织结构等因素密切相关。

织物悬垂性的测试有感官评定和仪器评定两种方法，通常采用后者。将一定面积的圆形布样(图5-13中1)放在试样夹持盘(图5-13中2)上，使试样中心与夹持盘中心重合，试样因自身质量沿圆形夹持盘周围下垂，形成悬垂试样(图5-13中3)。

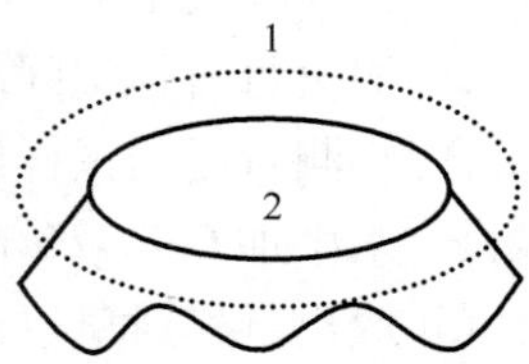

图5-13 织物悬垂性测试示意图

(二) 悬垂性测试

1. 实验仪器与材料

YG811L型织物悬垂性风格测试仪(图5-14)、剪刀、笔、织物等。

2. 测试原理

将悬垂试样投影到白色片材上，用数码照相机获取试样的悬垂图像，从图像中得到有关试样悬垂性的具体定量信息。利用计算机图像处理技术得到悬垂系数、悬垂波数等相关指标。通常，织物的悬垂性用悬垂系数 F 进行衡量。悬垂系数是指试样下垂部分的投影面积与原面积之比：

$$F=\frac{S_3-S_2}{S_1-S_2}\times 100\%$$

式中：F——悬垂系数；

S_3——试样投影面积；

S_2——夹持盘面积；

S_1——试样面积。

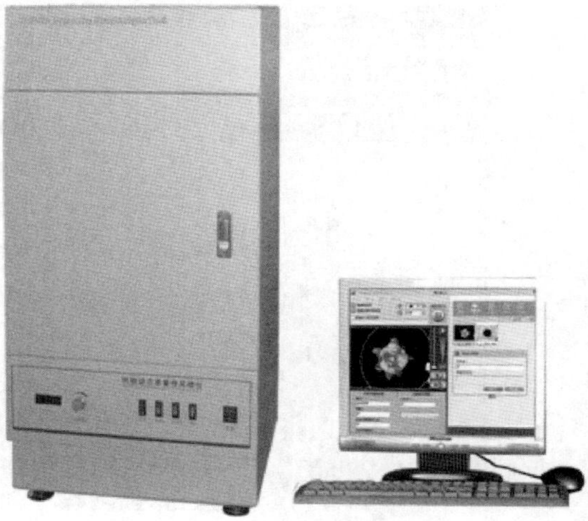

图 5-14　YG811L 型织物悬垂性风格测试仪

悬垂系数越大，织物越硬挺，悬垂性越差；反之，织物悬垂系数越小，悬垂性越好。通过悬垂波数、波幅等，可更加全面地了解织物的悬垂性能。

3. 测试方法

(1) 试样准备

准备直径为 24 cm 的试样 3 块，织物表面无折痕。在每块圆形试样的中间开一个直径为 4 mm 的小孔。每块试样的两面分别标记 a 和 b。

(2) 测试步骤

① 点击“新建”按钮新建试验，将试样的 a 面朝上，放在下夹持盘上，使定位柱穿过试样中心的小孔，将上夹持盘放在试样上。

② 从上夹持盘放到试样上起，开始计时。30 s 后，用数码相机拍下试样的投影图像。点击“图像”菜单中“获取图像”按钮下的“实时采集”。点击“直接拍摄”按钮显示“remote capture Dc”对话框。在弹出的对话框中点击“松开快门”拍摄一静态图像(图 5-15)，并得到织物的投影(图 5-16)。

图 5-15　织物静态图像

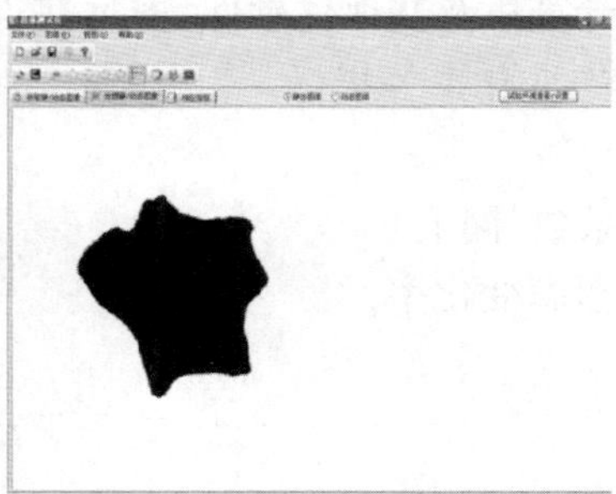

图 5-16　织物投影

③ 用计算机处理软件得到悬垂系数、悬垂波数、波幅等指标(图 5-17)。

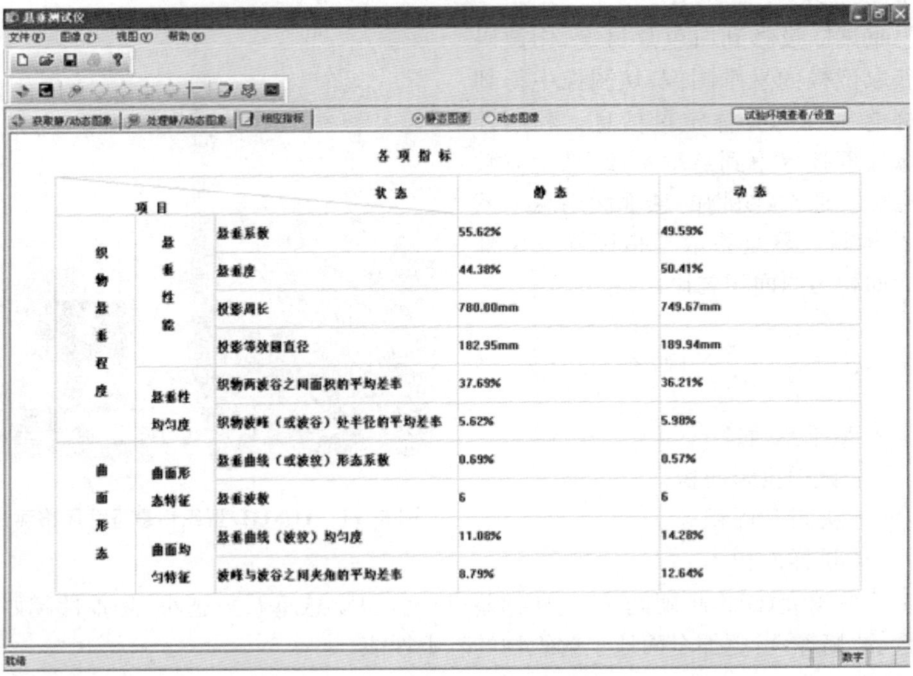

各项指标

项目		状态	静态	动态
织物悬垂程度	悬垂性能	悬垂系数	55.62%	49.59%
		悬垂度	44.38%	50.41%
		投影周长	780.00mm	749.67mm
		投影等效圆直径	182.95mm	189.94mm
	悬垂性均匀度	织物两波谷之间面积的平均差率	37.69%	36.21%
		织物波峰（或波谷）处半径的平均差率	5.62%	5.98%
曲面形态	曲面形态特征	悬垂曲线（或波纹）形态系数	0.69%	0.57%
		悬垂波数	6	6
	曲面均匀特征	悬垂曲线（波纹）均匀度	11.08%	14.28%
		波峰与波谷之间夹角的平均差率	8.79%	12.64%

图 5-17　悬垂性测试相关指标

④ 将上述试样的 b 面朝上，重复上述测试步骤。

⑤ 拍摄完毕，关闭“remote capture DC”对话框。点击“相应指标”查看相应指标。

⑥ 计算各试样 a 和 b 两面的悬垂系数的平均值，计算样品悬垂系数的总平均值。

也可测试织物的动态悬垂性，更全面地了解织物的悬垂性能，步骤如下：

① 打开动静开关，以 100 r/min 的转速旋转试样，45 s 后停止。

② 当试样停止旋转时，用秒表开始计时，经过 30 s 后，用数码相机拍下试样的静态悬垂图像。

③ 再次开启动静开关，以 50～150 r/min 的转速旋转试样，当试样旋转状态稳定后，用数码相机拍下其动态旋转时的图像。

④ 利用计算机及其评估软件，根据获得的图像得出试样的动态和静态悬垂系数、悬垂波数、悬垂形态变化率等指标。

⑤ 结果计算

a. 悬垂系数(同上)

b. 悬垂形态变化率

$$L = \frac{|D_s - D_m|}{D_s} \times 100\%$$

式中：L——悬垂形态变化率；

D_s——静态悬垂系数；

D_m——动态悬垂系数。

四、织物的起毛起球性及其检测

(一) 织物的起毛起球性

织物在加工或服用过程中，不断受到各种外力和外界的摩擦作用，纤维端或丝环伸出织物表面形成茸毛，茸毛如不易被磨断而纠缠在一起，就会在织物表面形成许多小球粒。这就是织物的起毛起球现象。织物起毛起球现象的产生，严重影响了织物的外观，降低了织物的使用价值。棉、麻、黏胶纤维织物几乎没有起毛起球现象，毛织物有起毛起球现象，锦纶、涤纶、腈纶等织物的起毛起球现象较为严重。织物起毛起球过程可分为三个阶段：起毛、纠缠成球、部分毛球脱落。影响织物起毛起球的主要因素有纤维性质、纱线的结构和织物的结构等。

(二) 织物起毛起球性测试

测试织物起毛起球性的方法有圆轨迹法、改型马丁代尔法、起球箱法和随机翻滚法四种，具体参见 GB/T 4802《纺织品　织物起毛起球性能的测定》。

1. 圆轨迹法

(1) 实验仪器与材料

YG502 型圆轨迹起球仪(图 5-18)、泡沫塑料垫片、磨料、裁样器、评级箱、织物等。

(2) 测试原理

试样在一定压力的重锤作用下，以圆周运动轨迹进行运动。按照规定方法和试验参数，采用尼龙刷和织物磨料或仅用织物磨料，使试样表面摩擦起毛起球。最后，在规定光照条件下，对起毛起球性能进行视觉描述评定。

图 5-18　YG502 型圆轨迹起球仪

(3) 测试方法

① 试样准备

在离布边 100 mm 以上的部分随机剪取试样，在试验用标准大气条件下，经预调湿、调湿，进行测试。用裁样器裁取直径为 113 mm±0.5 mm 的试样 5 块。在每块试样上标记织物反面。当试样没有明显正反面时，对两面进行测试。另剪取 1 块评级所需的对比样，尺寸同试样。

② 测试步骤

a. 分别将泡沫塑料垫片、试样和织物磨料装在试验夹头和磨台上，试样应正面朝外。

b. 根据试样类型，按表 5-15 选取试验参数进行试验。

表 5-15　圆轨迹法试验参数及适用织物类型

参数类别	加压压力(cN)	起毛次数	起球次数	适用织物类型
A	590	150	150	工作服面料、运动服面料、紧密厚重织物等
B	590	50	50	合纤长丝外衣织物等
C	490	30	50	军需服(精梳混纺)面料等
D	490	10	50	化纤混纺、交织织物等

（续　表）

参数类别	加压压力(cN)	起毛次数	起球次数	适用织物类型
E	780	0	600	精纺毛织物、轻起绒织物、短纤维纬编针织物、内衣面料等
F	490	0	50	粗纺毛织物、绒类织物、松结构织物等

c. 抬起工位座板并转动，使毛刷位于上磨头的下方(若无需起毛，这一步省略)。

d. 按"启动"按钮起毛，起毛结束，仪器自停。

e. 抬起工位座板并转动，使磨料织物位于上磨头的下方。

f. 按"启动"按钮起球，直到仪器自停。

g. 取下试样准备评级，注意不要使试样面受到外界影响。

h. 沿织物经(纵)向，将1块已测试样和未测试样并排放置在评级箱的试样板的中间，已测试样放在左边，未测试样放在右边。从试样的前方直接观察每一块试样进行评级。根据表5-16列出的视觉描述，对每块试样进行评级，如介于两级之间，记录半级。

表5-16　视觉描述评级

级数	状态描述
5	无变化
4	表面轻微起毛和(或)轻微起球
3	表面中度起毛和(或)中度起球，不同大小和密度的球覆盖试样的部分表面
2	表面明显起毛和(或)起球，不同大小和密度的球覆盖试样的大部分表面
1	表面严重起毛和(或)起球，不同大小和密度的球覆盖试样的整个表面

i. 记录每块试样的级数，评定结果为所有试样评定等级的平均值，如果平均值不是整数，修约至最近的0.5级。

2. *改型马丁代尔法*

(1) 实验仪器与材料

YG401型织物平磨仪(马丁代尔测试仪)、羊毛织物磨料、机织毛毡、圆形冲样器、评级箱、织物等。

(2) 测试原理

在一定压力下，织物试样以李莎茹图形的轨迹与相同织物或羊毛织物磨料进行摩擦。经规定的摩擦阶段后，采用视觉描述方式评定试样的起毛起球等级。该方法是目前国际羊毛局规定的用来评定精纺或粗纺毛织物起球的标准方法。与圆轨迹法的不同之处在于：摩擦体可以是本身织物或标准磨料(如装饰织物，需采用羊毛织物标准磨料)，摩擦轨迹呈李莎茹曲线，一次性可完成多块试样的测试。

(3) 测试方法

① 试样准备

在离布边100 mm以上的部分随机剪取试样，在试验用标准大气条件下经预调湿、调湿，并进行测试。用裁样器裁取直径为 140 mm 的试样 3 块。另剪取 1 块评级所需的对比样，尺寸同试样。

② 测试步骤

a. 在试样夹具内部中央放入直径为 90 mm±1 mm 的毡垫。将试样正面朝上，放在毡垫上。然后，将试样夹具放置在辅助装置的大头端的凹槽处，保证试样夹具与辅助装置紧密贴合。拧紧试样夹具环到试样夹具上。

b. 重复上述步骤，安装其他试样。

c. 在起球台上放置一块毛毡，将试样或羊毛织物磨料放置在毛毡上，试样或羊毛织物磨料的摩擦面朝上。

d. 放上加压重锤，用固定环固定。

e. 启动仪器，进行测试。到第一个摩擦阶段（表 5-17）时，按要求（同圆轨迹法）进行第一次评定。评定时，不取出试样，不清除试样表面。

f. 评定完成后，将试样夹具按取下的位置重新放置在起球台上，继续进行测试。在每一个摩擦阶段都进行评估，直到达到试验终点。

表 5-17　起球试验分类

类别	纺织品种类	磨料	负荷质量(g)	评定阶段	摩擦次数(次)
1	装饰织物	羊毛织物磨料	415±2	1	500
				2	1 000
				3	2 000
				4	5 000
2[a]	机织物（除装饰织物以外）	机织物本身（面/面）或羊毛织物磨料	415±2	1	125
				2	500
				3	1 000
				4	2 000
				5	5 000
				6	7 000
3[a]	针织物（除装饰织物以外）	针织物本身（面/面）或羊毛织物磨料	155±1	1	125
				2	500
				3	1 000
				4	2 000
				5	5 000
				6	7 000

注：试验表明，通过 7 000 次的连续摩擦后，试验和穿着之间有较好的相关性。因为，2 000 次摩擦后还存在的毛球，经过 7 000 次摩擦后，毛球可能已经被磨掉。

a 对于 2 和 3 类中的织物，起球摩擦次数不低于 2 000 次。在协议的评定阶段观察到的起球级数即使为 4-5 级或以上，也可在 7 000 次之前终止试验（达到规定摩擦次数后，无论起球好坏均可终止试验）。

g. 记录每块试样的级数，评定结果为所有试样评定等级的平均值。如果平均值不是整数，修约至最近的 0.5 级。

3. 起球箱法

(1) 实验仪器与材料

YG511 型箱式起球仪(图 5-19)、聚氨酯载样管、方形冲样器、缝纫机、胶带纸、评级箱、织物等。

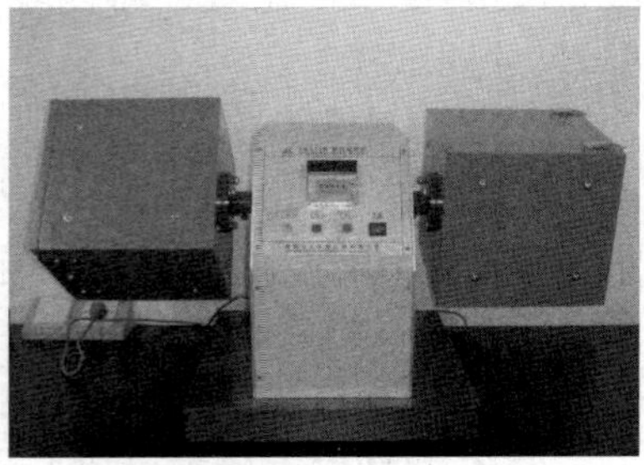

图 5-19 YG511 型箱式起球仪

(2) 测试原理

将一定规格的织物试样缝成筒状,套在聚氨酯载样管上,然后放入具有恒定转速、衬有橡胶软木的起球箱内,开动机器使起球箱转动,试样在起球箱内任意翻转。经过规定的翻转次数后,对起毛和(或)起球性能进行视觉描述评定。

(3) 测试方法

① 试样准备

在离布边 100 mm 以上的部分随机剪取试样,在试验用标准大气条件下,经预调湿、调湿,并进行测试。从样品上剪取 4 块试样,每块试样的尺寸为 125 mm×125 mm。在每块试样上标记反面和纵向。当试样没有明显正反面时,对两面进行测试。另剪取 1 块评级所需的对比样,尺寸同试样。

② 测试步骤

a. 取 2 块试样,每块试样的正面向内折叠,距边 12 mm 缝合,其针迹密度应使接缝均衡,形成试样管,折的方向与试样的纵向一致。另取 2 块试样,分别向内折叠,缝合成试样管,折的方向与试样的横向一致。

b. 将试样管的里面翻出,使试样的正面成为试样管的外面。在试样管的两端各剪 6 mm端口,以去掉缝纫变形。将准备好的试样管装在聚氨酯载样管上,使试样两端距聚氨酯管边缘的距离相等。用 PVC 胶带缠绕每块试样的两端,以固定试样(长度不超过载样管圆周的一圈半)。

c. 清洁起球箱,箱内不得留有任何短纤维或其他影响试验的物质。

d. 把 4 个套好试样的载样管放入起球箱,关紧盖子。

e. 将计数器拨到预置转数。粗纺织物的预置转数为 7 200 r,精纺织物为 14 400 r,或按协议确定。

f. 启动仪器,当计数器达到所需转数后,从起球箱中取出试样,拆去缝合线,展平试样。

g. 按要求(同圆轨迹法)进行评级。根据表 5-16 列出的视觉描述对每块试样进行评级,如介于两级之间,记录半级。

h. 记录每块试样的级数,评定结果为所有试样评定等级的平均值。如果平均值不是整数,修约至最近的 0.5 级。

4. 随机翻滚法

除上述提到的三种起毛起球性测试方法外,还可采用随机翻滚法。准备尺寸为(105 mm±2 mm)×(105 mm±2 mm)的试样 3 块。另剪取 1 块评级所需的对比样,尺寸同试样。将 3 块试样与质量约 25 mg、长度约 6 mm 的灰色短棉,一起放入圆筒状试验仓中随意翻滚摩擦,每个试验仓内放入 1 块试样。盖好试验仓盖,设置试验时间 30 min。启动仪器,打开气流阀。试验结束后取出试样,清除残留的棉絮。在规定光源条件下,按照圆轨迹法相同的要求，对起毛起球性能进行视觉描述评定。

五、织物勾丝性及其检测

(一) 织物勾丝性

织物在加工或服用过程中，遇到粗糙、尖硬物体的刮擦时，织物中的纤维或纱线被尖锐物勾出或勾断后浮在织物表面，形成线圈、纤维圈状、绒毛或其他凹凸不平的疵点，称为勾丝性。织物勾丝主要发生在针织物和涤纶、锦纶等长丝织物中，针织物的勾丝现象比机织物明显。织物勾丝后严重影响了织物的外观效果和内在质量。影响织物勾丝性的主要因素有纤维性状、纱线性状、织物结构和后整理加工等，其中以织物结构的影响最为显著。测定织物勾丝性的仪器有三种类型，即钉锤式、针筒式、方箱式(箱壁上有锯齿条)。

(二) 织物勾丝性测试

1. 实验仪器与材料

YG581 型钉锤式织物勾丝仪(图 5-20)、八个橡胶环、卡尺、划样板、毛毡垫、剪刀、直尺、长丝织物或针织物等。

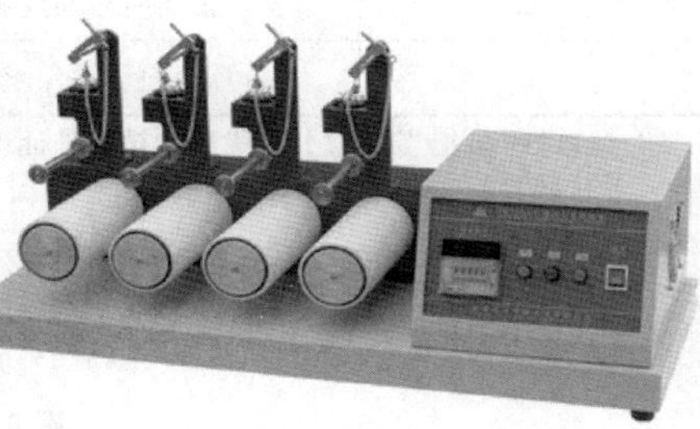

图 5-20 YG581 型钉锤式织物勾丝仪

2. 测试原理

仿照织物实际的勾丝情况，使织物试样在运动中与某些尖锐物体相互作用，从而产生勾丝。测试时，将筒状试样套于转筒上，用链条悬挂的钉锤置于试样表面，当转筒以恒速转动时，钉锤在试样表面随机翻转、跳动，并勾挂试样，试样表面产生勾丝。经过规定的转数后，对织物勾丝性能进行视觉描述评定。具体参见 GB/T 11047《纺织品 织物勾丝性能评定 钉锤法》。

3. 测试方法

(1) 试样准备

一般织物在标准大气条件下至少平衡 24 h，纯涤纶织物至少 2 h。在离布边 1/10 幅宽以上的部分，裁取经(纵)向和纬(横)向试样各 2 块(经向试样的经向与试样短边平行，纬向试样的纬向与试样短边平行)。每块试样的尺寸为 200 mm×330 mm。试样正面相对缝成筒状，其周长与转筒周长相适应。非弹性织物的试样套筒周长为 280 mm，弹性织物(包括伸缩性大的织物)的试样套筒周长为 270 mm。将缝合的筒状试样翻至正面朝外。

(2) 测试步骤

① 设定试验参数。导杆高度离圆筒中心的距离为 100 mm，导杆偏离圆筒中心右方的距离为 25 mm。钉锤中心到导杆中心的链条垂直长度为 45 mm。转筒速度为 60 r/min±2 r/min，试验转数为 600 r。

② 将筒状试样小心地套在转筒上，缝边向两侧展开、摊平；在装放针织物横向试样时，应使其中一块试样的纵行线圈头端向左，另一块向右。

③ 然后用橡胶环固定试样一端，展开折皱，使试样表面圆整，再用橡胶环固定试样另一端。

④ 纵、横向试样应随机装放在转筒上。

⑤ 将钉锤绕过导杆轻放在试样上，并用卡尺设定钉锤位置。

⑥ 启动仪器，钉锤应能自由地在整个转筒上翻转跳动。

⑦ 达到规定的转数后，仪器自停，移去钉锤，取下试样。

⑧ 试样取下后至少放置 4 h 再评级。将试样固定于评定板上，使评级区处于评定板正面。将评定板插入筒状试样，缝线处于背面中心。将试样放入评级箱观察窗内。评级时，根据试样勾丝的密度（不论勾丝长短）按表 5-18 列出的级数进行评级，精确至 0.5 级。

表 5-18　视觉描述评级

级数	状态描述
5	表面无变化
4	表面轻微勾丝和（或）紧纱段
3	表面中度勾丝和（或）紧纱段，不同密度的勾丝（紧纱段）覆盖试样的部分表面
2	表面明显勾丝和（或）紧纱段，不同密度的勾丝（紧纱段）覆盖试样的大部分表面
1	表面严重勾丝和（或）紧纱段，不同密度的勾丝（紧纱段）覆盖试样的整个表面

注：紧纱段，是指当织物中某段纱线被勾挂而形成勾丝，留在织物中的部分则被拉直并明显紧于邻近纱线，从而在勾丝的两端或一侧产生皱纹和条痕。

⑨ 如果试样勾丝中含有中勾丝或长勾丝，应按表 5-19 的规定对所评级别予以顺降。一块试样的中、长勾丝累计顺降最多为 1 级。

表 5-19　中、长勾丝顺降级别

勾丝类别	占全部勾丝的比例	顺降级别/级
中勾丝（长度为 2～10 mm 的勾丝）	≥1/2～3/4	1/4
	≥3/4	1/2
长勾丝（长度≥10 mm 的勾丝）	≥1/4～1/2	1/4
	≥1/2～3/4	1/2
	≥3/4	1

⑩ 分别计算经（纵）向和纬（横）向试样（包括增测的试样）的勾丝级别的算术平均数，修约至最接近的 0.5 级。如果需要，对试样的勾丝性能进行评级，≥4 级表示具有良好的抗勾丝能力，3-4 级表示具有抗勾丝性能，≤3 级表示抗勾丝性能差。

子项目 5-3　纺织面料舒适性检测

任务分析 >>>

不同材料、不同用途的纺织面料，进行舒适性测试时所涉及的测试项目和要求等会有所区别。根据本教材的特点和实际教学的需要，在子项目 5-3“纺织面料舒适性检测”的教学过程中设计了四个学习任务。通过任务驱动，使学生在完成各个任务的过程中，熟悉纺织面料的柔软性、透气性、保温性和透湿性的检测方法。

任务5-3-1 纺织面料柔软性检测

要完成任务5-3-1"纺织面料柔软性检测",需要明确纺织面料的柔软性及其检测方法等相关内容。

一、基本要求

通过对纺织面料的柔软性进行检测,了解纺织面料的柔软性的检测指标及其检测方法,能够熟练地对纺织面料的柔软性进行检测,并能对检测结果进行正确的评价和分析。

二、任务准备

1. 教师布置学习任务,将学生分成若干小组。

2. 根据小组数量,教师准备好所需的面料样品若干,以便学生对该类面料的柔软性进行检测和分析。

3. 在学习本任务的过程中,各小组应首先明确任务,进行小组分工,准备相关材料。通过对本项目中织物柔软性及其检测等相关知识的学习,以及上网查阅资料等,进一步了解和掌握完成本任务所需知识。在任务实施前各小组需明确以下问题:

(1) 什么是纺织面料的柔软性?什么是柔软整理?

(2) 纺织面料的柔软性如何衡量?

(3) 进行柔软性测试时需要用到哪种测试仪器?

(4) 进行柔软性测试时如何准备测试样?

(5) 柔软性测试结果如何评定?

(6) 任务实施过程中还有哪些需要注意的地方?

三、实施内容

学生分组完成柔软性检测任务,及时进行观察和记录。具体包括:

1. 确定柔软性的测试方法。

2. 进行测试的准备工作,如测试样的准备、测试仪器的调试等。

3. 正确使用织物硬挺度仪对织物的柔软性进行测试。

4. 对所测织物的柔软性进行正确评定。

四、实施后记

1. 学生整理实验结果,按要求完成学习任务报告的撰写。

2. 教师进行点评,总结本次任务的完成情况,形成任务总结。

任务5-3-2 纺织面料透气性检测

要完成任务5-3-2"纺织面料透气性检测",需要明确纺织面料的透气性及其检测方法等相关内容。

一、基本要求

通过对纺织面料的透气性进行检测，了解纺织面料的透气性的检测指标及其检测方法，能够熟练地对纺织面料的透气性进行检测，并能对检测结果进行正确的评价和分析。

二、任务准备

1. 教师布置学习任务，将学生分成若干小组。

2. 根据小组数量，教师准备好所需的面料样品若干，以便学生对该类面料的透气性进行检测和分析。

3. 在学习本任务的过程中，各小组应首先明确任务，进行小组分工，准备相关材料。通过对本项目中织物透气性及其检测等相关知识的学习，以及上网查阅资料等，进一步了解和掌握完成本任务所需知识。在任务实施前各小组需明确以下问题：

(1) 什么是纺织面料的透气性？
(2) 衡量纺织面料透气性的指标是什么？
(3) 进行透气性测试时需要用到哪种测试仪器？
(4) 进行透气性测试时如何准备测试样？
(5) 透气性测试结果如何评定？
(6) 任务实施过程中还有哪些需要注意的地方？

三、实施内容

学生分组完成透气性检测任务，及时进行观察和记录。具体包括：

1. 确定透气性的测试方法。
2. 进行测试的准备工作，如测试样的准备、测试仪器的调试等。
3. 正确使用织物透气量仪对织物的透气性进行测试。
4. 对所测织物的透气性进行正确评定。

四、实施后记

1. 学生整理实验结果，按要求完成学习任务报告的撰写。
2. 教师进行点评，总结本次任务的完成情况，形成任务总结。

任务5-3-3　纺织面料保温性检测

要完成任务5-3-3“纺织面料保温性检测”，需要明确纺织面料的保温性及其检测方法等相关内容。

一、基本要求

通过对纺织面料的保温性进行检测，了解纺织面料的保温性的检测指标及其检测方法，能够熟练地对纺织面料的保温性进行检测，并能对检测结果进行正确的评价和分析。

二、任务准备

1. 教师布置学习任务，将学生分成若干小组。

2. 根据小组数量，教师准备好所需的面料样品若干，以便学生对该类面料的保温性进行检测和分析。

3. 在学习本任务的过程中，各小组应首先明确任务，进行小组分工，准备相关材料。通过对本项目中织物保温性及其检测等相关知识的学习，以及上网查阅资料等，进一步了解和掌握完成本任务所需知识。在任务实施前各小组需明确以下问题：

(1) 什么是纺织面料的保温性？

(2) 衡量纺织面料保温性的指标是什么？

(3) 进行保温性测试时需要用到哪种测试仪器？

(4) 进行保温性测试时如何准备测试样？

(5) 保温性测试结果如何评定？

(6) 任务实施过程中还有哪些需要注意的地方？

三、实施内容

学生分组完成保温性检测任务，及时进行观察和记录。具体包括：

1. 确定保温性的测试方法。
2. 进行测试的准备工作，如测试样的准备、测试仪器的调试等。
3. 正确使用织物保温性测试仪对织物的保温性进行测试。
4. 对所测织物的保温性进行正确评定。

四、实施后记

1. 学生整理实验结果，按要求完成学习任务报告的撰写。
2. 教师进行点评，总结本次任务的完成情况，形成任务总结。

任务 5-3-4　纺织面料透湿性检测

要完成任务 5-3-4“纺织面料透湿性检测”，需要明确纺织面料的透湿性及其检测方法等相关内容。

一、基本要求

通过对纺织面料的透湿性进行检测，了解纺织面料的透湿性的检测指标及其检测方法，能够熟练地对纺织面料的透湿性进行检测，并能对检测结果进行正确的评价和分析。

二、任务准备

1. 教师布置学习任务，将学生分成若干小组。

2. 根据小组数量，教师准备好普通面料、涂层面料、防水透湿面料等所需的面料样品若干，以便学生对这类面料的透湿性进行检测和分析。

3．在学习本任务的过程中，各小组应首先明确任务，进行小组分工，准备相关材料。通过对本项目中织物透湿性及其检测等相关知识的学习，以及上网查阅资料等，进一步了解和掌握完成本任务所需知识。在任务实施前各小组需明确以下问题：

（1）什么是纺织面料的透湿性？

（2）衡量纺织面料透湿性的指标是什么？

（3）进行透湿性测试时需要用到哪种测试仪器？

（4）纺织面料透湿性有哪些检测方法？如何进行选择？

（5）进行透湿性测试时如何准备测试样？

（6）透湿性测试结果如何评定？

（7）任务实施过程中还有哪些需要注意的地方？

三、实施内容

学生分组完成透湿性检测任务，及时进行观察和记录。具体包括：

1．确定透湿性的测试方法。

2．进行测试的准备工作，如测试样的准备、测试仪器的调试等。

3．根据选定的方法，正确使用织物透湿量仪对织物的透湿性进行测试。

4．对所测织物的透湿性进行正确评定。

四、实施后记

1．学生整理实验结果，按要求完成学习任务报告的撰写。

2．教师进行点评，总结本次任务的完成情况，形成任务总结。

知识准备 >>>

一、织物柔软性及其检测

（一）织物柔软性

纺织品在经过一系列的染整加工后，其手感会受到不同程度的影响，所以一般情况下都要进行适当的柔软处理，以提高织物的平滑性，改善手感，提高服用性能。同时应注意，在进行柔软整理后，尽量不降低织物的白度和染色牢度，且对人体皮肤无不良影响。

（二）柔软整理

所谓柔软整理，就是用柔软剂处理织物，使柔软剂在织物表面形成一层保护膜，降低织物中组分间的摩擦和人体与织物间的摩擦，从而起到柔软、平滑的作用。

1．柔软整理剂

柔软剂是染整助剂中品种最多、用量最大的一类助剂。通过柔软剂来调节纤维与纤维之间或纤维与人体之间的摩擦力，从而获得较好的柔软效果。摩擦力的大小可以用摩擦系数（μ）来表示，有静摩擦系数和动摩擦系数之分。在整理液中加入柔软剂进行处理，降低了纤维与纤维间的动、静摩擦系数，从而起到柔软、平滑作用。

目前最常用的柔软剂主要有表面活性剂类和有机硅类。

(1) 表面活性剂类

表面活性剂类柔软剂一般均有较好的柔软作用,不仅品种多,而且用量较大。因为其结构中有碳氢长链,能无规则卷曲,形成分子的柔曲性,柔曲的分子吸附在纤维表面起到润滑的作用,降低了纤维与纤维间的动、静摩擦系数。根据表面活性剂的离子性,又可分为:阴离子型柔软剂,如无机酸酯盐、磺化琥珀酸酯等;阳离子型柔软剂,如叔胺类、季铵盐类、咪唑啉季铵盐类等,是目前使用较为广泛的一类柔软剂,其柔软效果好,具有一定的耐洗性,还能赋予合成纤维织物较好的抗静电性能,但不能与阴离子助剂同浴使用;非离子型柔软剂,如聚氧乙烯醚类、失水山梨醇的脂肪酸酯类等,因为不带电,所以吸附性、耐洗性较差,但和其他助剂的相容性好;两性型柔软剂,如烷基胺内酯型结构。

(2) 有机硅类

有机硅柔软剂的发展很快,品种越来越多,应用也越来越广泛。有机硅类柔软剂是聚硅氧烷及其衍生物的乳液或微乳液,能使织物具有良好的柔软和平滑性。因为聚硅氧烷主链是很易挠曲的螺旋状直链结构,可以360°自由旋转,旋转所需的能量几乎为零,不仅能降低纤维与纤维间的动、静摩擦系数,又能降低纤维的表面张力,是纺织品柔软剂的理想材料。其主要品种有:二甲基硅油,是应用最早的产品之一;羟基硅油,是聚二甲基硅氧烷的两端被羟基取代后的产品,其柔软性和滑爽感好,具有耐洗性,是应用较为广泛的一类有机硅柔软剂;各类改性硅油,如环氧基改性的聚硅氧烷,具有较好的耐洗性,能与各种助剂混合使用。氨基改性硅油是近年来发展最快的柔软剂品种,是在聚硅氧烷的大分子链上引入氨基而形成的,柔软性、弹性、耐洗性都很好,适用于棉、毛、涤纶、锦纶、腈纶等各种纤维及其混纺织物,但引入的氨基含量过高会使织物易泛黄。当然,每一种柔软剂所具有的性能总是有限的,可以将两种或更多的柔软剂复配使用,以获得更好的效果。

2. 柔软整理工艺

柔软整理主要有浸轧法和浸渍法。

浸轧法用于织物的柔软整理,通常在织物进行拉幅定形的时候进行,可用于大批量连续化生产。将柔软剂配制成一定浓度的整理液,放在热风拉幅定形机的浸轧槽中,织物经过浸轧,进行热风干燥和拉幅,柔软整理与拉幅整理同时完成。若在整理液中加入增白剂,则柔软和增白也可同时进行。以纯棉织物的柔软整理为例:

工艺流程:浸轧整理液(柔软剂25 g/L,二浸二轧,30~40 ℃,轧余率70%~80%,车速40~45 m/min)→预烘(100~110 ℃)→ 拉幅烘干(150~160 ℃)→冷却→落布。

浸渍法属于间歇式的生产方式,适用于纱线、针织物等的柔软整理。除专门进行柔软整理外,柔软还可与染色(浴中柔软)工序同时进行。浸渍法一般在筒纱染色机、溢流染色机内进行,以棉针织物的柔软处理为例:

工艺处方和条件:柔软剂0.8%,浴比1∶10,温度50 ℃,处理时间20 min。处理完成后脱水,用松式热风烘干即可。

(三) 柔软性检测

柔软剂柔软效果的测定可采用心形法和硬挺度法。

1. 心形法

(1) 实验仪器与材料

心形法测定装置(图5-21)、织物、剪刀、刻度尺等。

(2) 测试方法

① 试样准备。从待测织物上分别裁取 2 cm×25 cm的经、纬向试样各 10 块。两端各在 2.5 cm 处做标记,试样有效部分为 20 cm。

② 在标记处将试样两端用水平夹持器夹牢,形成的心形环平面垂直于悬吊织物的平板条。其安装如图 5-21 所示。

③ 1 min 后测量水平平板条顶部至心形环最低处的距离 L(mm),表示织物的柔软性。L 称为悬重高度,又称柔软度。

④ 试样的经、纬向及其正、反面各测 5 次,用经、纬向的平均值表示。测量值 L 大,表示织物柔软性较好;反之,则较差。

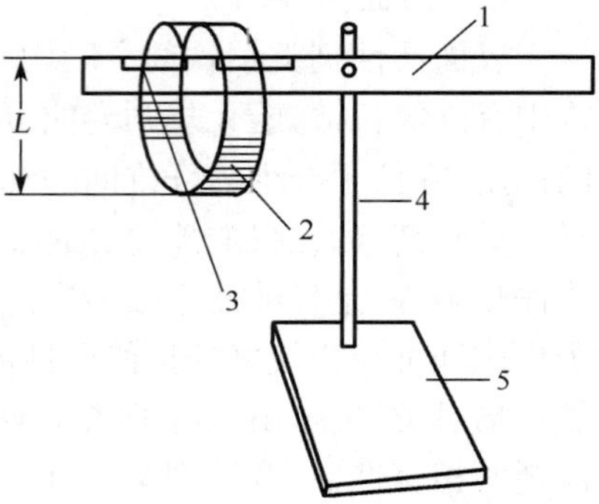

图 5-21 心形法测定装置

1—板条 2—试样条 3—水平夹持器
4—支撑架 5—金属底座

2. *硬挺度法*

(1) 实验仪器与材料

FY207 型全自动织物硬挺度仪(图 5-22)、剪刀、刻度尺、待测织物等。

(2) 测试原理

柔软度也可用测试硬挺度的方法进行。硬挺度与柔软度为倒数关系,即弯曲长度越短,表示柔软性越好;反之,则较差。

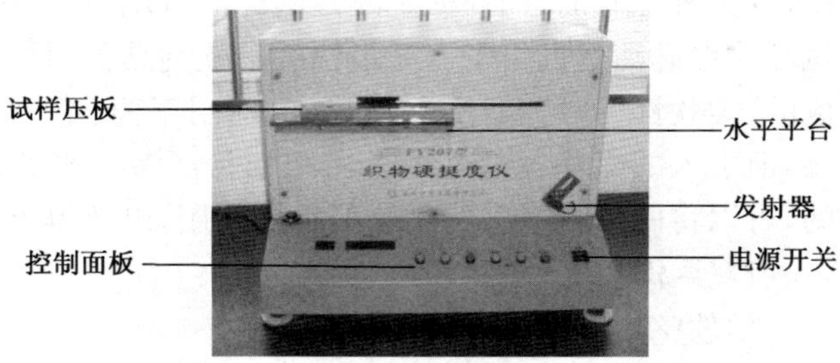

图 5-22 FY207 型全自动织物硬挺度仪

(3) 测试方法

① 试样准备。将试样裁剪成尺寸为 25 mm×250 mm,经纬各 6 块。

② 接通电源,打开电源开关。

③ 确定试样处于初始位置。若未处于初始位置,可按"退/→"键。

④ 调整仪器的测试角度,发射器上方有三条线,从上至下分别为41.5°、43°、45°。可通过调整发射器的紧固螺丝来调整发射器的位置,使发射器架的上面的一条边与所选角度的线重合即可。

⑤ 按"↑↓/+"键,将试样压板抬起,把试样放在水平平台上,一端与平台的右端对齐;然后按"↑↓/+"键,使试样压板放下,压在水平平台上。

⑥ 按"进/打印"键,仪器开始工作,试样压板向右推进,试样因自身质量而下垂,当下垂到测量角度时,仪器检测到信号而停止测试,并返回初始位置。此时距离显示屏显示试样的伸出长度。

⑦ 更换试样,继续试验。测试完毕,可按检索键检索测试结果。

⑧ 测试结束,关闭电源开关。

⑨ 结果计算

a. 弯曲长度:伸出长度的一半。每一端的正反面各测 1 次,共 4 次,取平均值。

b. 抗弯刚度：

$$G = m \times C^3 \times 10^{-3}$$

式中：G——试样的抗弯刚度（mN·cm）；

m——试样的面密度（g/m²）；

C——试样的平均弯曲长度（cm）。

二、织物透气性及其检测

(一) 织物透气性

织物透气性是指空气透过织物的性能，通常指织物在两面存在压差的情况下透过空气的性能。即在规定试验面积、压降和时间条件下，气流垂直通过试样的速率，以"mm/s"或"m/s"为单位。织物透气性一般用织物透气量仪进行测定，其原理是在规定的压差条件下，测定一定时间内垂直通过试样给定面积的气流流量，计算出透气率。

(二) 透气性检测

1. 实验仪器与材料

YG461A 型数字式织物透气量仪（图 5-23）、剪刀、各类织物。

2. 测试原理

按规定的方法和试验参数，将试样夹持在织物透气量仪的进气孔上；然后调节风机速度，使织物两面达到规定的压差；再根据喷嘴孔径和两侧压差，测定织物的透气量。透气率指织物两面在规定的压差下，单位时间内垂直流过织物单位面积的气流量，单位为"mm/s"。

图 5-23　YG461A 型数字式织物透气量仪

3. 测试方法

(1) 试样准备

从布匹中剪取长度至少为 1 m 的整幅织物作为试验样品。应在距布端 3 m 以上的部位随机选取，并且不能有折皱或明显疵点。

(2) 试验准备

调节仪器水平，检查透气量仪各连接环节的紧密性和气密性。

(3) 测试步骤

① 选择适合样品的喷嘴、试验面积（一般使用 20 cm²）和压降，设定参数并校正、清零。服用织物压降为100 Pa，产业用织物压降为 200 Pa。如上述压降达不到或不适用，经有关各方协商后可选用50 Pa或 500 Pa，也可选用 5 cm²，50 cm²或 100 cm²的试验面积（如使用其他试验面积，应在报告中说明）。如要对试验结果进行比较，应采用相同的试验面积和压降。

② 选择试样定值圈，并安装在试验台上；选择喷嘴，并安装在气流量筒内。

③ 接通仪器电源。

④ 按"设定"键，喷嘴号数显示屏左上角的提示灯亮，进行喷嘴代号的设定。再按"设定"

键，透气率/压差显示屏左上角的提示灯亮，进行试样面积的设定。再按“设定”键，试样压差显示屏左上角的提示灯亮，进行试样两面压降的设定。再按“设定”键，退出“设定”状态。

⑤ 将试样放在试验台上，压上绷直压环，扳动压紧手柄，将试样压紧，试样装夹妥当后，按“启动”键，开始测试（在测试过程中，透气量显示屏显示为试样两面压差，压差显示屏的显示值达到设定值时，试样两面压差应为“600～3 300”，否则需将喷嘴或试样面积进行调整，直至在该范围内，一般情况下调整喷嘴大小）。当压差达到设定的试样两面压降时，透气量/压差显示屏自动显示透气率，仪器自动停止。记录透气率数据。

⑥ 测试结束后，向下按压紧手柄，向内按住手柄上的圆球后，将压紧手柄上提，松开试样压头，更换试样，进行下一块试样的测试。在同样的条件下，在同一样品的不同部位重复测定至少 10 次。记录并计算平均值。

三、织物保温性及其检测

(一) 保温性

织物保持被包覆热体的温度的程度称为保温性，也就是防止人体热量通过织物向较冷的外界移动的性能。研究织物的保温性需要考虑织物的厚度。衡量织物保温性的指标主要有热阻 R_{ct}、克罗值 clo 和热导率 k。

1. 热阻 R_{ct}

试样两面的温差与垂直通过试样的单位面积热流量之比，称为热阻，以“平方米开尔文每瓦（$m^2 \cdot K/W$）”为单位。它表示纺织品处于稳定的温度梯度的条件下，通过规定面积的干热流量。

$$R_{ct} = \frac{(T_m - T_a) \cdot A}{H - \Delta H_c} - R_{ct0}$$

式中：T_m——试验板表面温度；

T_a——气候室空气温度；

A——试验板的面积；

H——提供给测试面板的加热功率；

ΔH_c——热阻测定中加热功率的修正量；

R_{ct0}——空板值。

2. 克罗值 clo

克罗值考虑到人体的生理参数、心理感觉和环境温湿度、风速等条件。在温度为 21 ℃、气流速度不超过 0.1 m/s 的环境条件下（相当于有通风设备的室内正常流速），静坐者感觉舒适时，其所穿服装的隔热值为 1 克罗值（clo）。

$$clo = R_{ct}/0.155$$

3. 热导率 k

试样两面存在单位温差时，通过单位面积、单位厚度的热流量，以“瓦每米开尔文［$W/(m \cdot K)$］”为单位。热导率为热传导、热辐射、热对流的总和，等于单位厚度热阻的倒数。热导率越小，保暖性越好。

$$k = 10^{-3} \cdot d / R_{ct}$$

式中:d——厚度(mm)。

(二) 保温性测试

1. 实验仪器与材料

织物保温性测试仪(图 5-24)、剪刀、织物若干。

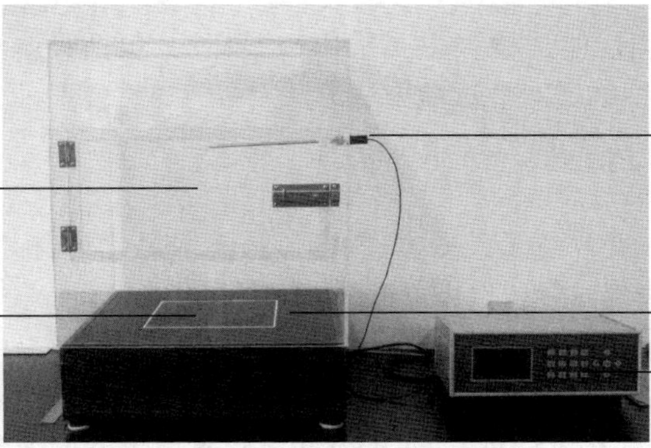

图 5-24　织物保温性测试仪

2. 测试原理

将试样覆盖于电热试验板上。试验板及其周围和底部的热护环(保护板)都能保持相同的恒温,使电热试验板的热量只能通过试样散失。在试验条件达到稳定后,测定通过试样的热流量,计算试样的热阻。从测定试样加空气层的热阻值中减去试验仪器表面空气层的热阻值,即得出所测材料的热阻值。

3. 测试方法

(1) 试样准备

准备调湿后的平整、无折皱、尺寸为 300 mm×300 mm 的试样 3 块。

(2) 测试步骤

① 仪器常数的测定(即空板试验)。调节试验板表面温度 35 ℃,气候室温度 20 ℃,相对湿度 65%±2%,恒定气流 1 m/s。设定完成后运行仪器,待仪器稳定后进行空板试验,测试完成后记录空板值 R_{ct0}。

② 试样放置。将试样平置于试验板上,将通常接触人体皮肤的一面朝向试验板,并将试验板四周全部覆盖。

③ 除步骤①中设定的参数外,输入织物的厚度值。

④ 运行测试仪器,进行有样试验。

⑤ 观察测试进度,待测试进度为 100%时,试验结束。

⑥ 记录热阻值、克罗值和热导率值等数据。

⑦ 重复步骤②~⑥,测定其余试样的相关指标。以 3 块试样的算术平均值作为最终结果。

四、织物透湿性及其检测

(一) 透湿性

透湿性是衡量纺织面料舒适性的一个重要指标。织物的透湿性是指织物透过水蒸气的性能。织物的透湿性关系到面料的吸湿排汗能力。人体除了通过传导、对流和辐射等方式向周围环境散热外，还通过人体皮肤表面汗液的蒸发来散失热量。当人体穿着的服装的透湿性太差时，即意味着出汗时水气不易透过织物陆续排出，会使人觉得黏湿，闷热不舒服。

（二）透湿性测试

国内外对纺织品透湿性能的检测主要采用透湿杯法，包括吸湿法和蒸发法，具体参见 GB/T 12704《纺织品　织物透湿性试验方法》。

1. 吸湿法

(1) 实验仪器与材料

织物透湿量仪（图 5-25）、电子天平、直尺、剪刀、无水氯化钙、标准筛（孔径为 0.63 mm 和孔径为 2.5 mm 各一个）与透湿杯（图 5-26）、干燥器、织物若干。

(2) 测试原理

把盛有干燥剂并封以织物试样的透湿杯放置于规定温度和湿度的密封环境中，根据一定时间内透湿杯（包括试样和干燥剂）质量的变化来计算试样的透湿率和透湿度。

图 5-25　织物透湿量仪

图 5-26　标准筛与透湿杯

(3) 测试方法

① 试样准备。在距布边 1/10 幅宽、距匹端 2 m 以上的部分裁取直径为 70 mm 的试样，每个样品取 3 块试样（也可按有关规定决定试样数）。对两面材质不同的试样，两面各取 3 块试样。试样应无影响测试结果的疵点。

② 测试步骤

a. 设置试验条件：按表 5-20 的规定进行。通常选择编号 1 的试验条件，也可采用其他试验条件。

表 5-20　试验条件

编号	温度(℃)	相对湿度(%)
1	38±2	90±2
2	23±2	50±2
3	20±2	65±2

b. 向清洁、干燥的透湿杯内装入干燥剂约 35 g，并使干燥剂形成一个平面。干燥剂填装高度为距试样下表面 4 mm 左右。

c. 将试样的测试面朝上，放置在透湿杯上，装上垫圈和压环，旋上螺帽，再用乙烯黏胶带从侧面封住压环、垫圈和透湿杯，组成试验组合体。

d. 迅速将试验组合体水平放置在已达到规定试验条件的试验箱内，经过 1h 平衡后取出。

e. 迅速盖上对应杯盖，放在 20 ℃左右的硅胶干燥器中平衡 30 min，按编号逐一称量，称量时精度准确至 0.001 g，每个组合体称量时间不超过 15 s。

f. 除去杯盖，迅速将试验组合体放入试验箱内，经过 1 h 试验后取出，按上述规定称量，每次称量组合体的先后顺序一致。

g. 结果计算（保留三位小数）

透湿率：

$$WVT = \frac{\Delta m}{At}$$

式中：WVT ——透湿率[$g/(m^2 \cdot h)$]；

Δm ——同一试验组合体的两次称量之差(g)；

A——有效试验面积（此处为 0.002 83 m^2）；

t——试验时间(h)。

透湿度：

$$WVP = \frac{WVT}{\Delta P} = \frac{WVT}{P_{CB}(R_1 - R_2)}$$

式中：WVP ——透湿度[$g/(m^2 \cdot Pa \cdot h)$]；

ΔP ——试样两侧的水蒸气压差(Pa)；

P_{CB}——试验温度下饱和水蒸气压力(Pa)；

R_1——试验时试验箱的相对湿度；

R_2——透湿杯内的相对湿度（可按 0%计算）。

2. *蒸发法*

(1) 实验仪器与材料

织物透湿量仪、电子天平、直尺、剪刀、蒸馏水、透湿杯、量筒、织物若干。

(2) 测试原理

把盛有蒸馏水，并封以织物试样的透湿杯放置于规定温度和湿度的密封环境中，根据一定时间内透湿杯（包括试样和水）质量的变化来计算试样的透湿率和透湿度。

(3) 测试方法

① 试样准备：同吸湿法。

② 测试步骤

a. 设置试验条件：按表 5-21 的规定进行。通常选择编号 1 的试验条件，也可采用其他试验条件。

表5-21 试验条件

编号	温度(℃)	相对湿度/%
1	38±2	50±2
2	23±2	50±2
3	20±2	65±2

b. 测试方法选择(正杯法或倒杯法)。

c. 用量筒精确量取与试验条件温度相同的蒸馏水34 mL,注入透湿杯内,水距试样下表面10 mm左右。

d. 将试样的测试面向下,放置在透湿杯上,装上垫圈和压环,旋上螺帽,再用乙烯黏胶带从侧面封住压环、垫圈和透湿杯,组成试验组合体。(若为倒杯法,则将试样的测试面朝上,放置在透湿杯上)

e. 将试验组合体水平放置在已达到规定试验条件的试验箱内,经过1 h平衡后,按编号在箱内逐一称量,称量时精度准确至0.001 g。若在箱外称量,每个试验组合体的称量时间不超过15 s。(若为倒杯法,则将试验组合体倒置后水平放置在试验箱内)

f. 经过1 h试验后,再次按同一顺序称量。

g. 结果计算(保留三位小数)

透湿率:同吸湿法。

透湿度:

$$WVP = \frac{WVT}{\Delta P} = \frac{WVT}{P_{CB}(R_1 - R_2)}$$

式中:WVP ——透湿度[g/(m^2 · Pa · h)];

ΔP ——试样两侧的水蒸气压差(Pa);

P_{CB} ——试验温度下的饱和水蒸气压(Pa);

R_1——试验时试验箱的相对湿度;

R_2——透湿杯内的相对湿度(可按100%计算)。

子项目5-4 纺织面料耐用性检测

任务分析

不同材料、不同用途的纺织面料,在进行耐用性测试时,所涉及的测试项目和要求等会有所区别。根据本教材的特点和实际教学的需要,在子项目5-4"纺织面料耐用性检测"的教学过程中设计了四个学习任务。通过任务驱动,使学生在完成各个任务的过程中,熟悉纺织面料断裂强力、顶破强力、撕破强力、织物耐磨性的检测方法。

任务5-4-1　纺织面料断裂强力检测

要完成任务5-4-1“纺织面料断裂强力检测”，需要明确纺织面料的断裂强力的检测方法等相关内容。

一、基本要求

通过对纺织面料的断裂强力进行检测，了解纺织面料的断裂强力的检测指标及其检测方法，能够熟练地对纺织面料的断裂强力进行检测，并能对检测结果进行正确的评价和分析。

二、任务准备

1. 教师布置学习任务，将学生分成若干小组。
2. 根据小组数量，教师准备好所需的面料样品若干，以便学生对该类面料的断裂强力进行检测和分析。
3. 在学习本任务的过程中，各小组应首先明确任务，进行小组分工，准备相关材料。通过对本项目中织物断裂强力及其检测等相关知识的学习，以及上网查阅资料等，进一步了解和掌握完成本任务所需知识。在任务实施前各小组需明确以下问题：

(1) 什么是断裂强力?
(2) 断裂强力测试的原理是什么?
(3) 进行断裂强力测试时需要用到哪种测试仪器?
(4) 进行断裂强力测试时如何准备测试样?
(5) 进行断裂强力测试时有哪些参数需要设定?
(6) 断裂强力测试结果如何评定?
(7) 任务实施过程中还有哪些需要注意的地方?

三、实施内容

学生分组完成断裂强力检测任务，及时进行观察和记录。具体包括：
1. 确定断裂强力的测试方法。
2. 进行测试的准备工作，如测试样的准备、测试仪器的调试等。
3. 正确使用织物断裂强力测试仪，对织物的断裂强力进行测试。
4. 对所测织物的断裂强力进行正确评定。

四、实施后记

1. 学生整理实验结果，按要求完成学习任务报告的撰写。
2. 教师进行点评，总结本次任务的完成情况，形成任务总结。

任务5-4-2　纺织面料顶破强力检测

要完成任务5-4-2“纺织面料顶破强力检测”，需要明确纺织面料的顶破强力及其检测方法等相关内容。

一、基本要求

通过对纺织面料的顶破强力进行检测，了解纺织面料的顶破强力的检测指标及其检测方法，能够熟练地对纺织面料的顶破强力进行检测，并能对检测结果进行正确的评价和分析。

二、任务准备

1. 教师布置学习任务，将学生分成若干小组。
2. 根据小组数量，教师准备好所需的面料样品若干，以便学生对该类面料的顶破强力进行检测和分析。
3. 在学习本任务的过程中，各小组应首先明确任务，进行小组分工，准备相关材料。通过对本项目中织物顶破强力及其检测等相关知识的学习，以及上网查阅资料等，进一步了解和掌握完成本任务所需知识。在任务实施前各小组需明确以下问题：

(1) 什么是顶破强力？哪些织物比较适合测试顶破强力？
(2) 顶破强力测试的测试方法有哪些？两者在测试原理上有何区别？
(3) 不同的测试方法分别需要用到哪种测试仪器？
(4) 进行顶破强力测试时如何准备测试样？
(5) 顶破强力测试结果如何评定？
(6) 任务实施过程中还有哪些需要注意的地方？

三、实施内容

学生分组完成顶破强力检测任务，及时进行观察和记录。具体包括：

1. 确定顶破强力的测试方法。
2. 进行测试的准备工作，如测试样的准备、测试仪器的调试等。
3. 正确使用选定的织物顶破强力测试仪，对织物的顶破强力进行测试。
4. 对所测织物的顶破强力进行正确评定。

四、实施后记

1. 学生整理实验结果，按要求完成学习任务报告的撰写。
2. 教师进行点评，总结本次任务的完成情况，形成任务总结。

任务 5-4-3　纺织面料撕破强力检测

要完成任务 5-4-3“纺织面料撕破强力检测”，需要明确纺织面料的撕破强力及其检测方法等相关内容。

一、基本要求

通过对纺织面料的撕破强力进行检测，了解纺织面料的撕破强力的检测指标及其检测方法，能够熟练地对纺织面料的撕破强力进行检测，并能对检测结果进行正确的评价和分析。

二、任务准备

1. 教师布置学习任务，将学生分成若干小组。

2. 根据小组数量，教师准备好所需的面料样品若干，以便学生对该类面料的撕破强力进行检测和分析。

3. 在学习本任务的过程中，各小组应首先明确任务，进行小组分工，准备相关材料。通过对本项目中织物撕破强力及其检测等相关知识的学习，以及上网查阅资料等，进一步了解和掌握完成本任务所需知识。在任务实施前各小组需明确以下问题：

(1) 什么是撕破强力？哪些织物需要测定撕破强力？

(2) 撕破强力的测试方法有哪些？准备选择何种方式进行测试？

(3) 进行撕破强力测试时需要用到哪种测试仪器？

(4) 进行撕破强力测试时如何准备测试样？

(5) 撕破强力测试结果如何评定？

(6) 任务实施过程中还有哪些需要注意的地方？

三、实施内容

学生分组完成撕破强力检测任务，及时进行观察和记录。具体包括：

1. 确定撕破强力的测试方法。

2. 进行测试的准备工作，如测试样的准备、测试仪器的调试等。

3. 根据选定的测试方法对织物撕破强力进行测试。

4. 对所测织物的撕破强力进行正确评定。

四、实施后记

1. 学生整理实验结果，按要求完成学习任务报告的撰写。

2. 教师进行点评，总结本次任务的完成情况，形成任务总结。

任务5-4-4　纺织面料耐磨性检测

要完成任务5-4-4“纺织面料耐磨性检测”，需要明确纺织面料的耐磨性及其检测方法等相关内容。

一、基本要求

通过对纺织面料的耐磨性进行检测，了解纺织面料的耐磨性的检测指标及其检测方法，能够熟练地对纺织面料的耐磨性进行检测，并能对检测结果进行正确的评价和分析。

二、任务准备

1. 教师布置学习任务，将学生分成若干小组。

2. 根据小组数量，教师准备好所需的面料样品若干，以便学生对该类面料的耐磨性进行检测和分析。

3. 在学习本任务的过程中，各小组应首先明确任务，进行小组分工，准备相关材料。通过对本项目中织物耐磨性及其检测等相关知识的学习，以及上网查阅资料等，进一步了解和掌握完成本任务所需知识。在任务实施前各小组需明确以下问题：

(1) 什么是耐磨性？

(2) 织物耐磨性的测试方法有哪些？

(3) 进行马丁代尔耐磨性测试时，需要用到哪种测试仪器？

(4) 进行马丁代尔耐磨性测试时，如何准备测试样，如何安装测试样？

(5) 进行马丁代尔耐磨性测试时，如何评定测试结果？

(6) 任务实施过程中还有哪些需要注意的地方？

三、实施内容

学生分组完成耐磨性检测任务，及时进行观察和记录。具体包括：

1. 确定耐磨性的测试方法。
2. 进行测试的准备工作，如测试样的准备、试样的安装、测试仪器的调试等。
3. 正确使用马丁代尔织物耐磨性测试仪，对织物的耐磨性进行测试。
4. 对所测织物的耐磨性进行正确评定。

四、实施后记

1. 学生整理实验结果，按要求完成学习任务报告的撰写。
2. 教师进行点评，总结本次任务的完成情况，形成任务总结。

知识准备 >>>

对于纺织品来说，在其生产加工环节中，有很多地方会使织物强力受损。如进行染整前处理加工时，由于处理过程中工艺不合理或助剂使用不当，会对织物造成一定程度的损伤。通过测定织物处理前后的强力变化，可了解前处理工艺对织物的影响，以确保实施的工艺可以在改善其他性能的同时尽可能地减小强力损失，保证产品质量。另外，在织物进行后整理加工的过程中，也会引起强力下降。如：棉织物进行树脂整理后，织物的服用性能有所增强，但棉纤维的强力和断裂伸长率明显下降；有些织物进行柔软处理，织物强力也会下降。对织物强力进行检测，可以反映织物的耐用性，所以强力是衡量织物内在品质的重要指标之一。通常，所需要检测的织物强力有断裂强力、顶破强力和撕破强力三种。

一、织物断裂强力及其检测

(一) 断裂强力

断裂强力，又称拉伸强力，是指试样拉伸至断裂时所测得的最大拉伸力，是评定纺织品内在质量的主要指标之一，以“牛(N)”为单位，用于评价织物抵抗拉伸破坏的能力。

(二) 断裂强力检测

1. 实验仪器与材料

YG026H 型电子织物强力仪(图 5-27)、机织物若干、夹持器、预加张力等。

2. 测试原理

将规定尺寸的试样，以恒定的伸长速率拉伸直至断裂，记录断裂强力、断裂伸长率等结果。

3. 测试方法

断裂强力的测试常见的有扯边条样法、抓样法、剪切条样法(图5-28)。对于机织物来说，比较多地应用扯边条样法；对于某些不能或不易扯去边纱的织物，如针织物、非织造布、涂层织物等，可采用剪切条样法，但试样宽度必须严格控制，否则对测试结果的影响较大。

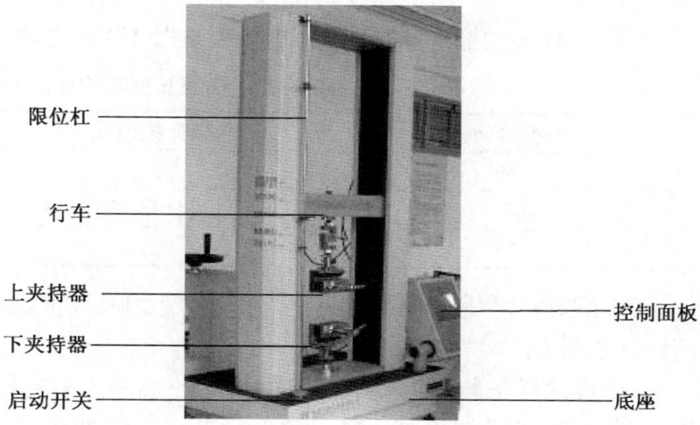

图5-27　YG026H型电子织物强力仪

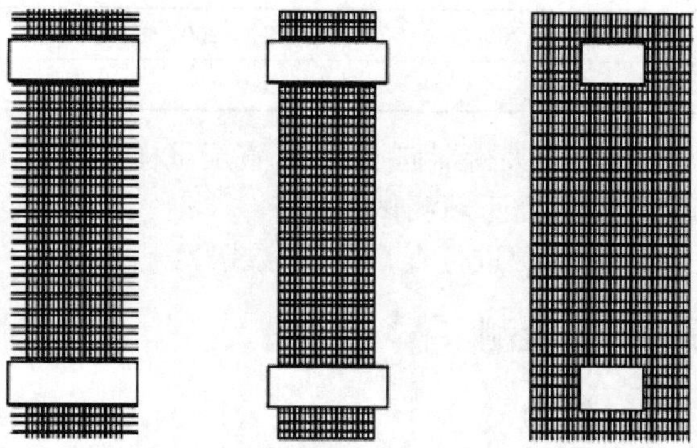

图5-28　织物测试样

(1) 试样准备

取织物若干块，长度约为35 cm、宽为6 cm，扯去边纱制成宽5 cm、长30～33 cm的经向和纬向试样。

(2)测试步骤

① 接通电源，打开电源开关，屏幕显示为开机屏显。按“F4”键，屏幕显示为测试屏显。在该测试界面进行测试，并查看测试数据。

② 按“功能”键进入试验方法选择屏显，通过“F1”“F2”键进行试验方法选择(此处可选择条样法进行测试)，选择完毕，按“确定”键进入参数设定屏显；若测试界面当前所显示的试验方法即为待选的试验方法，即不用更换试验方法，可直接按“设定”键进入参数设定屏显。

③ 移动光标，输入相应参数，输入完毕，按“确认”键进入测试状态屏显(表5-22)。

④ 选择该次试验所需的夹持器，并将其安装在主机上：上夹持器装在传感器的下方，与传感器相连；下夹持器装在底座上。

⑤ 将限位杆上的限位撞块移至试验方法对应的定位孔处并锁紧，调整好夹持距离。

⑥ 设定拉伸和回复速度。按"调速"键进入速度设定屏显，通过"F2""F3"键("←""→"对应键)和数字键输入相应参数，输入后按"F4"键 ("确定"对应键)退出速度设定屏显。

表 5-22　隔距长度与拉伸速度的设定

隔距长度(mm)	织物断裂伸长率(%)	拉伸速度(mm/min)
200	<8	20
200	8～75	100
100	>75	100

⑦ 按"清零"键去皮(上夹持器无任何外力)。如仪器留有上次测试数据，则按"复位"键清除所有数据。

⑧ 将试样条装入夹持器。将试样条一端伸入上夹持器已开启的钳口内，并保持试样与钳口平直，旋动手柄将其夹紧。将试样条另一端伸入下夹持器钳口内，稍稍加力，并在试样下端用预加张力，使试样条均匀平直。预加张力的大小由试样的面密度确定(表 5-23)。旋紧下夹持器，取下预加张力磁铁。

表 5-23　预加张力

试样面密度(g/m^2)	≤200	>200，≤500	>500
预加张力(N)	2	5	10

⑨ 按"启动"键进行测试。上夹持器向上运动，直至试样条断裂。若试样条在夹钳的夹持线或夹钳内断裂，则试验无效，需重新测试。

⑩ 测试完毕，通过"F1""F2"键进行查看，记录数据。

二、织物顶破强力及其检测

(一) 顶破强力

顶破强力，是指织物抵抗集中的垂直于织物平面的负荷作用，直至其破坏的过程中测得的最大力。顶破强力测试通常适用于手套、袜子、鞋面等。对于某些针织物，由于其纵横向变形较大，不太适合用拉伸断裂强力指标，可采用顶破强力进行评价。目前，我国把顶破强力作为考核部分针织物品质的主要指标之一。非织造布、帆布、降落伞用布等，也常将顶破强力作为考核其品质的指标。

(二) 顶破强力检测

测试顶破强力的方法主要有弹子式和气压式两种。

1. 弹子式顶破强力测试

(1) 实验仪器与材料

YG026H 型电子织物强力仪(图 5-29)、针织物若干、圆球形顶杆等。

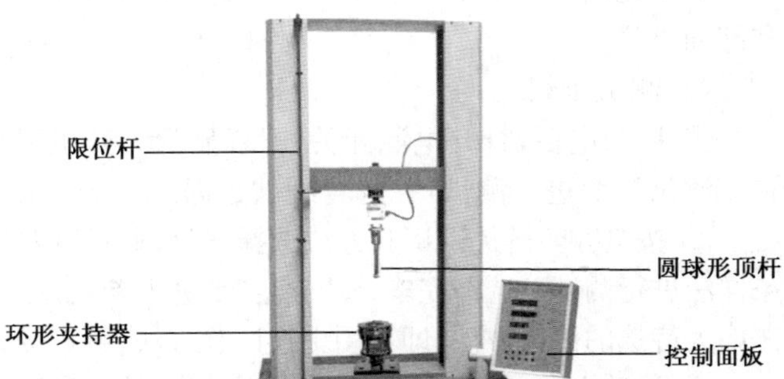

图 5-29　YG026H 型电子织物强力仪

(2) 测试原理

将试样夹持在固定基座的圆环试样夹内，圆球形顶杆以恒定的移动速度垂直地顶向试样，使试样变形直至破坏，测得顶破强力。

(3) 测试方法

① 试样准备。在织物上的不同部位取样，至少5块，试样为圆形试样，直径为6 cm。

② 接通电源，打开电源开关，屏幕显示为开机屏显。按“F4”键，屏幕显示为测试屏显。在该测试界面进行测试，并查看测试数据。

③ 按“功能”键进入试验方法选择屏显，通过“F1”“F2”键进行试验方法选择(此处可选择顶破强力进行测试)，选择完毕，按“确定”键进入参数设定屏显；若测试界面当前所显示的试验方法为待选的试验方法，即不用更换试验方法，可直接按“设定”键进入参数设定屏显。

④ 移动光标，输入相应参数，输入完毕，按“确认”键进入测试状态屏显。

⑤ 选择该次试验所需的圆球形顶杆，并将其安装在主机上。将限位杆上的限位撞块移至试验方法对应的定位孔处并锁紧，调整好夹持距离。

⑥ 设定拉伸和回复速度：按“调速”键进入速度设定屏显，通过“F2”“F3”键(“←”“→”对应键)和数字键输入相应参数(试验方法参照国家标准中规定顶破强力的恒定移动速度为300 mm/min，回复速度自定)，输入后按“F4”键(“确定”对应键)退出速度设定屏显。

⑦ 按“清零”键去皮。如仪器中留有上次测试数据，则按“复位”键清除所有数据。

⑧ 将圆形试样反面朝向顶杆，夹在环形夹具内，然后把环形夹具放在支架上的测试槽中。

⑨ 按“启动”键进行测试。圆球形顶杆以恒定的移动速度下降，顶杆上的钢弹子垂直地顶向试样，使试样变形直至破坏。

⑩ 测试完毕，通过“F1”“F2”键进行查看，记录数据。

2. 弹性膜片法胀破强度测试

弹性膜片法是利用气压或液压使织物胀破，其测试结果比弹子式顶破强力的测试结果稳定，较适用于各向受力均匀的织物，如降落伞、水龙带等。

(1) 实验仪器与材料

织物胀破强力仪(图5-30)、织物若干、剪刀等。

(2) 测试原理

将试样置于弹性膜片上，压缩空气作用于弹性膜片上，直至试样被顶破，测得胀破强度。

(3) 测试方法

① 将圆形试样(直径为30.5 mm或113 mm)置于弹性膜片上，同时被夹持在半球罩和底盘之间。

② 弹性膜片的厚度为0.38～0.53 mm(随试样不同分别选择)，其中央开有气口，气

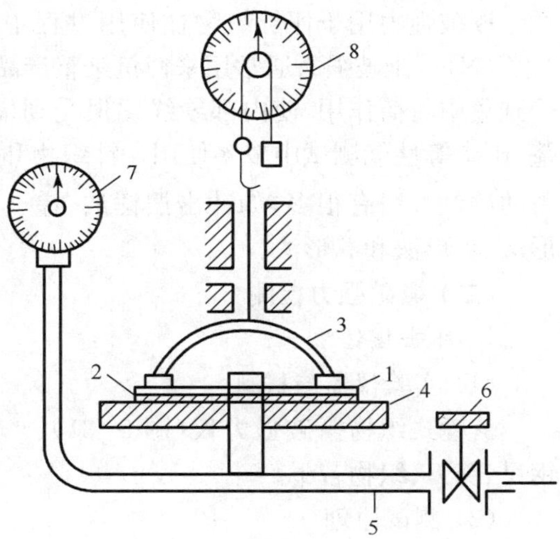

图5-30 织物胀破强力仪

1—圆形试样 2—弹性膜片 3—半球罩 4—底盘 5—空气管道 6—阀门开关 7—强度压力表

口上方再覆盖一块橡皮膜。

③ 试验时，压缩空气经阀门开关进入空气管道，作用于弹性膜片及其所覆盖的橡皮膜和试样上，使试样被顶起。

④ 试样顶破后，空气流可通过气口与其上方的橡皮膜的空隙流出，以保护橡皮膜。同时可由强度压力表读取胀破强度，由顶裂高度压力表可读取胀破扩张度，最后计算试样的胀破强度的平均值。

⑤ 结果计算

a. 胀破强度

$$A = A' - B$$

式中：A——织物胀破强度（kN/m^2）；

A'——实测的织物胀破强度（kN/m^2）；

B——弹力膜片校正系数（kN/m^2）。

弹性膜片校正系数，即用与上述试验相同的气流速度，在没有试样的情况下，用夹具夹住弹性膜片，使膜片膨胀达到上述试样平均顶破高度时所需的压力。

b. 胀破扩张度

指胀破压力下的织物膨胀程度，即试验时试样表面中心的最大高度，单位为"毫米(mm)"。

c. 胀破时间

为织物受力到胀破时所需的时间，单位为"秒(s)"。

三、织物撕破强力及其检测

（一）撕破强力

撕破强力用于评价织物在使用过程中抵抗沿裂口或破损方向撕裂的能力，其单位为"牛"(N)。撕破强力通常用来衡量染整产品的耐用性能。织物在使用过程中边缘某一部位受到集中负荷作用，使内部纱线逐根受到最大负荷而断裂，从而撕成裂缝。撕破强力在帐篷、雨伞等性能测试中较多使用。针织物和机织弹性织物一般不测试该指标。织物撕破强力的测试方法有很多，如冲击摆锤法、梯形法、舌形法和翼形法。

（二）撕破强力检测

1. *冲击摆锤法*

(1) 实验仪器与材料

落锤式织物撕破强力仪（图 5-31）、钢尺、剪刀、织物若干。

图 5-31　落锤式织物撕破强力仪

(2) 测试原理

试样固定在夹具中，把试样切开一个切口，释放处于最大势能位置的摆锤，可动夹具离开固定夹具时，试样沿切口方向被撕裂，把撕破织物一定长度所做的功换算成撕破力。

(3) 测试方法

① 试样准备。距匹端至少 3 m 处，随机剪取长度不小于 1 m 的试样，裁取两组试样，一组为经向，一组为纬向。试样按图 5-32 所示尺寸制作。

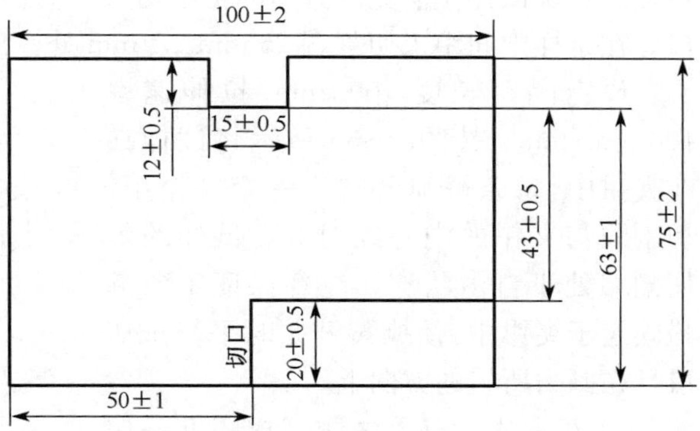

图 5-32　落锤式织物测试样示意图

② 测试步骤

a. 选择摆锤的质量，使试样的测试结果落在相应标尺满量程的 15%～85%范围内。校正仪器的零位，将摆锤升到起始位置。

b. 试样夹在夹具中，使试样长边与夹具的顶边平行，将其底边放至夹具底部，在凹槽对边用小刀切一个 20 mm±0.5 mm 的切口，余下的撕裂长度为 43 mm±0.5 mm。

c. 按下摆锤停止键，放开摆锤。当摆锤回摆时将其握住，以免破坏指针位置。

d. 从测量装置上读取数据。每个方向至少重复试验五次。

e. 计算每个试验方向撕破强力的平均值，保留两位有效数字。

2. 其他测试方法

(1) 梯形法

在试样上画一个梯形，用强力试验仪的夹钳夹住梯形的两条斜边。对试样施加连续增加的力，使撕破沿试样宽度方向传播，测定平均最大撕破力。

经纬向各剪尺寸为(75 mm±1 mm)×(150 mm±2 mm)五块试样(图 5-33)。

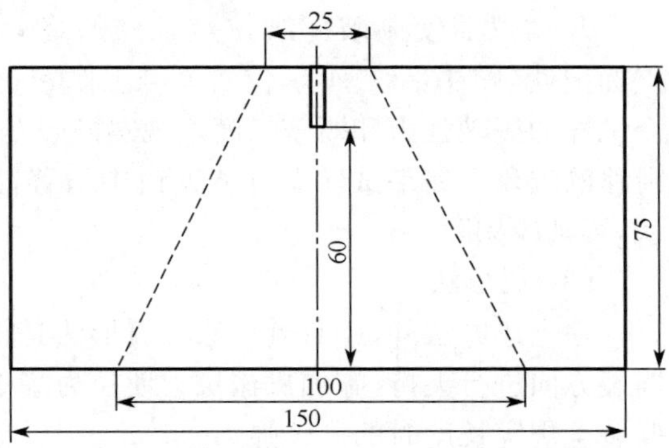

图 5-33　梯形法测试样

设定两夹钳间距离为 25 mm±1 mm，拉伸速度为 100 mm/min，选择适宜的负荷范围，使撕破强力落在满量程的 10%～90%。沿梯形的斜边夹住试样，使切口位于两夹钳中间，梯形短边保持拉紧，长边处于折皱状态。启动仪器，随着下夹钳逐步下降，试样短边处的各根纱线首先相继受力，接着沿切口线向梯形长边方向传播，直至试样全部撕破。

(2) 舌形法

舌形法又分单舌法和双舌法，较为常用的是单舌法。将试样夹入拉伸试验仪，使试样切口线在上下钳之间成直线。开动机器将拉力施于切口方向，记录撕裂到规定长度内的撕破强力。

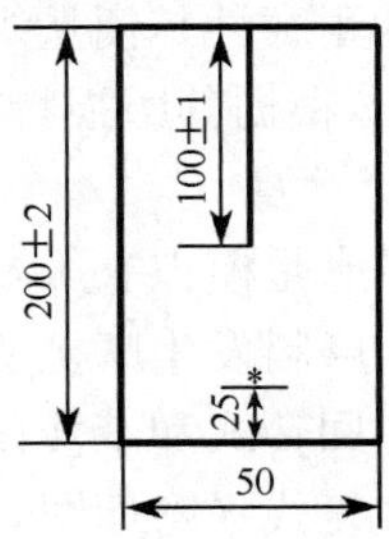

图 5-34　单舌法测试样

① 单舌法。每块样品裁取经向和纬向两组试样，每组试样应至少有五块试样。每两块试样不能含有同一根长度方向或横向的纱线。试样为长 220 mm±2 mm、宽 50 mm±1 mm 的

矩形。每块试样应从宽度方向的正中切开一个长为 100 mm±1 mm、平行于长度方向的裂口。在条样中间距未切割端 25 mm±1 mm 处标出撕裂终点。如图5-34所示。

设定隔距长度 100 mm，拉伸速率 100 mm/min。按图 5-35 所示将试样夹在夹钳中，每条裤腿各夹入一个夹钳中，切割线与夹钳的中心线对齐。试样的未切割端处于自由状态。注意保证每条裤腿固定于夹钳中，使撕裂开始时平行于切口且在撕力所施的方向上。

② 双舌法。双舌法测试样的准备如图 5-36 所示。夹持时，将试样的舌头夹在夹钳的中心且对称，使直线 *bc* 刚好可见。将试样的两长条对称地夹入仪器的移动夹钳中，使直线 *ab* 和 *cd* 刚好可见，并使试样的两长条平行于撕力方向。注意保证每条舌形被固定于夹钳中，使撕裂开始时平行于撕力所施的方向。

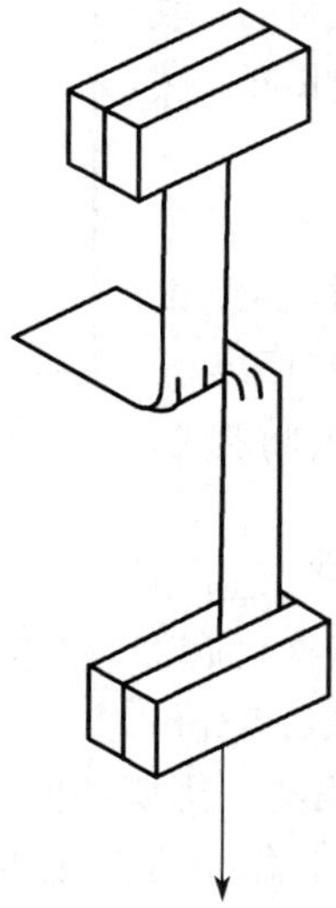

图 5-35 单舌法夹持方式

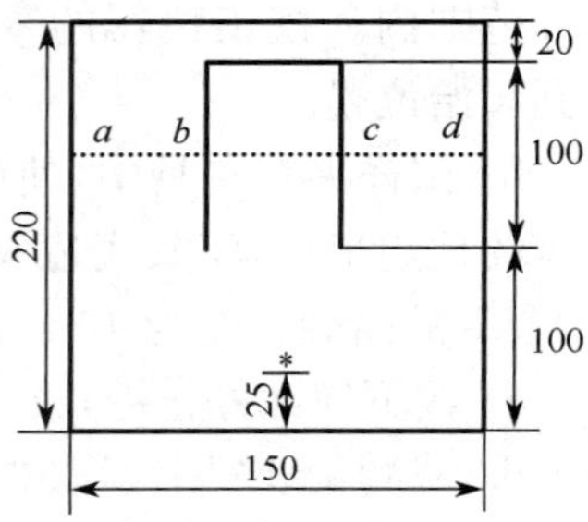

图 5-36 双舌法测试样示意图

开动仪器使撕破持续拉至试样的终点标记处(图中“＊”所示位置)。记录每个试样的撕破强力和撕破长度。观察撕破是否沿施加力的方向进行，是否有纱线从织物中滑移的现象。如果试样没有从夹钳中滑移，且撕裂沿施力方向进行，则此试验结果可被确认，否则应剔除。

(3) 翼形法

除上述方法外，还有翼形法。翼形法是将试样一端剪成两翼特定形状，按两翼倾斜于被撕裂方向进行夹持，施加机械拉力使拉力集中在切口处，使撕裂沿着预想的方向进行。记录撕裂至规定长度时的撕破强力。

四、织物耐磨性及其检测

(一) 织物耐磨性

织物抵抗在穿用过程中与其他物体反复摩擦而引起的损坏现象的能力，称为耐磨性。织物的耐磨性是衡量织物耐用性的重要指标。织物在穿用过程中磨损的方式有很多，也比较复杂，根据其磨损特征，可分为平磨、曲磨、折边磨、翻滚磨等。

1. 平磨

平磨是模拟衣服袖部、臀部、袜底等处的磨损状态，是将试样平放在一定的接触面和压力下与磨料发生摩擦所受到的磨损。织物平磨仪根据织物的摩擦轨迹，可分为直线往复式、圆轨迹回转式和李莎茹轨迹的马丁代尔式。

往复式平磨如图 5-37 所示。试样平铺于工作台上，用夹头夹紧，包有砂纸的压块压在试样上，工作台往复运动使织物磨损。回转式平磨(图 5-38)是将试样由夹持环夹紧在可回转的工作圆盘上，一对小砂轮作为磨料，由工作圆盘的主动回转来带动两个砂轮被动滚动，对织物的磨损作用较往复式磨料的主动摩擦相对缓和，最后以规定的磨损特征为试验终点，记录摩擦转数。

我国和国际羊毛局规定用马丁代尔仪测试毛及毛混纺织物。该仪器采用一种杂种羊毛制成的精梳平纹织物作为标准磨料。试验时，将一定尺寸的织物试样(如直径 38 mm)与标准磨料在规定压力[织物为 5.8 Pa(595 g/m²)]下相互接触，并使试样以李莎如轨迹相对于磨料运动，从而受到多方向的均匀磨损。

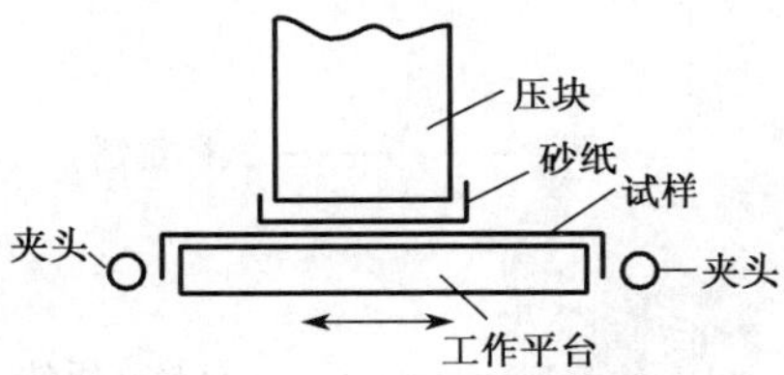

图 5-37　往复式平磨

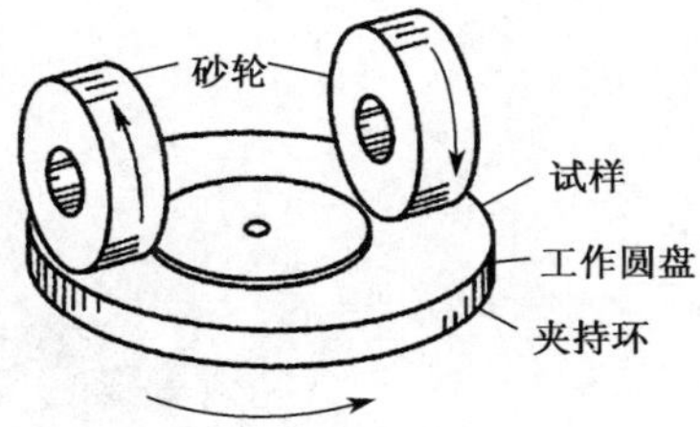

图 5-38　回转式平磨

2. 曲磨

曲磨是模拟衣裤的肘部与膝部的磨损状况(图 5-39)。试样在反复屈曲状态下，在一定的接触面积和压力下，与磨料发生摩擦所受到的磨损。

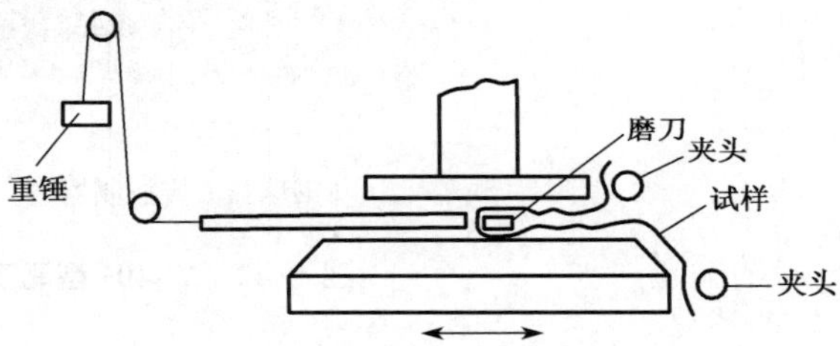

图 5-39　曲磨

试验时，织物条形试样的一端夹持在上平台的夹头内，绕过作为磨料的平刃不锈钢刀片，另一端夹在下平台的夹头内。刀片给予试样一定的张力。上平台不动，施予试样一定的加压负荷。随着下平台的往复运动，试样受到反复屈曲和磨损作用，直到试样断裂为止，记录摩擦次数。曲磨试验中，刀刃在摩擦一定次数后会发生变化，对试验结果的影响较大。由于织物实际穿着时，多是顶弯形成凸起面后再受摩擦，其实质与往复式平磨较接近。因此，曲磨试验结果与实际使用效果有较大距离。

3. 折边磨

折边磨模拟上衣领口、袖口、袋口、裤脚和其他折边部位的磨损情况，是试样以 180°对折或 90°曲折，折线部分或曲折部分与磨料(如砂纸)发生摩擦所受到的磨损(图 5-40)。折边磨试验结果与穿着效果较为接近，但不完全一致。

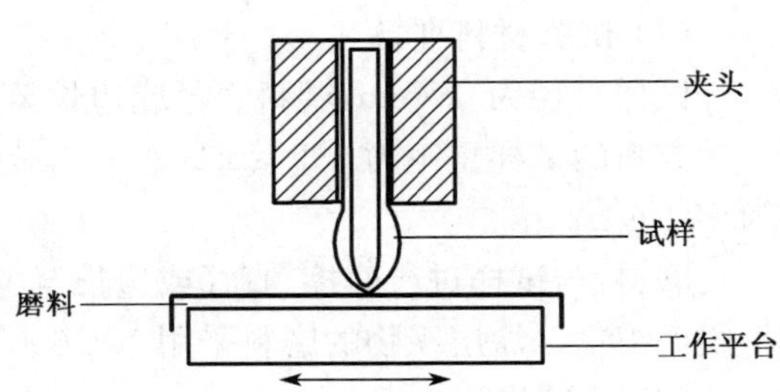

图 5-40　折边磨

4. 翻滚磨

翻滚磨模拟织物在洗衣机内洗涤时受到的磨损情况，是织物试样在任意翻滚的拉伸、弯曲、压缩和撞击状态下，与磨料摩擦所受到的磨损(图 5-41)。试验时，先将试样边缘缝合或黏合，以免试样边缘纱线脱散，并称取质量，再将试样投入仪器圆筒内，圆筒中央的叶片以高速旋转，将试样掷向圆筒内壁，同时把它随机拉伸、弯曲、压缩。圆筒的壁可以用各种薄片磨料(如金刚砂层、橡胶层、塑料层或有棱纹的金属)作为衬里,以产生不同的磨损作用。经一定时间后,取出试样,然后称量,以失重率来判断织物的耐磨损性。

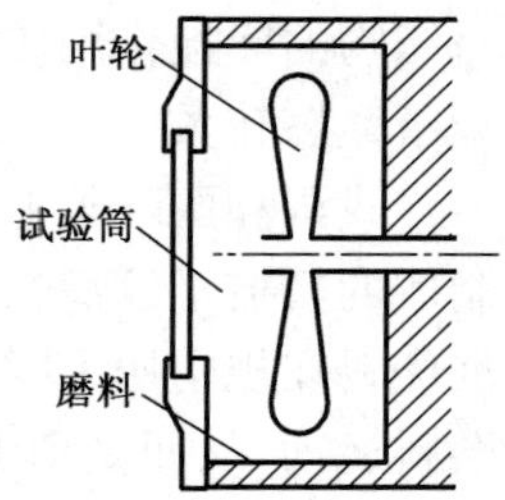

翻滚磨

(二) 耐磨性测试

1. 实验仪器与材料

YG401 型马丁代尔耐磨性测试仪(图 5-42)、织物若干。

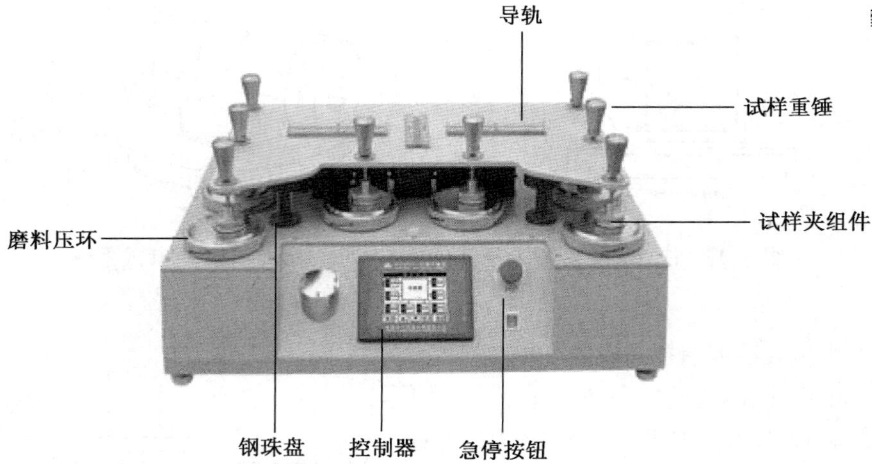

图 5-42　YG401 型马丁代尔耐磨性测试仪

2. 测试原理

马丁代尔耐磨试验仪在规定负荷下,使圆形试样做李莎茹形状的平面运动,与磨料(即标准织物)进行摩擦。装有试样或磨料的试样夹具绕其与水平面垂直的轴自由转动。根据试样破损的总摩擦次数、试样的质量损失或试样外观的变化,确定织物的耐磨性能。

3. 测试方法

(1) 试验材料准备

试样直径为 38 mm,磨料直径或边长至少 140 mm。

衣料的试样重锤为 395 g±2 g,家具装饰品的试样重锤为 594 g±2 g。

磨料:与试样进行摩擦,直径或边长至少 140 mm 的机织平纹毛织物。涂层织物的磨料采用 No. 600 水砂纸。

(2) 测试步骤

① 试样安装。将试样装在耐磨夹持器上,测试面朝外。所测织物面密度不大于 500 g/m^{2}时,在试样和夹持器塞块间垫一片聚氨酯泡沫塑料(直径 38 mm);面密度大于500 g/m^{2}或为复合织物,则不需要。

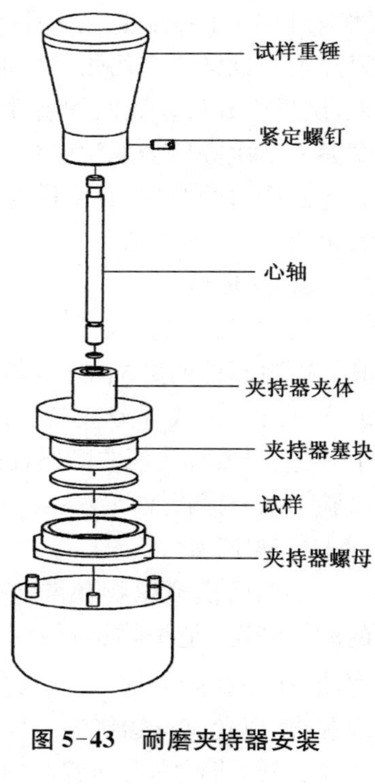

图 5-43　耐磨夹持器安装

② 将垫料和磨料放在磨台上,把试样重锤放在磨料上,

然后放上磨料压环并旋紧，使磨料压环把磨料固定在磨台上。

③ 将心轴穿过磨头，导板轴承插在磨头上，并按规定选择不同的试样重锤，套在心轴上，用紧定螺钉固定。

④ 开启电源开关，进入仪器主菜单界面。

⑤ 按“系统设置”按钮，进行时间、磨料累计数等内容的设置和修改。

⑥ 按“磨头组合”按钮，仪器显示磨头组合屏。磨头组合是把安装完试样的磨头连接至计数器，以计算摩擦次数。

⑦ 按“工作菜单”按钮，仪器显示工作菜单屏。在工作菜单界面按“程序”键，仪器进入程序设置界面。可根据不同的试验要求设置程序。

⑧ 在工作菜单界面按“启动”键，仪器开始运行进入工作状态，计数器开始计数。当本阶段设置值与实际计数值相等时仪器停止运行，可进行评级。

⑨ 重复步骤⑧，直到实际值与总计值相等为止。

(3) 结果评价

① 试样破损的总摩擦次数。试样摩擦终点确定如下：

机织物中至少两根独立的纱线完全断裂；针织物中一根纱线断裂造成外观上的一个破洞；起绒或割绒织物表面绒毛被磨损至露底或有绒簇脱落；非织造布因摩擦造成的孔洞，其直径至少为0.5 mm；涂层织物的涂层部分被破坏至露出基布或有片状涂层脱落。出现上述某种情形时即视作试样破损。

在耐磨性测试过程中，要注意磨损试验的检查，具体检查间隔见表5-24。

表5-24　磨损试验的检查间隔

试验系列	预计试样出现破损时的摩擦次数(次)	检测间隔(次)
0	≤2 000	200
a	>2 000 且≤5 000	1 000
b	>5 000 且≤20 000	2 000
c	>20 000 且≤40 000	5 000
d	>40 000	10 000

注：① 以确定破损的确切摩擦次数为目的的试验，当试验接近终点时，可减小间隔，直到终点。
② 选择检查间隔应经有关方面同意。

② 试样的质量损失。可通过质量损失或耐磨指数进行衡量。质量损失试验间隔见表5-25。

$$A_i = \frac{n}{\Delta m}$$

式中：A_i ——耐磨指数(次/mg)；

n ——总摩擦次数(次)；

Δm——试样在总摩擦次数下的质量损失(mg)。

表 5-25　质量损失试验间隔

试验系列	预计试样破损时的摩擦次数(次)	在以下摩擦次数时测定质量损失
a	≤1 000	100, 250, 500, 750, 1 000,(1 250)
b	>1 000 且≤5 000	500, 750, 1 000, 2 500, 5 000, (7 500)
c	>5 000 且≤10 000	1 000, 2 500, 5 000, 7 500, 10 000, (15 000)
d	>10 000 且≤25 000	5 000, 7 500, 10 000, 15 000, 25 000, (40 000)
e	>25 000 且≤50 000	10 000, 15 000, 25 000, 40 000, 50 000, (75 000)
f	>50 000 且≤100 000	10 000, 25 000, 50 000, 75 000, 100 000, (125 000)
g	>100 000	25 000, 50 000, 75 000, 100 000, (125 000)

注:括弧内的值应经有关双方同意。

③ 试样的外观变化。采用以下两种方法中的一种,与同一织物的未测试试样进行比较,评定试样的表面变化:进行摩擦试验至协议的表面变化,确定达到规定表面变化所需的总摩擦次数;以协议的摩擦次数进行摩擦试验,评定所发生的表面变化程度。表面外观试验检测间隔见表 5-26。

表 5-26　表面外观试验的检查间隔

试验系列	达到规定的表面外观期望的摩擦次数(次)	检查间隔(摩擦次数)
a	≤48	16,以后为 8
b	>48 且≤200	48,以后为 16
c	>200	100,以后为 50

子项目 5-5　纺织面料功能性检测

任务分析

纺织面料进行功能整理,可以赋予纺织面料较高的附加值。对经过不同功能整理的纺织面料进行检测,了解整理效果很有必要。根据本教材的特点和实际教学的需要,在子项目 5-5“纺织面料功能性检测”的教学过程中设计了三个学习任务。通过任务驱动,使学生在完成各个任务的过程中,熟悉防水性、阻燃性、抗静电性的检测方法。

任务 5-5-1　纺织面料防水性检测

要完成任务 5-5-1“纺织面料防水性检测”,需要明确纺织面料的防水性及其检测项目和检测方法等相关内容。

一、基本要求

通过对纺织面料的防水性进行检测,了解纺织面料的防水性的检测指标和检测方法,能够熟练地对纺织面料的防水性进行检测，并能对检测结果进行正确的评价和分析。

二、任务准备

1. 教师布置学习任务，将学生分成若干小组。

2. 根据小组数量，教师准备好经过防水整理和涂层整理的面料样品若干，以便学生对这类面料的防水性进行检测和分析。

3. 在学习本任务的过程中，各小组应首先明确任务，进行小组分工，准备相关材料。通过对本项目中织物防水性及其检测等相关知识的学习，以及上网查阅资料等，进一步了解和掌握完成本任务所需知识。在任务实施前各小组需明确以下问题：

(1) 什么是拒水整理？拒水整理与传统的防水整理有什么区别？

(2) 进行防水效果测试的方法有哪些？分别适用于哪类织物？

(3) 用不同的方法进行防水性测试时，分别需要用到哪种测试仪器？

(4) 用不同的方法进行防水性测试时，测试结果如何评定？

(5) 任务实施过程中还有哪些需要注意的地方？

三、实施内容

学生分组完成防水性检测任务，及时进行观察和记录。具体包括：

1. 确定防水性的测试方法。

2. 进行测试的准备工作，如测试样的准备、测试仪器的调试等。

3. 采用静水压法测定涂层织物的防水效果，正确使用静水压测试仪对织物的防水性进行测试，并对所测织物的防水性进行正确评定。

4. 采用淋水试验测定经过拒水整理的织物的防水效果，正确使用淋水测试仪对织物的防水性进行测试，并对所测织物的防水性进行正确评定。

四、实施后记

1. 学生整理实验结果，按要求完成学习任务报告的撰写。

2. 教师进行点评，总结本次任务的完成情况，形成任务总结。

任务 5-5-2 纺织面料阻燃性检测

要完成任务 5-5-2“纺织面料阻燃性检测”，需要明确纺织面料的阻燃性及其检测方法等相关内容。

一、基本要求

通过对纺织面料的阻燃性进行检测，了解纺织面料的阻燃性的检测指标和检测方法，能够熟练地对纺织面料的阻燃性进行检测，并能对检测结果进行正确的评价和分析。

二、任务准备

1. 教师布置学习任务，将学生分成若干小组。

2. 根据小组数量，教师准备好经过阻燃整理的面料样品若干，以便学生对这类面料的阻燃性进行检测和分析。

3. 在学习本任务的过程中，各小组应首先明确任务，进行小组分工，准备相关材料。通过对本项目中织物阻燃性及其检测等相关知识的学习，以及上网查阅资料等，进一步了解和掌握完成本任务所需知识。在任务实施前各小组需明确以下问题：

(1) 什么是纺织面料的阻燃性？

(2) 衡量纺织面料阻燃性的指标是什么？

(3) 进行阻燃性测试的方法有哪些？分别用到何种测试仪器？

(4) 用不同的方法进行阻燃性测试时，如何准备测试样？

(5) 阻燃性测试结果如何评定？

(6) 任务实施过程中还有哪些需要注意的地方？

三、实施内容

学生分组完成阻燃性检测任务，及时进行观察和记录。具体包括：

1. 确定阻燃性的测试方法。

2. 进行测试的准备工作，如测试样的准备、测试仪器的调试等。

3. 采用垂直燃烧法测定织物的阻燃效果，正确使用垂直燃烧试验仪对织物的阻燃性进行测试，并对所测织物的阻燃性进行正确评定。

4. 采用氧指数法测定织物的阻燃效果，正确使用氧指数测定仪对织物的阻燃性进行测试，并对所测织物的阻燃性进行正确评定。

四、实施后记

1. 学生整理实验结果，按要求完成学习任务报告的撰写。

2. 教师进行点评，总结本次任务的完成情况，形成任务总结。

任务5-5-3 纺织面料抗静电性检测

要完成任务5-5-3“纺织面料抗静电性检测”，需要明确纺织面料的抗静电性及其检测方法等相关内容。

一、基本要求

通过对纺织面料的抗静电性进行检测，了解纺织面料的抗静电性的检测指标和检测方法，能够熟练地对纺织面料的抗静电性进行检测，并能对检测结果进行正确的评价和分析。

二、任务准备

1. 教师布置学习任务，将学生分成若干小组。

2. 根据小组数量，教师准备经过抗静电整理的面料样品若干，以便学生对这类面料的抗静电性进行检测和分析。

3. 在学习本任务的过程中，各小组应首先明确任务，进行小组分工，准备相关材料。通过对本项目中织物抗静电性及其检测等相关知识的学习，以及上网查阅资料等，进一步了解和掌握完成本任务所需知识。在任务实施前各小组需明确以下问题：

(1) 什么是纺织面料的抗静电性？哪些织物比较容易出现静电现象？

(2) 衡量纺织面料抗静电性的指标是什么？

(3) 用感应法进行抗静电性测试时，需要用到哪种测试仪器？

(4) 用感应法进行抗静电性测试时，如何准备测试样？

(5) 抗静电性测试结果如何评定？

(6) 任务实施过程中还有哪些需要注意的地方？

三、实施内容

学生分组完成抗静电性检测任务，及时进行观察和记录。具体包括：

1. 确定抗静电性的测试方法。
2. 进行测试的准备工作，如测试样的准备、测试仪器的调试等。
3. 正确使用感应式织物静电仪对织物的抗静电性进行测试。
4. 对所测织物的抗静电性进行正确评定。

四、实施后记

1. 学生整理实验结果，按要求完成学习任务报告的撰写。
2. 教师进行点评，总结本次任务的完成情况，形成任务总结。

知识准备 >>>

一、织物防水性能及其检测

(一) 织物拒水性

织物的拒水性能是指选用适当的整理剂作用于亲水性纤维织物，改善织物的表面性能，使织物具有的透气而拒水的性能。织物拒水性能的高低，取决于纤维的性质和织物的结构，特别与纤维的表面性能有关。织物的润湿就是水在织物表面能迅速铺展开，而拒水是水在织物表面仍保持水珠形状而不铺展开。

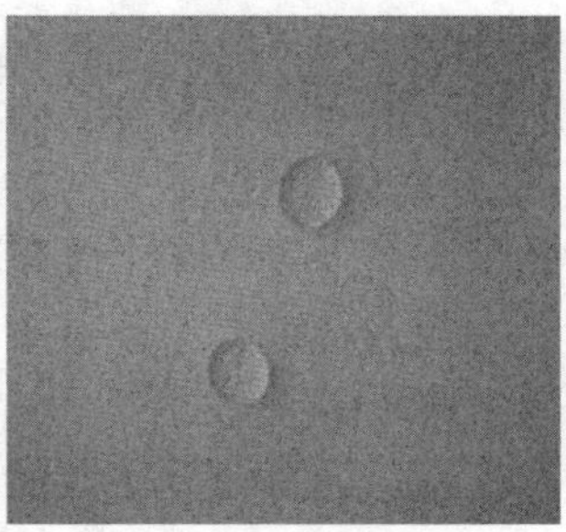

图 5-44 拒水现象

(二) 织物拒水整理

织物的拒水整理是指选用适当的整理剂作用于织物，通过改善织物的表面性能，使织物不再被水所润湿，即具有拒水而透气的性能。通常采用一些表面能低的化合物覆盖在织物表面，从而提高织物的拒水性能。

拒水整理有别于防水处理。传统的防水处理是在织物表面涂上一层不透水的涂层，以消除其透水性；而拒水整理是利用织物毛细管的附加压力，阻止液态水的透过，但仍然保持织物的透气透湿性能和原有的风格，制成的服装既有良好的防水性又能较快地将汗液排出，舒适性大大提高。拒水整理织物已广泛应用于军服、运动服、旅行装、帐篷等。

(三) 拒水整理剂

织物能否阻止水的渗透，取决于织物表面能和水滴对织物表面的接触角 θ，当 θ 小于 90°时，织物可以被水润湿。一般情况下，水在任何一种纤维织物表面的接触角均小于 90°，而且织物具有毛细效应，所以不能阻止水滴的渗透，即常用纺织品都不具备拒水能力，更不具备拒油的能力。

水的表面能比较高，拒水材料的表面能必须小于水的表面能，拒油材料的表面能必须小于油的表面能。纺织品的表面能远大于水和油的表面能，因而要使纺织品具有拒水拒油性能，就要用拒水拒油整理剂对其进行适当的处理，使织物的表面能低于水，甚至低于油。拒油的物质一定拒水。

拒水整理剂通常可分为：暂时性拒水整理剂，主要有石蜡、金属盐、金属皂等，如石蜡-铝皂类，使用方便，价格低廉；耐久性拒水整理剂，如吡啶季铵盐类、羟甲基三聚氰胺衍生物、硬脂酸铬络合物、有机硅型和有机氟型等。其中的含氟化合物，主要是丙烯酸酯或甲基丙烯酸酯类的乙烯类聚合物，如 Scotchguard 和 Teflon 等，不仅具有拒水性，而且具有拒油性，是最好的拒水整理剂，在织物拒水、拒油、防污整理方面的应用越来越广泛。

(四) 织物拒水性检测

测试织物拒水性能的方法有两种：淋水性能测试法（织物表面抗沾湿性的测定）和静水压测试法（织物表面抗渗水性的测定）。

1. 织物表面抗渗水性测定（静水压法）

(1) 实验仪器与材料

YG812D 型数字式渗水性测定仪（图 5-45）、织物、防水剂、烧杯、小轧车、烘箱、量筒、天平。

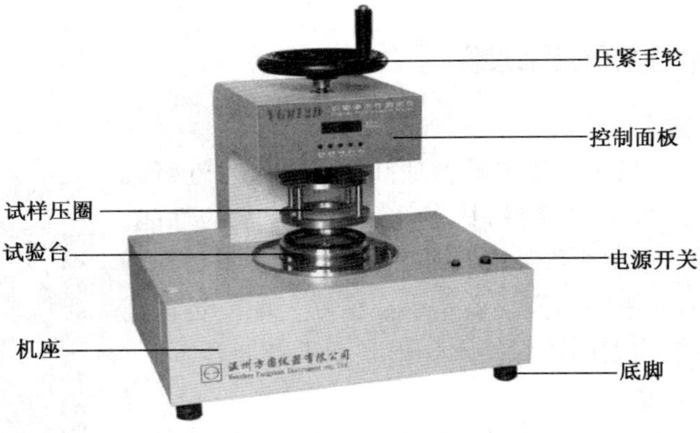

图 5-45　YG812D 型数字式渗水性测定仪

(2) 测试原理

静水压测试法是采用静水压试验仪来测定经过防水剂整理的织物对水渗透的阻力，以防水整理织物所能承受的静水压力来反映水向织物渗透时所受到的阻力。测试结果表示织物抗渗水的性能，静水压力越大，表示该织物的抗渗水性越好。静水压测试应在标准大气压条件下进行，即相对湿度为 65%±2%，温度为 20 ℃±2 ℃。

(3) 测试方法

① 试样准备:在织物的不同部位取 5 块试样。

② 试验准备:蒸馏水或去离子水。

③ 测试步骤:

a. 通过注水管往水箱中加水,直至注水管的上水位线为止。

b. 按"启动"键,水泵开始从水箱中抽水至试验台,当水稍溢出工作台时,按"停止"键。

c. 按"清零"键,清除压力显示屏上的数字。

d. 按"设定"键,选择加压速率。指示灯亮时,仪器加压速率为"100 mm/min";灯灭时,仪器加压速率为"600 mm/min"。

e. 将准备好的试样平整地铺在试样台上,旋动压紧手轮,将试样压圈压紧试样,使仪器工作时水不会从试样压圈与试验台之间溢出。试样和水面间不能有气泡存在。

f. 按"启动"键,仪器运行,加压系统开始加压。试样所受的水压逐步增加,观察水渗入试样的行迹。

g. 观察试样,当试样表面在三个不同位置有水珠渗出时,按"停止"键,此时显示屏显示此时试样所受的压力,记录数据(单位:kPa)。观察水珠时,不考虑很细微的、不再变大的水珠,不考虑同一位置渗出的连续性水珠。

h. 按"复位"键和"排水"键,将试验台内的水排回水箱,直至显示屏显示为零。

i. 反向旋动手柄,松开试样压圈,更换试样,按上述步骤进行下一次试验。平行做 3 次,求得平均值。

2. 织物表面抗沾湿性测试(淋水试验)

(1) 实验仪器与材料

织物淋水测试仪、织物、拒水剂、烧杯、小轧车、量筒、天平。

(2) 测试原理

淋水测试法是采用淋水测试仪来测量经过拒水剂整理的织物抵抗水润湿的能力。将水喷淋到绷紧的试样表面,产生一个润湿模式,将润湿模式与标准喷淋试验级别图比较,评定其等级。

(3) 测试方法

① 试样准备:在织物的不同位置取 3 块面积为 18 cm×18 cm 的试样(不能在有折皱或折痕部位取样)。

② 将试样固定于试样夹持器(紧绷于金属圈上),放置在淋水测试仪(图 5-46)的支座上,织物正面朝上。使喷嘴的中心对准金属圈的中央(若试样为斜纹布或与罗纹布结构相同的织物,放置金属圈时应使斜纹与流出织物的水流方向成对角线)。

③ 将 250 mL、20 ℃±2 ℃(或 27 ℃±2 ℃)的蒸馏水迅速而平稳地倒入测试仪的漏斗中,使水在 25～30 s 内淋洒于织物表面。

④ 淋洒完毕,拿起金属圈,手握金属圈,以玻璃棒在圈框上轻敲两下(在圈框径向相对的两个地方,各一次)。

⑤ 观察织物表面的润湿情况,依据淋水试验评级标样(图 5-47),对试样的拒水性能进行评定:

5 级(100 分)——受淋面没有沾水或润湿。

4 级(90 分)—— 受淋面没有润湿,表面有沾水。

3 级(80 分)—— 受淋面仅有不连接的小面积润湿。

2 级(70 分)—— 受淋面有一半润湿,通常指小块不连接的润湿面积的总和。

1 级(50 分)—— 受淋面完全润湿。

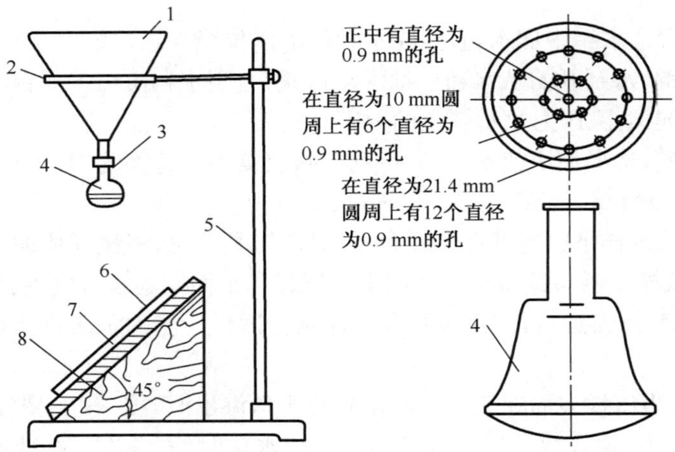

图 5-46　淋水测试仪

1—漏斗(直径为 150 mm)　2—支撑环　3—胶皮管　4—淋水喷头
5—支架　6—试样夹　7—试样支座　8—底座

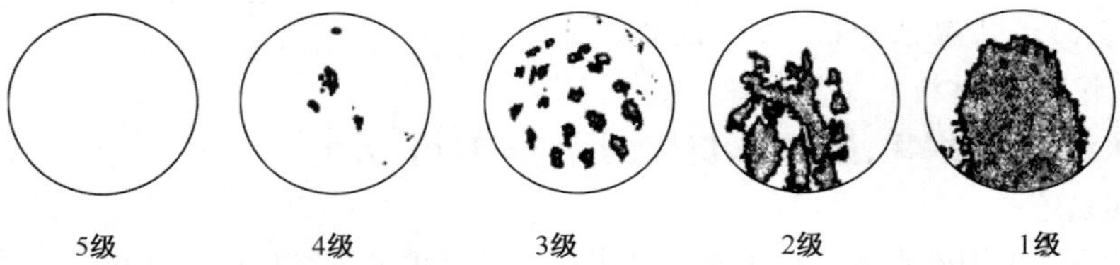

图 5-47　淋水试验评级标样

二、织物阻燃性能及其检测

(一) 阻燃整理

阻燃整理是指通过吸附沉积、化学键合等作用,将阻燃剂固着在织物上而使其获得阻燃效果的加工过程。经过阻燃整理的织物具有不同程度的阻止火焰蔓延的能力,离开火源后,能迅速停止燃烧。

大部分的纺织品都是易燃物,因纺织品引起的火灾事故也时有发生。通常,纺织材料不同,其化学结构不同,其燃烧的性能也不一样,所以要针对不同的纤维种类选用不同的阻燃整理剂和阻燃方法。

(二) 阻燃整理剂

阻燃整理剂产生阻燃作用,主要有几种途径:阻燃剂在织物表面形成有隔绝作用的覆盖层,隔绝氧气和燃烧物表面的接触;阻燃剂使纤维素纤维织物发生脱水反应,在一定程度上抑制热裂解反应;阻燃剂在加热条件下能作为活泼性较高的游离基的转移体,阻止游离基反应的进行，从而达到阻燃目的。

阻燃整理剂因纺织品种类不同，可分为棉用阻燃剂、毛用阻燃剂、丝用阻燃剂、麻用阻燃剂、合成纤维用阻燃剂，以及混纺织物用阻燃剂等。根据阻燃整理剂的耐久性，可分为：暂时性阻燃整理剂，主要是无机盐类，如硼砂-硼酸（1∶1 或7∶3）、聚磷酸铵盐、磷酸盐、氯化石蜡-氧化锑等；半耐久性阻燃整理剂，如卤磷化合物、尿素-磷酸（1∶1）等；耐久性阻燃整理剂，如 THPC，经耐久性阻燃剂处理的织物能耐 50 次以上的水洗，依然保留较好的效果。根据阻燃整理剂的元素组成不同，可分为：磷系阻燃剂，是以磷为主体的化合物，并伴有卤素和氮原子（磷与卤素的协同作用比只含有一种阻燃元素的阻燃能力强；磷和氮的协同作用与单用磷相比，有氮时可以促进纤维炭化而阻止燃烧），常见的有聚磷酸铵类、磷酸盐类、四羟甲基氯化磷等；卤系阻燃剂，主要是溴系，具有效率高、用量少、价格低等优点，常见的有六溴环十二烷、芳香族溴化合物、氯化石蜡等；硼系阻燃剂，主要是无机硼酸和硼酸盐，如硼砂与硼酸按 1∶1 或 7∶3 混合使用，此类阻燃剂应用较早，处理方便，阻燃效果好，但不耐洗；氮系阻燃剂，如三聚氰胺、三聚氰胺磷酸盐等；混合阻燃剂，如磷系-氮系阻燃剂、磷-硼系阻燃剂等。

（三）阻燃整理工艺

阻燃整理工艺就是配制阻燃整理液，其中包含阻燃剂和其他助剂，在一定的温度、时间等工艺条件下，使阻燃剂与织物发生化学反应或沉积固着在织物表面，从而获得一定的阻燃效果。采用的阻燃剂不同，整理的织物不同，阻燃整理的工艺会有所区别，主要有浸轧焙烘法、浸渍-烘燥法、有机溶剂法、涂层法等。浸轧焙烘法是阻燃整理工艺中应用最广的一种；轧烘焙法获得的阻燃效果可耐多次水洗，属耐久性整理工艺。以棉织物的阻燃整理为例：

工艺流程：浸轧阻燃整理液（二浸二轧，轧余率 70%～80%）→烘干（80～100 ℃）→焙烘（160 ℃，3 min）→水洗→烘干。

浸轧整理液一般由阻燃剂、催化剂、添加剂、渗透剂等组成，配制成水溶液或乳液进行整理。轧余率可根据阻燃性能要求进行调节，烘燥一般在 100 ℃左右进行，焙烘温度可根据阻燃剂、催化剂和纤维种类确定。

（四）阻燃效果检测

1. 垂直法

（1）实验仪器与材料

垂直燃烧试验仪（图 5-48）、秒表、织物、刻度尺。

（2）测试原理

垂直法在垂直燃烧试验仪上进行。将一定尺寸的经过阻燃整理的试样进行燃烧试验，根据续燃时间、阴燃时间和损毁长度来衡量其燃烧性能。

（3）测试方法

① 试样准备：取经过阻燃整理的经纬向试样各 5 块，尺寸为 300 mm×80 mm。

② 将试样置于垂直燃烧试验仪的试样夹中，固定，并呈垂直状态。

③ 接通气源，按下点火按钮，点着点火器，调节火焰，使其高度稳定在 40 mm±2 mm。

④ 点火器在点燃试样 12 s 后自动关闭，并复位。

⑤ 测定试样的续燃、阴燃时间（读数精确到 0.1 s）。

⑥ 取出试样夹，卸下试样，沿长度方向对折，在试样下端一侧挂上按要求选用的重锤，再用手缓缓提起试样下端的另一侧，测量试样的损毁长度，即炭长（读数精确到 1 mm）。

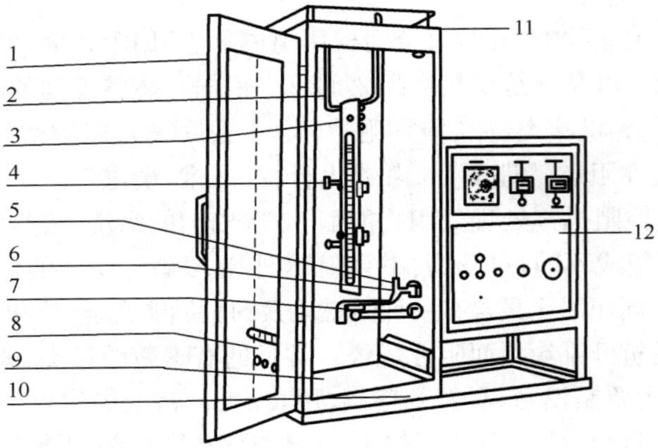

图 5-48　垂直燃烧试验仪

1—正前门　2—试样夹支架　3—试样夹　4—试样架固定装置
5—焰高测量装置　6—电火花发生装置　7—点火器　8—通风孔门
9—耐热及耐蚀材料板　10—安全开关　11—顶板　12—控制板

2. 极限氧指数法

纺织品燃烧的难易程度可以用极限氧指数(*LOI*)表示。极限氧指数是指在规定试验条件下,材料在氧氮混合气体中保持燃烧状态所需的最低氧气浓度。极限氧指数越大,说明维持燃烧所需的氧气浓度越高,即越难燃。随着化纤产品的大量发展,极限氧指数法在纺织品阻燃性能测试中已成为广泛使用的方法之一。

(1) 实验仪器与材料

氧指数测定仪(图5-49)、织物、秒表、刻度尺。

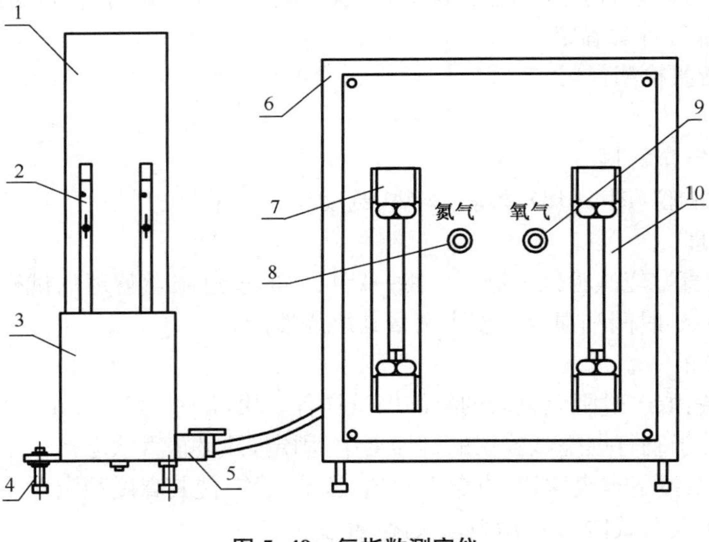

图 5-49　氧指数测定仪

1—燃烧玻璃筒　2—试样夹　3—底座　4—底脚　5—混合气体供应阀
6—控制箱　7—氮气流量计　8—氮气流量调节阀　9—氧气流量计
10—氧气流量调节阀

(2) 测试原理

将试样夹持于透明燃烧筒内，在向上流动的氧氮气体中，点燃试样的上端，观察其燃烧特性，并与规定的极限值比较其续燃时间或损毁长度。通过不同氧浓度中一系列试样的试验，可以测得试样维持燃烧时所需的最低氧浓度值(以百分含量表示)。

(3) 测试方法

① 试样准备：试样在距离布边 1/10 幅宽的部位剪取，每个试样的尺寸为 150 mm×58 mm。经纬向各 15 块。

② 试验装置检查：打开气体供给部分的阀门，并任意选择混合气体浓度，气流为每分钟 10 L左右，关闭出气和进气阀门，并记录氧气、氮气、混合气体的压力和流量。放置30 min，再观察各压力计和流量计所示数值，与之前记录的值核对，如无变动，说明装置不漏气。

③ 氧浓度的初步选择：当被测试样的极限氧指数值完全未知时，可将试样在空气中点燃，如果试样迅速燃烧，则氧浓度可以选择 18%左右；如果试样缓和地燃烧或燃烧不稳定，选择初始氧浓度大于 21%；若试样在空气中不能继续燃烧，选择初始氧浓度不小于 25%。

④ 将试样装在试样夹中间，固定，然后将试样夹连同试样垂直地安插在燃烧玻璃筒内的试样支座上，试样上端距离筒口不少于 100 mm，试样暴露部分的最下端距离筒底的气体分配装置顶面不少于 100 mm。

⑤ 打开氧气、氮气阀门，进行氧气和氮气流量的调节，让调节好的气流在试样点火之前流动冲洗燃烧筒至少 30 s，在点火和燃烧过程中保持此流量不变。

⑥ 点燃点火器：将点火器管口朝上，调节火焰高度至 15～20 mm，在试样上端点火，待试样上端全部点燃后(注意点火时间应控制在 10～15 s)，移去点火器，并立即开始测定续燃和阴燃时间，随后测定损毁长度。

⑦ 初始氧浓度的确定：以任意间隔为变量，按"升-降法"进行试验。

a. 试样点燃后立即自熄，续燃、阴燃或续燃和阴燃时间少于 2 min，或者损毁长度小于 40 mm，都表示氧浓度过低，记录反应符号为"○"，必须提高氧浓度。

b. 试样点燃后续燃、阴燃或续燃和阴燃时间超过 2 min，或者损毁长度超过 40 mm，都表示氧浓度过高，记录反应符号为"×"，必须减小氧浓度。

c. 重复前两个步骤，直到所得两个氧浓度相差≤1.0，其中一个反应符号为"○"，另一个反应符号为"×"。这对氧浓度中，反应符号为"○"的氧浓度，就是初始氧浓度(C_0)。

⑧ 极限氧浓度的测定：

a. 用初始氧浓度 C_0，同时保持 $d=0.2\%$的氧浓度间隔，测得一系列氧浓度值和对应反应符号，其中最后一个反应符号"○"或"×"，则为氧指数测定系列中第一个数据。

b. 继续以 $d=0.2\%$的氧浓度间隔，再测 4 个试样，记下各次的氧浓度及其对应值和对应反应符号，最后一个试样的氧浓度用 C_F表示。

⑨ 极限氧指数的计算：

$$LOI = C_F + Kd$$

式中：LOI——极限氧指数；

C_F——最后一个氧浓度，取一位小数；

d——两个氧浓度之差，取一位小数；

纺织面料识别与检测

K——系数(表5-27)。

其中 K 值的确定如下：

测得的最后五个氧指数值，第一个反应符号是“×”，在表5-27的第一栏中找出所对应的最后五个测定的反应符号，再从(a)项中找出“○”数目相应的 K 值。

测得的最后五个氧指数值，第一个反应符号是“○”，在表5-27的第六栏中找出所对应的最后五个测定的反应符号，再从(b)项中找出“×”数目相应的 K 值，正、负符号与表中的正、负符号相反。

表5-27 K值表

1	2	3	4	5	6
最后五个测定的反应符号	(a)				—
	○	○○	○○○	○○○○	
×○○○○	−0.55	−0.55	−0.55	−0.55	○××××
×○○○×	−1.25	−1.25	−1.25	−1.25	○×××○
×○○×○	0.37	0.38	0.38	0.38	○××○×
×○○××	−0.17	−0.14	−0.14	−0.14	○××○○
×○×○○	0.02	0.04	0.04	0.04	○×○××
×○×○×	−0.50	−0.46	−0.45	−0.45	○×○×○
×○××○	1.17	1.24	1.25	1.25	○×○○×
×○×××	0.61	0.73	0.76	0.76	○×○○○
××○○○	−0.03	−0.27	−0.26	−0.26	○○×××
××○○×	−0.83	−0.76	−0.75	−0.75	○○××○
××○×○	0.83	0.96	0.95	0.95	○○×○×
××○××	0.30	0.46	0.50	0.50	○○×○○
×××○○	0.50	0.65	0.68	0.68	○○○××
×××○×	−0.04	0.19	0.24	0.25	○○○×○
××××○	1.60	1.92	2.00	2.01	○○○○×
×××××	0.89	1.33	1.47	1.50	○○○○○
—	(b)				最后五个测定的反应符号
	×	××	×××	××××	

三、织物抗静电性及其检测

静电现象主要是由于织物的摩擦作用所产生的。当两个物体发生摩擦时，在两个摩擦面上会产生电荷，若电荷能很快消散，便无静电现象产生；如产生的电荷不能很快消散，积聚起来便产生静电现象。

影响织物抗静电性能的因素很多，主要有纤维的种类、织物的结构、环境的温湿度、摩擦的形式与条件等。在测定织物的抗静电性能时，必须在一定的温湿度条件下进行。

改善织物抗静电性能的途径有两个：一是采用抗静电整理剂，降低织物静电的产生；二是采取混纺或交织的方法，在织物中混入亲水性纤维，提高织物的抗静电性。

(一) 抗静电整理

在纺织品的加工或使用过程中，由于摩擦而产生静电现象，特别是合成纤维织物，因其具有回潮率低、吸湿性差、结晶度高等特性，静电现象尤为严重，给纺织品的生产加工和使用带来了一定的麻烦。如在进行加工过程中工作人员的手和带电荷的干布接触会受到电击；在服用过程中，带静电的衣服容易吸附灰尘，也会缠贴人体，如裤子或裙子因静电吸附缠绕在腿上。带静电现象严重时，还会放电产生火花，易发生爆炸事故。所以，对纺织品进行抗静电整理很有必要。

所谓抗静电整理，就是利用抗静电整理剂提高纺织材料的导电能力，降低电荷的聚集，从而减少静电现象的发生。

(二) 抗静电整理剂

纺织品产生静电是因为累积的电荷没有逸散的空间，所以用抗静电整理剂进行处理，提供静电逸散的空间，增加电荷的逸散速率，使电荷无法聚集，从而减少静电现象。

由于水具有相当高的导电性，能为电荷提供转移介质，若纺织品具有较好的吸湿性能，就能明显地改善导电性，有利于静电的泄逸。而合成纤维易起静电的主要原因正是其吸湿性太差，织物中含有的水分太少。可以用表面活性剂或高分子物质进行整理，改善纺织品的吸湿能力或使纺织材料发生电离，具有导电性能，从而降低静电的积聚。

抗静电整理剂可分为暂时性和耐久性抗静电剂两大类。暂时性抗静电剂一般是利用亲水性物质施加于纤维表面，以提高织物的吸湿性能，使其导电性增加，从而能迅速泄漏电荷；耐久性抗静电剂主要是含有亲水基团的高分子聚合物，通常是带有反应性基团或能形成网状交联的物质，能在纤维表面形成导电层。抗静电整理剂应用较多的主要是表面活性剂类，包括：阳离子型，一般是季铵盐类，如抗静电剂 SN、TM；阴离子型，一般是烷基磺酸盐、烷基磷酸酯类化合物等，如抗静电剂 SP；非离子型，如多元醇和聚氧乙烯醚类；两性型，如氨基羧酸型、甜菜碱型等。其中，阳离子表面活性剂的抗静电效果最好，高相对分子质量非离子型表面活性剂的抗静电耐久性最好。

(三) 抗静电性能评价

评价织物抗静电性能的指标主要有静电电压半衰期、静电电压、带电电荷密度、表面比电阻等。织物的抗静电性能测定必须在一定的温湿度条件下进行。

1. 半衰期 $t_{1/2}$

纺织材料的静电现象与其带电后静电衰减的快慢直接相关。因此，织物的抗静电性可用静电衰减速度，即半衰期 $t_{1/2}$ 进行衡量。静电的半衰期是指在外界作用撤除后，织物上的静电电压衰减到原始数值一半时所需的时间，单位为“s”。

2. 静电电压

静电电压是指纺织品相互摩擦或与其他物品摩擦后，摩擦起电或泄电达到平衡时的电压值，单位为“V”。

3. 电荷密度

电荷密度是指织物经过摩擦起电后，经过静电中和或静电泄漏，在规定条件下测得的电荷量，可以用带静电电荷面密度(C/cm^2)或电荷体密度(C/cm^3)表示。

4. 表面比电阻

表面比电阻是指将两个电极放在织物的表面，两个电极的长度和距离都为单位长度(1

cm)时,织物所具有的电阻,单位为"Ω"。

(四) 抗静电效果检测

1. 感应静电电压和半衰期试验

(1) 实验材料与仪器

FY342E 型织物感应式静电仪(图 5-50)、剪刀、尺、镊子、织物等。

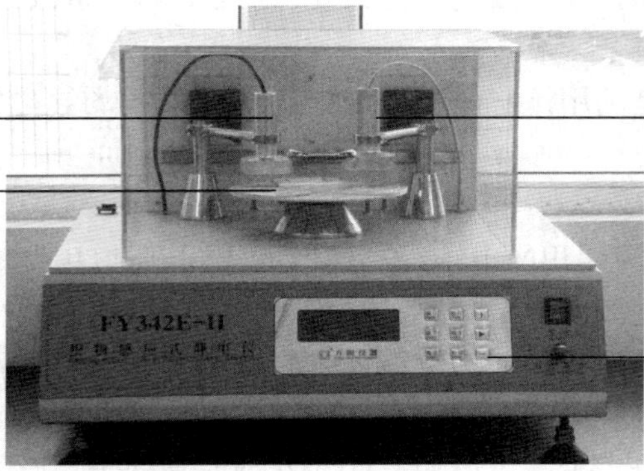

图 5-50　FY342E 型织物感应式静电仪

(2) 测试原理

利用给定的高压电场,对试样放电,使其感应静电。当试样带电以后,撤去外加电场,使电荷自然衰减,对静电电量、静电压半衰期、静电残留量进行检测,以此表达试样的静电性能。

(3) 测试方法

① 试样准备:试样在距离布边 1/10 幅宽、布端 1 m 以上的部位采取。试样干燥后在规定条件下放置 24 h。准备 3 组试样,每组 3 块,尺寸为 60 mm×80 mm。

② 试样安装:旋转夹样螺母,使上下夹样盘移动,试样正面朝上放入,旋转螺母将试样夹紧。

③ 接通电源开关。

④ 选择"定时法"或"定压法",把定时、定压转换开关拨向所需位置。

⑤ 按试验要求设定加压时间(对试样释放电压的时间)、衰减时间(峰值电压衰减到衰减电压的时间)和衰减倍率(一般选择 50%的衰减电压)。

⑥ 按"高压开",此时高压数值开始变化,用高压调节旋钮调整到足够使用的电压(最高为 10 kV),待高压相对稳定后按"高压关"。

⑦ 按"电机开",使转盘旋转,再次按"高压开"进入测试,此时放电端释放电压,试样开始带电,到达设定加压时间后停止释放。

⑧ 仪器记录峰值电压,并进入衰减过程。此时,高压显示关闭。

⑨ 仪器按设定的单位(即衰减倍率)自动计算出衰减电压所需的时间。因为设定的衰减倍率为 50%,所以此时自动计算出的时间即为半衰期。当半衰期大于 180 s 时,停止试验,并记录衰减时间 180 s 时的残余静电压值。

⑩ 以相同的方法测定另外 2 组试样,结果取平均值。

2. 摩擦静电电压和半衰期试验

(1) 实验材料与仪器

摩擦式静电仪、剪刀、尺、镊子、织物。

(2) 测试原理

当两种不同材料或相同材料,以规定的试验方法和参数相互摩擦或紧密接触并分离后,两种材料分别带上等量异号的静电荷。当材料摩擦带电达到稳定后,记录其静电电压值和极性,以此来评价材料的静电特性。对于测试结果,空气的相对湿度的影响非常大,因而待测织物必须在标准温湿度条件下平衡至少5 h。

(3) 测试方法

① 试样准备:试样应在距布端1 m以上、布边1/10幅宽的部位采取。试样上应无影响试验结果的疵点。准备试样3组,每组4块,经、纬各2块,尺寸为4 cm×8 cm。

② 磨料应沿经纱或纬纱的方向采取。

③ 将磨料和试样在温度为50 ℃、相对湿度低于25%的条件下烘燥30 min后,在试验用温湿度状态下调湿至少5 h。

④ 将试样按要求的摩擦方向置于转鼓上,试样的被测面(通常为正面)应朝向摩擦布。在摩擦所加张力为500 cN的条件下,转鼓以400 r/min的转速与标准布摩擦,测试1 min内试样摩擦带电电压的最大值(V)。

⑤ 磨料与试样脱离接触,记录试样带电电压衰减所需的时间,即半衰期 $t_{1/2}$。

⑥ 更换新的磨料,进行下一组试样的试验。同一样品,经纬向各做3次试验,每次试验测一组试样,结果取6次测试的平均值。静电压值取整数,半衰期精确至0.1 s。

子项目5-6 纺织面料生态性检测

任务分析 >>>

人们的生活离不开衣食住行。当我们穿着艳丽时尚的服装时,有没有想过它们对我们的身体是否安全。随着人们的环保意识和生态意识的增强,纺织品的生态安全受到人们越来越多的关注,国际上和国内关于纺织品生态安全的法规也频频颁布实施。根据本教材的特点和实际教学的需要,在子项目5-6“纺织面料生态性检测”的教学过程中设计了四个学习任务。通过任务驱动,使学生在完成各个任务的过程中,熟悉纺织面料生态性的检测方法。

任务5-6-1 纺织面料甲醛含量检测

要完成任务5-6-1“纺织面料甲醛含量检测”,需要明确纺织面料的甲醛含量及其检测方法等相关内容。

一、基本要求

通过对纺织面料的甲醛含量进行检测，了解纺织面料的甲醛含量的检测指标和检测方法，能够熟练地对纺织面料的甲醛含量进行检测，并能对检测结果进行正确的评价和分析。

二、任务准备

1. 教师布置学习任务，将学生分成若干小组。

2. 根据小组数量，教师准备好所需的面料样品若干，以便学生对面料的甲醛含量进行检测和分析。

3. 在学习本任务的过程中，各小组应首先明确任务，进行小组分工，准备相关材料。通过对本项目中织物甲醛含量及其检测等相关知识的学习，以及上网查阅资料等，进一步了解和掌握完成本任务所需知识。在任务实施前各小组需明确以下问题：

(1) 甲醛对人体有哪些危害？

(2) 在纺织品加工的哪些环节容易出现甲醛？

(3) 在 GB 18401 中对甲醛含量是如何限定的？

(4) 进行甲醛含量测试时，需要用到哪种测试仪器？

(5) 进行甲醛含量测试时，如何准备测试样和测试液？

(6) 任务实施过程中还有哪些需要注意的地方？

三、实施内容

学生分组完成甲醛含量检测任务，及时进行观察和记录。具体包括：

1. 确定甲醛含量的测试方法。
2. 进行测试的准备工作，如测试样的准备、测试液的配制等。
3. 按照测试方法对织物中的甲醛含量进行测试。
4. 对所测织物的甲醛含量进行正确评定。

四、实施后记

1. 学生整理实验结果，按要求完成学习任务报告的撰写。
2. 教师进行点评，总结本次任务的完成情况，形成任务总结。

任务 5-6-2 纺织面料 pH 值检测

要完成任务 5-6-2“纺织面料 pH 值检测”，需要明确纺织面料的 pH 值及其检测方法等相关内容。

一、基本要求

通过对纺织面料的 pH 值进行检测，了解纺织面料的 pH 值的检测指标和检测方法，能够熟练地对纺织面料的 pH 值进行检测，并能对检测结果进行正确的评价和分析。

二、任务准备

1. 教师布置学习任务，将学生分成若干小组。

2. 根据小组数量，教师准备好所需的面料样品若干，以便学生对面料的 pH 值进行检测和分析。

3. 在学习本任务的过程中，各小组应首先明确任务，进行小组分工，准备相关材料。通过对本项目中织物 pH 值及其检测等相关知识的学习，以及上网查阅资料等，进一步了解和掌握完成本任务所需知识。在任务实施前各小组需明确以下问题：

(1) 为何要测试纺织面料的 pH 值？

(2) 在纺织品加工的哪些环节容易出现使纺织品 pH 值过高或过低的情况？

(3) 在 GB 18401 中对不同种类的织物的 pH 值是如何限定的？

(4) 进行织物 pH 值测试时，需要用到哪种测试仪器？

(5) 进行织物 pH 值测试时，如何准备测试样和测试液？

(6) 任务实施过程中还有哪些需要注意的地方？

三、实施内容

学生分组完成纺织面料 pH 值检测任务，及时进行观察和记录。具体包括：

1. 确定纺织面料 pH 值的测试方法。

2. 进行测试的准备工作，如测试样的准备、测试液的配制等。

3. 按照测试方法对纺织面料的 pH 值进行测试。

4. 对所测纺织面料的 pH 值进行正确评定。

四、实施后记

1. 学生整理实验结果，按要求完成学习任务报告的撰写。

2. 教师进行点评，总结本次任务的完成情况，形成任务总结。

任务 5-6-3　纺织面料中禁用偶氮染料检测

要完成任务 5-6-3“纺织面料中禁用偶氮染料检测”，需要明确纺织面料中禁用偶氮染料及其检测方法等相关内容。

一、基本要求

通过对纺织面料中的禁用偶氮染料进行检测，了解纺织面料中的禁用偶氮染料的检测指标和检测方法，能够熟练地对纺织面料中的禁用偶氮染料进行检测，并能对检测结果进行正确的评价和分析。

二、任务准备

1. 教师布置学习任务，将学生分成若干小组。

2. 根据小组数量，教师准备好所需的面料样品若干，以便学生对面料中的禁用偶氮染料进行检测和分析。

3. 在学习本任务的过程中，各小组应首先明确任务，进行小组分工，准备相关材料。通过对本项目中织物中禁用偶氮染料检测等相关知识的学习，以及上网查阅资料等，进一步了解和掌握完成本任务所需知识。在任务实施前各小组需明确以下问题：

(1) 目前禁用偶氮染料有多少种？某些偶氮染料为什么会被禁用？

(2) 在进行纺织面料中的禁用偶氮染料检测时，需要用到哪种测试仪器？

(3) 在进行纺织面料中的禁用偶氮染料检测时，如何准备测试样和测试液？

(4) 任务实施过程中还有哪些需要注意的地方？

三、实施内容

学生分组完成纺织面料中禁用偶氮染料检测任务，及时进行观察和记录。具体包括：

1. 确定纺织面料中禁用偶氮染料的测试方法。
2. 进行测试的准备工作，如测试样的准备、测试仪器的调试等。
3. 按照测试方法对纺织面料中禁用偶氮染料进行测试。
4. 对所测纺织面料中禁用偶氮染料进行正确评定。

四、实施后记

1. 学生整理实验结果，按要求完成学习任务报告的撰写。
2. 教师进行点评，总结本次任务的完成情况，形成任务总结。

任务5-6-4　纺织面料中重金属离子含量检测

要完成任务5-6-4“纺织面料中重金属离子含量检测”，需要明确纺织面料中重金属离子含量及其检测方法等相关内容。

一、基本要求

通过对纺织面料中重金属离子含量进行检测，了解纺织面料中重金属离子含量的检测指标和检测方法，能够熟练地对纺织面料中重金属离子含量进行检测，并能对检测结果进行正确的评价和分析。

二、任务准备

1. 教师布置学习任务，将学生分成若干小组。

2. 根据小组数量，教师准备好所需的面料样品若干，以便学生对面料中重金属离子含量进行检测和分析。

3. 在学习本任务的过程中，各小组应首先明确任务，进行小组分工，准备相关材料。通过本项目中织物中重金属离子含量及其检测等相关知识的学习，以及上网查阅资料等，进一步了解和掌握完成本任务所需知识。在任务实施前各小组需明确以下问题：

(1) 为何要测试纺织面料中重金属离子含量？

(2) 在纺织品染整加工的哪些环节容易引入重金属？

(3) 进行纺织面料中重金属离子含量检测时，需要用到哪种测试仪器？

(4) 进行纺织面料中重金属离子含量检测时，如何准备测试样和测试液？

(5) 任务实施过程中还有哪些需要注意的地方？

三、实施内容

学生分组完成纺织面料中重金属离子含量检测任务，及时进行观察和记录。具体包括：

1. 确定纺织面料中重金属离子含量的测试方法。
2. 进行测试的准备工作，如测试样的准备、测试仪器的调试等。
3. 按照测试方法对纺织面料中重金属离子含量进行测试。
4. 对所测纺织面料中重金属离子含量进行正确评定。

四、实施后记

1. 学生整理实验结果，按要求完成学习任务报告的撰写。
2. 教师进行点评，总结本次任务的完成情况，形成任务总结。

知识准备 >>>

生态纺织品的监控对象包括 pH 值、甲醛、可提取重金属、农药残留、苯酚（氯化苯酚和 OPP）、禁用染料、有机氯载体、PVC 增塑剂（邻苯二甲酸盐）、有机锡化合物、色牢度、挥发性物质和有气味的混合物、敏感性气味等。目前，进行的较多、较为常规的检测项目有纺织品色牢度的测定（子项目 5-1）、纺织品萃取液 pH 值的测定、纺织品游离甲醛的测定、纺织品禁用偶氮染料的检测、纺织品重金属离子含量测定等。

一、甲醛含量及其检测

经过各种染整加工（如树脂整理、固色处理、涂料印花）的织物，在穿着和储存过程中，在温度和湿度的作用下，会不同程度地释放出甲醛，污染环境，刺激人体，影响健康。许多国家都对织物释放甲醛有严格控制。在 GB 18401 中，对不同种类织物的甲醛含量有不同的限定值（表 5-28）。

表 5-28　甲醛含量限定值

类　型	婴幼儿类	直接接触皮肤类	非直接接触皮肤类	室内装饰类
甲醛含量(mg/kg)	≤20	≤75	≤300	≤300

我国国家标准 GB/T 2912.1《纺织品　甲醛的测定　第 1 部分：游离和水解的甲醛（水萃取法）》和 GB/T 2912.2《纺织品　甲醛的测定　第 2 部分：释放的甲醛（蒸汽吸收法）》分别给出了游离甲醛和释放甲醛的测试方法。

游离甲醛通常指用水解作用萃取的游离甲醛总量；释放甲醛则是在一定条件下，从织物中以气体形式挥发出来的甲醛总量。

(一) 纺织品游离水解的甲醛(水萃取法)测定

众所周知，一些低质家装用品的甲醛含量往往超标，使人感到眼睛不舒服或气味难闻，严重的会对人体造成严重危害。但是，一些染整助剂里也可能含有甲醛或者会释放甲醛。这些甲醛的存在，同样会对人体造成一定的危害。那么，如何来判定染整助剂或纺织品中是否含有或者是否会释放甲醛呢?

该方法适用于任何状态的纺织品的游离水解的甲醛的测定，游离甲醛含量测试范围为20～3 500 mg/kg。测试时，首先精确称量试样，将试样在40 ℃水浴中萃取一定时间，使从织物中萃取的甲醛充分被水吸收，然后用乙酰丙酮使萃取液显色，在412 nm波长下，用分光光度计测定显色液中甲醛的吸光度，对照标准甲醛工作曲线，计算出样品中游离甲醛的含量。

1. 仪器设备

容量瓶(50 mL、250 mL、500 mL和1 000 mL)、碘量瓶或带盖三角烧瓶(250 mL)、单标移液管(1 mL、5 mL、10 mL和25 mL)、刻度移液管(5 mL)、量筒(10 mL和50 mL)、分光光度计、试管和试管架、恒温水浴锅、2号玻璃漏斗式过滤器、天平(精确至0.000 2 g)，

2. 试剂

乙酰丙酮(A.R.)、乙酸铵(A.R.)、冰醋酸(A.R.)、甲醛(A.R.)、双甲酮(A.R.)、乙醇(A.R.)和三级水(GB/T 6682)。

3. 溶液制备

① 乙酰丙酮试剂(纳氏试剂)：在1 000 mL容量瓶中加入150 g乙酸铵，用800 mL水溶解，然后加3 mL冰乙酸和2 mL乙酰丙酮，用水稀释至刻度，用棕色瓶储存。因该溶液储存开始的12 h内颜色逐渐变深，为此，使用前必须储存12 h。

② 双甲酮乙醇溶液：1 g双甲酮(二甲基-二羟基-间苯二酚或5,5-二甲基环己烷-1，3二酮)用乙醇溶解，并稀释至100 mL，使用前现配。

③ 甲醛溶液：浓度为37%(m/V或m/m)。

④ 甲醛标准原液(S1)的配制和标定：用水稀释3.8 mL甲醛溶液至1 L(浓度约为1 500 μg/mL)，用0.01 mol/L硫酸标准溶液标定其准确浓度(μg/mL)。

⑤ 甲醛的浓度-吸光度标准工作曲线的绘制：取10 mL甲醛标准溶液，至200 mL容量瓶中加水定容，得甲醛标准溶液(S2)，其浓度为75(mg/L)。分别取1 mL、2 mL、5 mL、10 mL、15 mL、20 mL、30 mL、40 mL甲醛标准溶液(S2)，至500 mL容量瓶加水稀释定容，用作甲醛的浓度-吸光度标准工作曲线的绘制。

4. 试样准备

将剪碎后的2块1 g(精确至0.01 g)的试样，分别放入250 mL带塞子的碘量瓶或三角烧瓶中，加100 mL水，盖紧盖子，放入40 ℃±2 ℃水浴中60 min±5 min，每5 min摇瓶一次，用过滤器过滤至另一碘量瓶或三角烧瓶中。如果甲醛含量太低，可以酌情增加试样量，以确保测试的准确性。

5. 测试

① 用单标移液管吸取5 mL过滤后的样品溶液和5 mL标准甲醛溶液，放入不同的试管中，分别加5 mL乙酰丙酮溶液摇动。把试管放在40 ℃±2 ℃水浴中显色30 min±5 min，取出后常温下放置30 min±5 min。用5 mL蒸馏水加等体积的乙酰丙酮做空白对

照，用 10 mm 的吸收池在分光光度计 412 nm 波长处测定吸光度。

② 考虑到样品溶液的不纯或褪色，取 5 mL 样品溶液放入另一试管中，加 5 mL 水代替乙酰丙酮，用相同的方法处理，测量此溶液的吸光度，用水做对照。

③ 平行测试两次。

④ 如果怀疑吸收不是来自于甲醛，而是使用的例如有颜色的试剂，可用双甲酮进行一次确认试验，因双甲酮与甲醛反应，甲醛便无法与乙酰丙酮发生显色反应。具体做法如下：

取 5 mL 样品溶液于试管中，加 1 mL 双甲酮乙醇溶液并摇动，把溶液放入 40 ℃水浴中 10 min；加 5 mL 乙酰丙酮试剂摇动，继续放入 40 ℃水浴中 30 min；取出试管室温下放置 30 min，测量用相同方法制成的对照溶液的吸光度。对照溶液用水，而不是样品溶液，来自甲醛的 412 nm 波长处的吸光度将消失。

6. 结果计算和表示

用下式校正各测试样品的吸光度：

$$A = A_s - A_b - (A_d)$$

式中：A——校正吸光度；

A_s——试样中测得的吸光度；

A_b——空白试剂中测得的吸光度；

A_d——空白样品中测得的吸光度(仅用于变色或沾污的情况)。

用校正后的吸光度数值，通过工作曲线查出甲醛含量，用“μg/mL”表示。

试样中萃取的甲醛含量的计算公式如下：

$$F = 100c/m$$

式中：F——从试样中萃取的甲醛含量(mg/kg)；

c——读自工作曲线的萃取液中的甲醛浓度(mg /L)；

m——试样的质量(g)。

计算两次测试结果的平均值，计算结果修约为整数。如果计算结果小于 20 mg/kg，判定为“未检出”。

(二) 纺织品释放甲醛(蒸汽吸收法)的测定

纺织品释放甲醛的测定通常采用 GB/T 2912.2 中规定的蒸汽吸收法。将一个已称量的试样，悬挂于密封瓶中的水面上，密封瓶放入控温烘箱内规定时间，被水吸收的甲醛用乙酰丙酮显色，用分光光度计测定显色液的吸光度，对照标准甲醛工作曲线，计算出试样中释放的甲醛含量。

1. 仪器设备

玻璃广口瓶(有密封盖)、小型金属丝网篮(可将织物悬挂于瓶内水的上方)、容量瓶(50 mL、250 mL、500 mL 和 1 000 mL)、碘量瓶或带盖三角烧瓶(250 mL)、单标移液管(1 mL、5 mL、10 mL 和 25 mL)、刻度移液管(5 mL)、量筒(10 mL 和 50 mL)、分光光度计、试管和试管架、恒温水浴锅、电热鼓风箱、天平(精确至 0.000 2 g)。

2. 试剂

乙酰丙酮、乙酸铵(A. R.)、冰醋酸(A. R.)、甲醛(A. R.)和三级水(GB/T 6682)。

3. 溶液制备

① 乙酰丙酮试剂(纳氏试剂)(参见游离甲醛水萃取测定法)。

② 甲醛溶液:浓度为37%(m/V或m/m)。

③ 甲醛标准原液(S1)的配制和标定(参见游离甲醛水萃取测定法)。

④ 甲醛的浓度-吸光度标准工作曲线的绘制(参见游离甲醛水萃取测定法)。

4. 试样准备

准备试样两块,将试样剪成1 g左右,准确称量,精确至0.001 g。

5. 测试

每个测试瓶底部放50 mL水,用金属丝网篮(或其他手段)将一块试样悬挂于水面之上,盖紧瓶盖,放入49 ℃±2 ℃烘箱中20 h±15 min,取出测试瓶,冷却30 min±5 min,取出试样和网篮(或其他支持件),再盖紧瓶盖,将测试瓶摇动,以混合瓶侧任何凝聚物。

将5 mL乙酰丙酮试剂移入适量试管或其他合适的烧瓶,并在另一试管中注入5 mL乙酰丙酮试剂进行空白试验。从每个试样的保持瓶中吸5 mL萃取液加至试管中,空白试验则加5 mL蒸馏水于试管中,混合,摇匀,将试管放入40 ℃±2 ℃水浴中显色30 min±5 min,取出,常温下冷却30 min±5 min,在波长412 nm处测吸光度,再从甲醛标准溶液工作曲线查得对应试样溶液中的甲醛含量(μg/mL)。

6. 结果计算和表示

每块试样中的甲醛含量可按下式计算:

$$F = 50c/m$$

式中:F——试样中的甲醛含量(mg/kg);

c——读自工作曲线的萃取液中的甲醛含量(mg /L);

m——试样的质量(g)。

计算两次测试结果的平均值,修约为整数。如果计算结果小于20 mg/kg,则判定为"未检出"。

上述两种测试方法中,如果测试的纺织品中的甲醛含量不在甲醛吸光度-浓度标准工作曲线范围内,那么用于作标准曲线的甲醛标准溶液的浓度可适当调整,或者在试样准备时调整稀释比例,以获得准确的测试结果。此时,最终的甲醛含量计算公式应相应调整。

(三) 降低织物中甲醛含量的方法

织物中的甲醛主要来自织物的后整理过程。例如:用作纤维素纤维织物防皱抗缩整理的交联剂;在棉织品的直接染料或活性染料染色过程中,为提高耐湿摩擦色牢度,采用含有甲醛的阴离子树脂,势必造成面料和服装中甲醛的残留。从根本上解决织物中甲醛释放问题的途径,只能以无甲醛或低甲醛等整理剂来替代甲醛释放量较高的整理剂。目前,无甲醛或低甲醛整理剂的应用相当广泛。

当最终的面料或服装中的甲醛含量超标时,往往采用甲醛捕捉剂进行处理,以减少甲醛的释放量。例如南京双全科技有限公司的甲醛一网净系列产品,可迅速、彻底地消除各种纺织品中残留的甲醛,使纺织品甲醛含量降至10 ppm,甚至更低,达到国际、国内规定的标准,对纺织品的外观和理化性能也无影响,提高了纺织品的环保等级。其应用参数如下:

1. 性状

外观：无色无味、无毒害（不含联氨类有毒致癌物质）、透明的液体；主要成分：甲醛捕捉剂和催化剂；固含物：≥5%；储存期：室温下可储存1年；pH值：7～8；相溶性：可与多种纺织整理助剂混溶，不影响助剂的效果。

2. 特性和使用方法

可采用浸轧、浸渍、喷涂等方式。

浸渍工艺：织物→按1∶5的比例，加水浸渍（浸泡匀透1 h）→ 脱水（回收甩出溶液，加入浸渍槽中）→烘干。

喷雾（雾化）至经整理烘干定形的织物表面，使用量约为纺织品干燥质量的3%～8%，以1∶10的比例与水调匀后喷雾到纺织品表面，经短时间的加热焙烘处理（120～180 ℃，1～2 min），即可将游离甲醛降到10 ppm甚至0 ppm的水平。甲醛超标严重的纺织品，可适当加大使用量。

二、纺织品水萃取液pH值的检测

在纺织品的染整加工过程中，有一系列的酸、碱处理，如棉织物退浆、精练、漂白和丝光处理，都是在碱性条件下进行的，而羊毛的炭化和染色多数在酸性条件下进行，所以，经印染加工的面料或多或少会有一定的酸碱度，即pH值。而人体皮肤的正常pH值为5.5～6.5，呈弱酸性，如果外界酸碱度过高，超出皮肤适宜的pH值范围，会对皮肤产生刺激和腐蚀作用，引发皮肤炎症，对人体的汗腺系统和神经系统都会造成损害。因此，为了保证消费者的健康和安全，作为服用的纺织品在正式投入市场之前，须很好地控制其pH值，使之达到符合人体要求的合适数值。我国国家标准GB 18401对不同种类织物的pH值有不同的限定值（表5-29）。

表5-29 pH值限定值

纺织品类别		pH值
A类	婴幼儿	4.0～7.5
B类	直接与皮肤接触	4.0～8.5
C类	不直接与皮肤接触	4.0～9.0

纺织品pH值不达标有两种情况。一种是低于国家标准的下限，即pH值小于4.0，往往出现在染色时用酸调节染液pH值的情况下。如蛋白质纤维用酸性染料染色，特别是用强酸性染料染色时。腈纶或涤纶染色工艺不当，也可能出现成品布面pH值偏低的现象。针对这种情况，一般在染色后充分水洗去酸，使布面pH值达标。如果酸性较强，可适当加入弱碱中和，再充分水洗。另一种是高于国家标准的上限，即对于婴幼儿服装和直接接触皮肤的面料，其pH值分别高于7.5和8.5；或对于非直接接触皮肤的面料，其pH值高于9.0。这种情况一般出现在棉织物中，因为棉织物的前处理是在较强的碱性环境中完成的，其染色过程中也要添加碱剂，如果加工过程中没有用弱酸中和或水洗不充分，极易出现布面pH值偏高的情况。如果布面pH值高出上限不多，可采用充分水洗的办法使布面pH值达标；如果布面pH值远远高出上限，可适当用弱酸进行中和，再充分水洗。

（一）纺织品水萃取液 pH 值的检测方法

人体环境呈弱酸性，与皮肤接触的服装等纺织品最好也呈弱酸性。这样纺织品可以有良好的亲肤性。

我国国家标准现行的纺织品 pH 值测试标准是 GB/T 7573《纺织品水萃取液 pH 值的测定》。其方法是在室温下，将待测纺织品剪碎，放入规定的水中，用带有玻璃电极的 pH 计，测定纺织品水萃取液的 pH 值。

1. 仪器及材料

(1) 仪器设备

具塞三角烧瓶(250 mL)、往复式或旋转式振荡器、pH 计(图 5-51，读数精度为 0.1)、天平(感量为0.01 g)、烧杯和量筒。

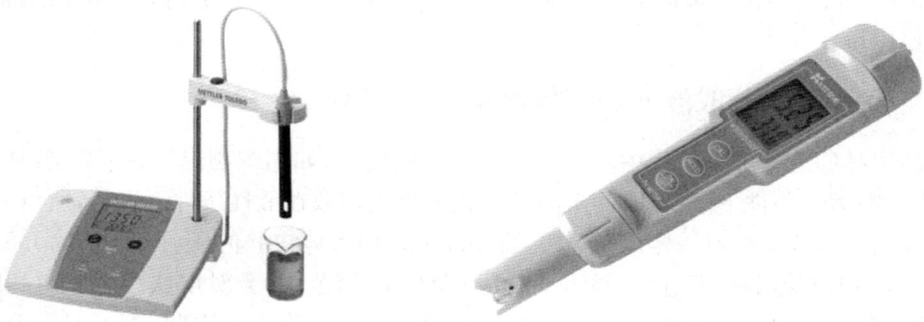

图 5-51　pH 计

(2) 染化药品

0.05 mol/L 邻苯二甲酸氢钾缓冲溶液(20 ℃时 pH＝4.00，25 ℃时 pH＝4.01)、0.08 mol/L磷酸二氢钾和磷酸氢二钠缓冲溶液(20 ℃时 pH＝6.87，25 ℃时 pH＝6.86)、0.01 mol/L四硼酸钠缓冲溶液(20 ℃时 pH＝9.23，25 ℃时 pH＝9.18)。

(3) 实验材料

待测织物、三级水或去离子水(20 ℃±2 ℃时，pH 值为 5～7.5)。

(4) 试样准备

从样品中抽取足够数量的试样，剪成约 0.5 cm 的小块。操作时注意不要用手直接触摸试样。每个测试样品准备 3 个平行试样，每个称取 2 g±0.05 g。

2. 测试步骤

(1) 水萃取液的制备

称取质量为 2 g±0.05 g 的试样 3 份，分别放入具塞三角烧瓶中，加入 100 mL 水或氯化钾溶液，摇动烧瓶使试样润湿，然后在振荡器上振荡 2 h±5 min。

(2) 水萃取液 pH 值的测定

测试在接近室温的条件下进行，温度变化不超过 5 ℃。

① pH 计的校准。调节 pH 计上的温度与室温一致，然后校正仪器的零位，用两种或三种缓冲溶液校准 pH 计。

② 测定水萃取液的 pH 值。用蒸馏水洗涤电极直至所显示的 pH 值达到稳定(5 min

内变化小于0.05)。如果不能达到此要求,则更换电极。将第一份萃取清夜(已将待测织物滤出)倒入烧杯,将电极浸入至液面以下至少1 cm,轻轻摇动溶液,直至所显示的pH值达到稳定(本次测定值不记录)。将第二份萃取清液倒入烧杯,将电极(不需洗涤)浸入至液面以下至少1 cm,静置,直至pH值达到稳定为止,记录读数。取第三份水萃取液,按照第二份萃取清液的值测定方法测定其pH值,记录读数。

3. 计算

以第二、三份水萃取液所测得的pH值的平均值作为测试结果。如果两个pH值的差异大于0.2,则另取试样重新测试。直到得到两个有效的测量值,计算平均值,结果保留一位小数。

三、纺织品中禁用偶氮染料的检测

随着人们的环保和健康意识不断加强,有关偶氮染料染色的纺织品在特殊条件下能分解产生24种对人体或动物有致癌作用的芳香胺的问题,愈来愈引起人们的重视。德国、欧共体、瑞士、东欧,及亚洲等国家、组织和地区,对此都有严格的限制。我国国家标准GB/T 17592《纺织品 禁用偶氮染料的测定》为纺织品中芳香胺化合物的检测提供了可靠的依据。

前文所述的甲醛和pH值不达标,都可用相应的措施进行补救。但对于禁用偶氮染料而言,一旦选择了能够分解出致癌芳香胺的染料,就注定了产品最终检测不合格。目前没有合适的方法来解决这一问题。因此,要解决禁用偶氮染料检测不合格的问题,只能从源头抓起,即在染料选择时就要格外小心,避免使用能够分解出24种禁用芳香胺的染料。24种禁用芳香胺名称见表5-30。

表5-30 24种禁用芳香胺名称

序号	芳香胺名称	序号	芳香胺名称
1	4-氨基联苯	13	3,3′-二甲基-4,4′-二氨基二苯甲烷
2	联苯胺	14	2-甲氧基-5-甲基苯胺
3	4-氯-2-甲基苯胺	15	4,4′-亚甲基-二(2-氯苯胺)
4	2-萘胺	16	4,4′-二氨基二苯醚
5	4-氨基-3,2′-二甲基偶氮苯	17	4,4′-二氨基二苯硫醚
6	2-氨基-4-硝基甲苯	18	2-甲基苯胺
7	2,4-二氢基苯甲醚	19	2,4-二氢基甲苯
8	4-氯苯胺	20	2,4,5-三甲基苯胺
9	4,4′-二氨基二苯甲烷	21	2-甲氧基苯胺
10	3,3′-二氯联苯胺	22	4-氨基偶氮苯
11	3,3′-二甲氧基联苯胺	23	2,4-二甲基苯胺
12	3,3′-二甲基联苯胺	24	2,6-二甲基苯胺

(一)纺织品中禁用偶氮染料的检测

下面以气相色谱/质谱法为例,介绍纺织品中禁用偶氮染料的检测方法:

1. 检测原理

纺织品中的偶氮染料，在柠檬酸盐缓冲溶液（pH=6.0）介质中，用连二亚硫酸钠还原分解，以产生可能存在的违禁芳香胺，用适当的液-液分配柱提取或以溶剂直接提取溶液中的芳香胺，浓缩后用合适的有机溶剂定容，再用气相色谱/质谱联用仪和气相色谱仪进行检测。

图 5-52　气相色谱/质谱联用仪

1—进料塔　2—质谱检测器　3—气相分离器

2. 仪器设备

气相色谱/质谱联用仪（GC/MS，图 5-52）、反应器（由硬质玻璃制成管状，具有磨塞，高 10 cm，外径 3.4 cm，容积约 65 mL）、水浴锅、真空旋转蒸发器、旋涡混合器、提取柱（20 cm×2.5 cm，内径为玻璃柱，具有活塞，能控制流速）、棕色容量瓶（10 mL、25 mL）、移液管（1 mL、5 mL、25 mL）、分液漏斗（60 mL）、磨口具塞锥形瓶（100 mL）、离心机（4 000 r/min）、微量注射器（10 μL）、磨口具塞离心管（10 mL）、磨口圆底烧瓶（100 mL）、锥形烧杯（125 mL）。

3. 试剂

乙醚（A. R.）、甲醇（A. R.）、柠檬酸（A. R.）、氢氧化钠（A. R.）、连二亚硫酸钠（A. R.）、盐酸（A. R.）、芳香胺标准参考物（基准物质）、硅藻土（600 ℃灼烧 4 h，冷却后置于干燥器内备用）、二级水。

4. 溶液制备

① 乙醚净化：取 500 mL 乙醚，用100 mL硫酸亚铁溶液（5%水溶液）振摇，弃去水层，于全玻璃装置中重蒸馏，收集 33.5～34.5 ℃馏分。

② 柠檬酸盐缓冲液（0.06 mol/L，pH=6.0）：取 12.526 g 柠檬酸和 6.320 g 氢氧化钠，溶于水中，定容至 1 000 mL。

③ 连二亚硫酸钠溶液：200 mg/mL 水溶液。临用时取干粉状连二亚硫酸钠，用二级水新鲜制备。

④ 氢氧化钠溶液：1 mol/L 水溶液。

⑤ 氢氧化钠溶液：5 mol/L 水溶液。

⑥ 盐酸溶液：1 mol/L 水溶液。

⑦ 芳香胺标准溶液：用甲醇将上述芳香胺分别配成浓度为 1 000 μg/mL 的标准储备液。使用时，根据需要，再用甲醇稀释至适当浓度的标准工作液。这些胺类的标准溶液都须保存在棕色容量瓶中，置于冰箱冷冻室中。

5. 试样的预处理

取有代表性的织物试样，剪成 5 mm×5 mm 的碎片，混匀，从混合样中称取 1.0 g（精确至 0.01 g）试样 2 份（供平行试验用），置于反应器中，加入 17 mL 预热至 70 ℃±2 ℃的柠檬酸盐缓冲液，将反应器密闭，置于水浴中，保持间断、有力地振摇，于 70 ℃±2 ℃下加热 30 min，使所有纤维充分润湿。然后，打开反应器，加入 3.0 mL 连二亚硫酸钠溶液，立即密闭，并有力地振摇。将反应器再次于 70 ℃±2 ℃下保持 30 min，并不时摇动，使其充分还原。还原后 2 min 内冷却至室温。

6. 萃取和浓缩

用玻璃棒挤压反应器中的试样，将反应液全部倒入提取柱内，任其吸附 15 min，用 4×20 mL乙醚，分 4 次洗提反应器中的试样，每次需混合乙醚和试样，然后将乙醚洗液倒入提取柱，控制流速，收集乙醚提取液于圆底烧瓶中。

将圆底烧瓶置于真空旋转蒸发器上，于 35 ℃左右的温度和低真空下浓缩至近 1 mL，再用缓氮气流驱除乙醚溶液，使其浓缩至接近干燥。

7. 气相色谱/质谱分析

(1) 气相色谱/质谱操作条件

毛细管色谱柱：DB-5MS，30 m×0.25 mm×0.25 μm 或相当者。

进样口温度：250 ℃。

柱温：60 ℃(1 min) $\xrightarrow{25\ ℃/min}$ 210 ℃ $\xrightarrow{3\ ℃/min}$ 230 ℃ $\xrightarrow{15\ ℃/min}$ 250 ℃ $\xrightarrow{12\ ℃/min}$ 280 ℃。

质谱接口温度：270 ℃。

载气：氦气，流量 1 mL/min。

质量扫描范围：35～350 amu。

离化方式：EI。

离化电压：70 eV。

进样量：1 μL。

进样方式：不分流进样。

(2) 定性分析

准确移取 1 mL 甲醇或其他合适的溶剂，加入上述圆底烧瓶中，混匀，静置。取浓缩定容的试样液、标准样液 1 μL，分别注入色谱仪。按照上述条件分析，对照两者的保留时间和特征离子，判断试样液中有无标样成分。

(3) 定量分析

试验结果以各种芳香胺的检测结果分别表示，计算结果修改为整数。低于测定低限时，试验结果为“未检出”。

① 外标法。试样中各种芳香胺组分 i 的含量计算公式如下：

$$X_i = \frac{A_i \times c_i \times V}{A_{is} \times m}$$

式中：X_i——试样中组分 i 的含量(mg/kg)；

A_i——试样中组分 i 的峰面积(或峰高)；

c_i——标准工作液中组分 i 的浓度(mg/L)；

V——试样液最终定容体积(mL)；

A_{is}——标准工作液中组分 i 的峰面积(或峰高)；

m——试样质量(g)。

② 内标法。试样中各种芳香胺组分 i 的含量计算公式如下：

$$X_i = \frac{A_i \times c_i \times V \times A_{isc}}{A_{is} \times m \times A_{iss}}$$

式中：X_i——试样中组分 i 的含量(mg/kg)；

A_i——试样中组分 i 的峰面积(或峰高)；

c_i——标准工作液中组分 i 的浓度(mg/L)；

V——试样液最终定容体积(mL)；

A_{isc}——标准工作液中内标的峰面积；

A_{is}——标准工作液中组分 i 的峰面积(或峰高)；

m——试样质量(g)；

A_{iss}——试样液中内标的峰面积。

四、纺织品中重金属离子含量的检测

羊毛一般选择酸性染料染色，但酸性染料的染色牢度往往不够高。为了提高羊毛织物的染色牢度，可以选择酸性媒染染料或酸性含媒染料，而这两类染料中往往含有 Cr^{6+}。Cr^{6+} 往往对水体造成严重污染，对人体也有害，所以酸性媒染染料或酸性含媒染料目前用得越来越少。

纺织品经某些染化料处理后残余的重金属离子，超过一定的浓度后，会对人体产生不良的影响。许多国家对此都有严格的限制。我国参考奥地利纺织研究院生态纺织品标准(Oeko-Tex Standard 100)对纺织品中重金属离子的最高允许极限值的要求，制定了 GB/T 17593《纺织品 重金属离子检测方法 原子吸收分光光度法》，用原子吸收分光光度法测定纺织品中残余重金属离子——镉、钴、铬、铜、镍、铅、锌的游离量和总量，为控制纺织品中残余重金属离子的含量提供了可靠的依据。此方法科学合理，简便易行，既适用于各种纺织品中镉、钴、铬、铜、镍、铅和锌的游离量和总量的同时测定，也适用于其中一种元素的单独测定。

纺织品中重金属的来源有三个部分：天然纤维在生长过程中，从土壤中吸收的重金属；采用媒染染料或含媒染料染色时，引入的重金属；其他染整加工过程中引入的重金属。以前两者为主。因此，为避免织物成品中重金属含量超标，要选择不受重金属污染的纤维原料，染色过程中避免使用媒染染料或含媒染料。另外，在织物的其他印染加工过程中也要避免重金属的引入，如选择不含重金属的固色剂等。

(一) 纺织品中重金属离子游离量的测定方法

1. 原理

根据标准，分别用模拟酸性、碱性汗液和唾液将试样萃取，然后用石墨炉原子吸收分光光度计或火焰原子吸收分光光度计，分别以镉、钴、铬、铜、镍、铅和锌空心阴极灯为光源，在对应的原子吸收光谱仪波长 228.8 nm、240.7 nm、357.9 nm、324.7 nm、232.0 nm、283.3 nm 和 213.9 nm 处，测量试样萃取液的吸光度，对照标准曲线确定各重金属离子的含量，计算出纺织品中镉、钴、铬、铜、镍、铅和锌的游离量。试样中共存的杂质元素，均不干扰测定。

2. 仪器设备

石墨炉原子吸收分光光度计或火焰原子吸收分光光度计(图 5-53，附有镉、钴、铬、铜、镍、铅和锌空心阴极灯)、容量瓶(100 mL、1 000 mL)、具塞三角烧瓶(250 mL)、单标移液管(1 mL、2 mL、5 mL 和 10 mL)、量筒(10 mL 和 50 mL)、恒温水浴锅、漏斗式过滤器、天平(精确至 0.000 2 g)。

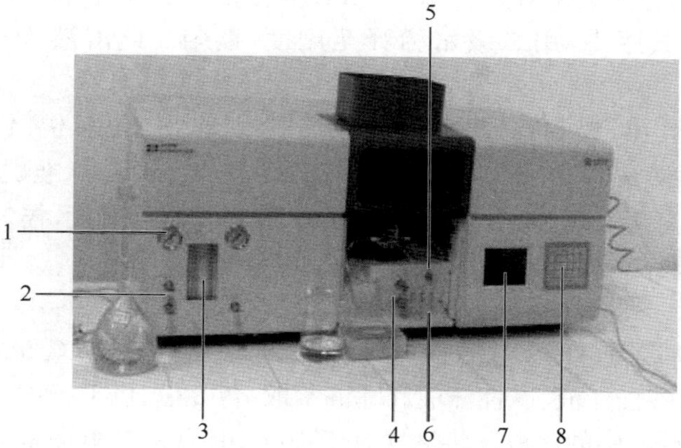

图 5-53　原子吸收分光光度计

1—压力表　2—流量阀　3—流量计　4—调节钮
5—点火　6—气体切换钮　7—显示器　8—键盘

3. 试剂

硝酸(A. R.)、盐酸(A. R.)、L-组氨酸盐酸盐-水合物($C_6H_9O_2N_3 \cdot HCl \cdot H_2O$, A. R.)、氯化钠(A. R.)、磷酸二氢钠二水合物($NaH_2PO_4 \cdot 2H_2O$, A. R.)、氢氧化钠(A. R.)、磷酸氢二钠十二水合物($Na_2HPO_4 \cdot 12H_2O$, A. R.),以及纯的镉、钴、铜、镍、铅和锌、二级水。

4. 溶液制备

① 硝酸 (1+1)。

② 盐酸 (1+1)。

③ 酸性汗液。在 1 000 mL 蒸馏水中加入 0.5 g L-组氨酸盐酸盐-水合物，5 g 氯化钠，2.2 g 磷酸二氢钠二水合物,配成酸性汗液。用 0.1 mol/L 的氢氧化钠溶液调整试液 pH 值至 5.5。试液需现配现用。

④ 碱性汗液。在 1 000 mL 蒸馏水中加入 0.5 g L-组氨酸盐酸盐-水合物，5 g 氯化钠，5 g磷酸氢二钠十二水合物水合物或 2.5 g 磷酸氢二钠二水合物,配成碱性汗液。用 0.1 mol/L的氢氧化钠溶液调整试液 pH 值至 8.0。试液需现配现用。

⑤ 唾液。盐酸:0.07 mol/1。

⑥ 盐酸:2 mol/L。

⑦ 氢氧化钠:0.1 mol/L。

⑧ 镉、钴、铜、镍、铅和锌标准贮存溶液。称取纯镉、钴、铜、镍、铅和锌各 1.000 g(精确至 0.000 1 g),分别置于一组 100 mL 烧杯中,各加入 20 mL 硝酸,微热至溶解完全,冷却,准确移入 1 000 mL 容量瓶中,用二级水稀释至刻度,摇匀。上述溶液 1 mL 分别含 1 000 μg 镉、钴、铜、镍、铅、锌。

⑨ 铬标准贮存溶液。称取纯铬 1.000 g(精确至 0.000 1 g),置于一组 100 mL 烧杯中,加入 20 mL 盐酸,微热至溶解完全,冷却,准确移入 1 000 mL 容量瓶中,用二级水稀释至刻度,摇匀。上述溶液 1 mL 含 1 000 μg 铬。

⑩ 镉、铅标准混合溶液。分别移取 10 mL 镉标准贮存溶液和 20 mL 铅标准贮存溶液，置于 100 mL 容量瓶中，用二级水稀释至刻度，摇匀。此溶液 1 mL 含 100 μg 镉和 200 μg铅。

⑪ 镉、钴、铬、铜、镍、铅和锌混合标准溶液。分别移取 2 mL 镉、铅标准混合溶液⑩，2 mL钴、镍标准贮存溶液⑧，10 mL 铜标准贮存溶液⑧，2 mL 铬标准贮存溶液⑨ 和 20 mL 锌标准贮存溶液⑧，置于 1 000 mL 容量瓶中，用二级水稀释至刻度，摇匀。此溶液 1 mL 分别含 0.2 μg 镉，2 μg 钴、铬、镍，10 μg 铜，0.4 μg 铅和 20 μg 锌。

5. 试样准备

从样品上随机剪取质量约 4 g 的试样 6 份，剪碎至 0.5 mm×0.5 mm 以下，精确称至 0.000 1 g，分别进行酸性汗液、碱性汗液和唾液萃取，各 2 份，供平行试验。

① 试样在酸性汗液中的萃取。将试样置于 150 mL 具塞三角烧瓶中，加入 80 mL 酸性汗液，将纤维充分浸湿，在 37 ℃±2 ℃下不断地摇动，持续 1 h；然后将样品在 37 ℃±2 ℃下放置 1 h，用漏斗式滤器将试样过滤至 100 mL 的容量瓶中；并用 18 mL 二级水，分 3 次洗涤过滤器中的试样至 100 mL 的容量瓶中；最后用二级水稀释至刻度，摇匀。

② 试样在碱性汗液中的萃取。将试样置于 150 mL 具塞三角烧瓶中，加入 80 mL 碱性汗液，将纤维充分浸湿，在 37 ℃±2 ℃下不断地摇动，持续 1 h；然后将样品在 37 ℃±2 ℃下放置 1 h，用漏斗式滤器将试样过滤至 100 mL 的容量瓶中；并用 18 mL 二级水，分 3 次洗涤过滤器中的试样至 100 mL 的容量瓶中；最后用二级水稀释至刻度，摇匀。

③ 试样在唾液中的萃取。将试样置于 150 mL 具塞三角烧瓶中，加入 80 mL 盐酸，将纤维充分浸湿，在 37 ℃±2 ℃下不断地摇动，持续 1 h；然后将样品在 37 ℃±2 ℃下放置 1 h，用 2 mol/L 盐酸溶液调节 pH 值，使试样萃取液 pH 值保持至 1.5 以下；然后用漏斗式滤器将试样过滤至 100 mL 的容量瓶中；并用 18 mL 二级水，分 3 次洗涤过滤器中的试样至 100 mL 的容量瓶中；最后用二级水稀释至刻度，摇匀。

6. 空白试验

随同试样做空白试验。

7. 镉、钴、铬、铜、镍、铅和锌标准工作曲线的绘制

分别移取 0.00 mL，1.00 mL，2.00 mL，3.00 mL，4.00 mL，5.00 mL 镉、钴、铬、铜、镍、铅和锌的混合标准溶液于一组 100 mL 容量瓶中，用二级水稀释至刻度，摇匀。以二级水调零，分别测量镉、钴、铬、铜、镍、铅和锌的吸光读数，减去试剂空白；分别以镉、钴、铬、铜、镍、铅和锌的浓量为横坐标，以吸光读数为纵坐标，绘制工作曲线。

8. 测定

在石墨炉原子吸收分光光度计上，于 228.8 nm，240.7 nm，357.9 nm，324.7 nn，232.0 nm，283.3 nm 波长处，先以二级水调零，然后分别测量试样在酸性汗液、碱性汗液和唾液中镉、钴、铬、铜、镍、铅的吸光读数，从工作曲线上查出相应的镉、钴、铬、铜、镍和铅的量。在火焰原子吸收分光光度计上，于 213.9 nm 波长处，以二级水调零后，分别测量试样在酸性汗液、碱性汗液和唾液中锌的吸光读数，从工作曲线上查出相应的锌的量。

9. 结果计算

试样在酸性汗液、碱性汗液和唾液中镉、钴、铬、铜、镍、铅、锌的游离量(μg/g)的计算公式如下：

$$C'(\mathrm{Cd,\ Co,\ Cr,\ Cu,\ Ni,\ Pb,\ Zn})=\frac{(C-C_0)\times V}{m}$$

式中：C——自工作曲线上查得的试样溶液中镉、钴、铬、铜、镍、铅、锌的浓度（μg /mL）；

C_0——自工作曲线上查得的随同试样空白溶液中镉、钴、铬、铜、镍、铅、锌的浓度（μg /mL）；

V——试样溶液的总体积（mL）；

m——试样的质量（g）。

所得结果应表示至两位小数。取平行测定结果的算术平均值作为测定结果。同一试验的平行测定结果之相对标准偏差不大于10%。

（二）纺织品中重金属离子总量的测定方法

将试样用硫酸、硝酸湿法灰化后，用硝酸溶解残渣，将试样溶液喷入空气-乙炔火焰中，分别用镉、钴、铬、铜、镍、铅和锌空心阴极灯做光源，并在对应的原子吸收光谱仪波长228.8 nm，240.7 nm，357.9 nm，324.7 nm，232.0 nm，283.3 nm和213.9 nm处，测量其吸光度，对照标准曲线确定各重金属离子的含量。试样中共存的杂质元素均不干扰测定。

1. 仪器设备

石墨炉原子吸收分光光度计和火焰原子吸收分光光度计（附有镉、钴、铬、铜、镍、铅和锌空心阴极灯）、容量瓶（100 mL、1 000 mL）、具塞三角烧瓶（250 mL）、单标移液管（1 mL、2 mL、5 mL和10 mL）、量筒（10 mL和50 mL）、恒温水浴锅、漏斗式过滤器、天平（精确至0.000 2 g）。

2. 试剂

高氯酸（70%）、硫酸（98%）、硝酸（68%），以及纯的镉、钴、铜、镍、铅和锌与二级水。

3. 溶液制备

① 硝酸（1+1）。

② 盐酸（1+1）。

③ 镉、钴、铜、镍、铅和锌标准贮存溶液。称取纯镉、钴、铜、镍、铅和锌各1.000 g（精确至0.000 1 g），分别置于一组100 mL烧杯中，各加入20 mL硝酸，微热至溶解完全，冷却；准确移入1 000 mL容量瓶中，用二级水稀释至刻度，摇匀。上述溶液1 mL分别含1 000 μg镉、钴、铜、镍、铅、锌。

④ 铬标准贮存溶液。称取纯铬1.000 g（精确至0.000 1 g），置于一组100 mL烧杯中，加入20 mL盐酸，微热至溶解完全，冷却；准确移入1 000 mL容量瓶中，用二级水稀释至刻度，摇匀。上述溶液1 mL含1 000 μg铬。

⑤ 镉、钴、铬、铜、镍、铅和锌混合标准溶液。分别移取20 mL镉、钴、铜、镍、铅、锌标准贮存溶液和20 mL铬标准贮存液置于1 000 mL容量瓶中，用二级水稀释至刻度，摇匀。此溶液1 mL分别含20 μg镉、钴、铬、铜、镍、铅和锌。

4. 试样准备

从样品上随机剪取质量约4 g的试样6份，剪碎到0.5 mm×0.5 mm以下，精确称至0.000 1 g，分别进行酸性汗液、碱性汗液和唾液萃取，各2份，供平行试验。

将试样置于150 mL烧杯中，加入20 mL 98%的浓硫酸和几滴68%的硝酸一起加热，在加热的同时，加入一滴70%的高氯酸，煮沸混合物，直至不再产生黄绿色的烟雾（氯气）为止。不断重复滴加高氯酸，直至溶液变成澄清，然后蒸发除去过量的硫酸，蒸至湿盐状。取下冷却，加入5 mL硝酸（1+1），微热溶解残渣，溶液移入25 mL容量瓶中，用二级水稀释至刻度，摇匀。

5. 空白试验

随同试样做空白试验。

6. 标准工作曲线的绘制

① 镉、钴、镍和锌工作曲线的绘制。分别移取0.00 mL，1.00 mL，2.00 mL，3.00 mL，4.00 mL，5.00 mL镉、钴、镍和锌的混合标准溶液于一组100 mL容量瓶中，分别加入20 mL硝酸（1+1），用二级水稀释至刻度，摇匀。以二级水调零，分别测量镉、钴、镍和锌的吸光读数，减去试剂空白；分别以镉、钴、镍和锌的浓度为横坐标，以吸光读数为纵坐标，绘制工作曲线。

② 铬、铜和铅工作曲线的绘制。分别移取0.00 mL，5.00 mL，10.00 mL，15.00 mL，20.00 mL，25.00 mL铬、铜和铅混合标准溶液于一组100 mL容量瓶中，分别加入20 mL硝酸（1+1），用二级水稀释至刻度，摇匀。以二级水调零，分别测量铬、铜和铅的吸光读数，减去试剂空白；分别以铬、铜和铅的浓度为横坐标，以吸光读数为纵坐标，绘制工作曲线。

7. 测定

在火焰原子吸收分光光度计上，于228.8 nm，240.7 nm，357.9 nm，324.7 nm，232.0 nm，283.3 nm和213.9 nm波长处，先在空气-乙炔火焰中，以二级水调零；然后按需分别测量试样中镉、钴、铬、铜、镍、铅和锌的吸光读数，从工作曲线上查出相应的镉、钴、铬、铜、镍、铅和锌的量。

8. 结果计算

试样中镉、钴、铬、铜、镍、铅、锌的总量（μg/g）的计算公式如下：

$$C'(\mathrm{Cd},\ \mathrm{Co},\ \mathrm{Cr},\ \mathrm{Cu},\ \mathrm{Ni},\ \mathrm{Pb},\ \mathrm{Zn}) = \frac{(C-C_0)\times V}{m}$$

式中：C——自工作曲线上查得的试样溶液中镉、钴、铬、铜、镍、铅、锌的浓度（μg /mL）；

C_0——自工作曲线上查得的随同试样空白溶液中镉、钴、铬、铜、镍、铅、锌的浓度（μg /mL）；

V——试样溶液的总体积（mL）；

m——试样的质量（g）。

所得结果应表示至两位小数。取平行测定结果的算术平均值作为测定结果。同一试验平行测定结果之相对标准偏差不大于10%。

使用石墨炉原子吸收分光光度计与火焰原子吸收分光光度计测定纺织品中重金属离子含量时，应将仪器调节至最佳工作状态。由于仪器的最佳工作条件随仪器型号不同或其他因素而异，故不做具体规定。

如试样中镉、钴、格、铜、镍、铅和锌的含最较高时，可将需测定的试样溶液稀释至适宜的浓度后进行测定。

阅读材料

染色牢度影响因素分析

影响纺织面料的染色牢度的因素有很多，如纤维的性质、染料本身的结构、染料与纤维的结合方式、染色的方法与染色工艺等。

一、影响耐洗色牢度的因素

染色织物在进行高温皂洗时，纤维中的染料会向外迁移并进入皂洗液，纤维表面未洗净的浮色也会脱离纤维表面进入皂洗液，从而导致染色织物的颜色变浅，同时皂洗液中的染料会对贴衬织物产生沾色。对色牢度的影响，除了染料母体结构因外界因素的影响而发生改变导致染色物变色和褪色外，染色物上的浮色也是影响染色物的皂洗牢度的重要因素。所有染料在染色后都会在织物上留下浮色染料。实践证明，即使经过充分的皂洗，纤维上仍有部分残留的浮色染料。它们是染色织物的湿处理牢度，包括皂洗和湿摩擦色牢度不合格的主要原因。影响皂洗牢度的因素主要有：

1. 染料的影响

染料的溶解性对皂洗牢度有一定的影响。含亲水性基团较多、水溶性较好的染料，皂洗牢度较低，如直接染料、酸性染料；不溶性的染料，皂洗牢度较高，如分散染料、还原染料等。同时，不同的染料在染色时和纤维的结合情况也影响皂洗牢度，如活性染料在染纤维素纤维时，因为与纤维生成共价键结合，因而皂洗牢度较好。

2. 染色工艺

在染色过程中，工艺控制不当，造成染料染着不良，与纤维结合不好，使染料易从纤维上脱落，就会影响皂洗牢度。皂洗液的温度、pH 值和搅拌情况也对皂洗牢度有影响。染色时若染料浓度高，染料和纤维的结合超饱和，受外力作用时染料易脱落，就会影响皂洗牢度。染料染色后进行的后处理，对皂洗牢度也会有影响。

3. 固色剂处理

染色后的产品，若色牢度达不到要求，可在后整理时采用固色剂进行弥补和改善。用固色剂进行处理，是在没有性能优良的染料、染色工艺不当造成湿处理牢度较差时的补救措施。大部分固色剂都具有一定的改善湿处理牢度的作用。

为提高皂洗牢度，在染色时需制定合理的染色工艺，并严格按工艺要求操作，保证染料与纤维充分结合；染后进行充分洗涤，洗净浮色；必要时可加入适当的固色剂。

二、影响摩擦色牢度的因素

造成摩擦色牢度尤其湿摩擦色牢度较差的原因，主要是染料的浮色转移和有色纤维微粒子的机械摩擦转移。影响摩擦色牢度的因素主要有：

1. 染料与纤维的结合情况

染色时，若染料与纤维结合不充分，会使染料易于聚集在纤维表面，从而影响织物的摩擦色牢度。而染料与纤维的结合力在水分存在的条件下更容易被破坏，故湿摩擦色牢度比干摩擦色牢度要低一些。若染色后处理充分，浮色去除彻底，则染色产品的摩擦色牢度会相应提高。

2. 染料的相对分子质量

染料的相对分子质量也会对织物的摩擦色牢度产生影响。染料分子大，染色后染料在纤维表面易形成颗粒较大的浮色染料，从而使摩擦色牢度降低。

3. 染料用量

染料浓度高，染料用量多，势必造成织物表面的浮色染料也越多，从而影响织物的摩擦色牢度。因而染色时染料用量应适当，深浓色染色时染料用量一般不超过染色饱和值的10%。当染料用量大多超过饱和值后，过量的染料无法上染固着，只能堆积在织物表面，从而影响织物的摩擦色牢度。为了以较少的用量达到较高的上染率，满足染料的深浓色要求，染色时可选择提升力高的染料。

4. 后处理助剂

为了提高织物的摩擦色牢度，染色后还可加入平滑、固色交联剂。这些助剂是含有—OH和—NH_2等官能团的高分子化合物。利用含有环氧乙烷端基的交联剂，使染料与纤维的结合更牢固，同时在纤维表面形成一个包覆染料的薄膜，以隔绝织物表面堆积的染料与摩擦测试仪的测试用白布，使染料在摩擦时不易脱落，从而提高摩擦色牢度。

三、影响日晒色牢度的因素

纺织面料经日晒后的变色情况较为复杂，不但和染料的化学结构有关，也和染料的聚集状态、所染纤维材料的性质等因素有关。影响日晒色牢度的因素主要有：

1. 染料类型

染色试样的日晒色牢度与染色时所用的染料类型关系密切。如：活性染料的母体结构，70%～75%为偶氮型，其余为蒽醌型、酞菁型和甲脂型，均以蓝色色谱为主，偶氮型的耐晒色牢度较差，蒽醌型、酞菁型和甲脂型的耐晒色牢度较好；还原染料中靛蓝类染料的日晒色牢度较差；直接耐晒染料中因含有金属离子，其耐晒色牢度比普通直接染料高。

2. 纤维种类

同一种染料在不同纤维上的日晒色牢度也有较大差异。如：分散染料染聚丙烯腈和聚酯纤维的日晒色牢度比醋纤高；活性染料染黏胶纤维的日晒色牢度比棉高。其原因主要是染料在不同纤维上的物理状态和结合情况不同。

3. 染色浓度

染色试样的日晒色牢度还会随染色浓度变化而不同，同一种染料染同一种纤维试样，其日晒色牢度随染色浓度增加而提高。染料会在纤维上发生聚集，日晒色牢度随染色浓度的增加而提高，主要是由染料在纤维上的聚集体颗粒大小分布变化所引起的。聚集体颗粒愈大，单位质量染料暴露于空气、水分等作用的面积愈小，日晒色牢度愈高。染色浓度的增加会使纤维上的大颗粒聚集体的比例增高，日晒色牢度相应增高。浅色织物的染色浓度低，染料在纤维上的聚集体比例较低，大部分染料呈单分子状态，即染料在纤维上的分散度很高，每个分子都有同样的概率受到光和空气、水分的作用，日晒色牢度相应降低。

4. 染色试样的含湿率

染色试样的含湿率对染料的日晒褪色速度有较大的影响。含湿率高，会使染料的褪色速度增加，其影响程度随纤维和染料的性质而不同。活性染料染棉纤维，其日晒色牢度对纤维的含湿率变化比较敏感。空气相对湿度高可以使纤维溶胀，加速水分和空气扩散并进入纤维，从而加快染料的褪色。

手感及其影响因素的控制

同一类纺织品，手感相差较大时，非常容易影响人们对其真实质量的判断。通常情况下，大多数人会判断手感柔软的织物更轻、更薄。其实，有时候情况恰恰相反。如果在知道某织物质量的前提下，再来体会织物手感，将有利于判断者对织物手感做出准确的综合判定。双减量强捻织物的预缩，更多的是通过坯布的解捻来消除内应力，工艺本身对织物成品手感的影响并不大。弹力织物、仿毛织物的预缩工序，也是由于工艺流程的需要，而预缩工艺本身对织物成品手感的影响是次要的。对于减量织物，特别是双减量织物，减量本身对织物手感的影响是十分明显的。

通常，织物的门幅是固定的，成品织物的经向密度也是固定的，所以纬向密度对织物手感的影响显得更突出。如果在定形时尽力地增加经向张力，那么织物的纬向密度会降低，纱线之间被拉伸得没有充分的活动空间，织物表现出来的手感就会很差。织物缺乏活跃的回弹性，会自然地表现出硬挺的刚性。反过来，定形时织物的门幅偏窄，定形张力很低，正向超喂充分，温度和车速适中，则经过针板定形机定形的织物，其纬向密度会增加；随着纬向密度的增加，织物的手感逐渐得到改善。当织物表面仍然比较平整，而纬向密度还可以增加的时候，随着密度的继续增加，织物的手感会逐渐变硬。

通过定形工序调整织物密度来改善织物手感是有限的。织物设计时的密度设计对于织物手感的影响远远大于染整加工的影响。除减量织物以外，与控制织物质量相类似，对织物手感的控制大多也可以在定形工序完成。至于烘干工序对织物手感的影响，取决于织物具体的特性。在大多数情况下，几乎所有的涤纶机织物都采用松式烘干，都可以改善成品的手感。如果在成品定形时仍然能够有效地保持松式烘干带给织物的影响，那么改善涤纶机织物的手感就不再是一句空话。许多时候，为了一味地追求生产效率，染厂在加工织物过程中不断地简化工艺流程；而对于具有特殊手感要求的织物，由于长时间的冷落，最终忘记了其有效的加工工艺流程。轻薄、松散的涤纶机织物需要采用松式的加工方法，必要时甚至可以考虑采用松式定形工艺。但目前，国内很少有厂家备有松式定形机。

柔软整理、树脂整理和其他整理都会对织物的手感产生巨大影响。就纯涤纶机织物而言，柔软整理更多的是改变织物的滑爽程度，而不是织物的柔软程度。柔软剂加入量的多少，不能从根本上影响或改变织物的柔软程度。经过多次水洗以后，化学整理的效果基本消失殆尽。虽然拉毛整理、气流式柔软机的干式拍打、罐蒸和染后预缩，都可以改善织物的手感，但这种改善仅仅是表面的，不是根本上的改变。

就定形工序本身而言，定形的温度、车速、张力三个因素对于织物手感的影响是非常直接的。温度越高，车速越低，张力越大，织物的手感越差。车速的高低必须与定形温度的高低和张力的大小相适应。张力不仅包括织物进布时的张力，还包括超喂的大小。一般情况下，织物定形后成品的缩水率越小，织物的手感越好。在染厂工作过的人都知道，经过多次回修的涤纶机织物，其手感会变得更加柔软。主要原因就是，经过染缸内多次循环，涤纶纤维的刚性逐渐被消耗，织物的手感自然会变得更加柔软。实际上，通过物理的、化学的和其他的整理方法来改善涤纶机织物的手感，都不如原料的改变所带来的效果明显。差别化纤维和新合纤的大量使用，从根本上改变了织物的手感，最大限度地满足了广大消费者的需求。

在染整加工过程中，在充分发挥定形设备作用的同时，综合考虑各工序对涤纶机织物成品质量、手感的影响，按照客户的要求，结合产品的自身特点，制定切实可行的工艺参数和工艺条件,才能确保最终的产品质量能够满足市场需求。

染整加工中影响织物强力的因素

一、加工设备的影响

在练漂加工中,根据织物受力情况不同,常用的设备可分为松式和紧式两大类。松式设备主要是绳状加工、浸或淋式加工,织物本身处于比较松弛的状态,受到的张力小,对织物强力的影响不大;紧式设备主要是浸轧设备、平幅加工设备,织物在加工过程中受到挤压和拉伸,从而影响织物的强力。

不同种类的织物,在选择加工设备时要考虑到其对织物强力的影响。有些纤维在干、湿状态下的强力有所不同。如黏胶纤维,其湿强较低,在加工时如果张力过大,就极易造成织物强力下降,甚至出现破损。对于强力比较低的织物,如丝绸类、组织疏松的轻薄类织物,应尽量选择松式加工设备;而对于组织紧密、厚实的织物,应考虑采用紧式设备。

设备的材质也会对某些加工过程产生一定的影响。如氧漂时,设备不能选用铁等金属制品,因为金属离子会催化双氧水过快分解,对织物造成损伤。

二、加工工艺的影响

在前处理加工过程中,需用到很多化学试剂。如漂白用的氧化剂、蚕丝脱胶用的碱剂等。它们在和纤维上的杂质起反应的同时,会与纤维发生反应,对纤维造成一定的损伤。如果工艺控制不当,就会引起纤维降解,使强力明显下降。因此,制定练漂加工工艺时必须加以控制,以减少对织物强力的影响。

1. 选择合适的染化药剂

如:蚕丝织物脱胶时,以纯碱作为主要用剂,既保证丝胶水解而被去除,又能控制丝素的水解损伤;羊毛、蚕丝等蛋白质类织物漂白时,不能选用含氯漂白剂,否则纤维强力会显著损伤。

2. 确定合理的工艺,并严格控制

如:退浆和漂白过程中使用的氧化剂大多对纤维有一定的氧化作用,对纤维的损伤程度与工艺条件密切相关;涤纶不耐强碱,用氢氧化钠进行碱减量处理时必须控制工艺条件。在前处理加工过程中,应控制的工艺条件主要有处理液浓度、处理液 pH 值、处理温度、处理时间等,既保证处理效果,又要尽量减少纤维的损伤。

3. 加强水洗

布面带碱(去碱不净)或带酸(去酸不净)会造成脆损;同时,在高温带碱情况下,织物在空气中也会脆损。所以,水洗的目的不仅是彻底去除织物上原有的杂质,也要清除加工中使用的化学试剂。如酸、碱、氧化剂、含氯化合物等,如果在织物上存留过多,会导致纤维在贮存、使用的过程中脆损,影响织物强力。

三、后整理加工的影响

纺织品进行后整理加工,会使其强力下降。如:棉织物进行树脂整理后,强力和断裂伸长率明显下降;织物进行柔软处理,强力也会下降。其原因有两个方面:一是暂时性损失,是由于交联反应形成的网状结构阻止了棉纤维结构单元的运动和纤维之间的相对滑移而引起的脆损;二是永久性损失,如棉织物抗皱整理通常选用酸性催化剂,在高温下焙烘会导致纤维素大分子链降解,从而造成强力下降。

加入纤维强力保护剂,可以在一定程度上防止织物强力的下降。如 QY-1103 纤维强力保护剂,可提升织物原强力的 30%左右,也可用作纤维素纤维织物免烫整理的辅助组分,还可起到纤维素纤维织物及其混纺织物平滑、柔软的效果;可提高织物的撕破强力,增加耐曲磨性;改进织物的柔软度和丰满感;与树脂、各种柔软剂的相容性好,可以同浴使用。再如保护剂 WSE,其结构中含有多个可与氨基等极性基团反应的活性基,在漂白过程中,能在纤维大分子间和分子内形成交联,显著降低纤维的强力损失,并保持其原有的优良弹性。

Oeko-Tex Standard 100 标准

一、Oeko-Tex Standard 100 标准简介

Oeko-Tex Standard 100 是 1992 年德国 Hohenstein 研究协会和维也纳-奥地利纺织品研究协会制定的。现在有 13 个检测协会,主要任务是检测纺织品的有害物质,以确定它们的安全性。Oeko-Tex Standard 100 现在是使用最为广泛的纺织品生态标志。

Oeko-Tex Standard 100 共有 20 种文字的标签，包括英文、德文、法文、意大利文、西班牙文、日文、韩文和中文标签等。认证企业在出口产品时,可按照买家的要求选择与产品售卖地的语言相一致的标签文字。Oeko-Tex Standard 100 标签可以用来标识产品,如将标签印制成吊牌、标签等悬挂在产品上,或印制在产品的包装材料上；也可以用来对认证产品和认证企业进行宣传，如将 Oeko-Tex 标签印在公司的产品目录、宣传手册和海报招贴上等。获得 Oeko-Tex Standard 100 标签的使用权,必须是产品通过 Oeko-Tex Standard 100 的测试认证。

Oeko-Tex Standard 100 认证是针对产品的认证，颁发证书的标准也是实实在在的,关键就是看认证的产品能否通过有关测试。申请厂商也无需进行许多繁文缛节的工作，只需在认证机构的指导下，有步骤地完成各项程序。一般来说，进行 Oeko-Tex Standard 100 认证的步骤为：在申请厂商向认证机构(在中国,TESTEX 瑞士纺织检定有限公司北京办事处- Oeko-Tex 国际环保纺织协会唯一的代表)提出初步的申请问询后，会收到发证机关免费提供的一份申请资料,包括申请表格、品质相符声明书和限量表等；申请厂商只要依照申请表格上的提问，如实申报产品的各项加工资料(包括原材料、辅料、染化料和各项加工工艺流程、品控措施等)；然后认证机构核查有关资料，将认证产品归类，并做出“样品指令”,供申请厂商准备测试样品之用;申请厂商提供的测试样品，亦成为测试费用的估算基础;测试工作一般需数周,测试合格后，认证机构则向申请厂商颁发证书,授权使用 Oeko-Tex Standard 100 标签。

Oeko-Tex Standard 100 根据产品的最终用途,将产品分为四个等级:婴儿用、直接与皮肤接触、不直接与皮肤接触、装饰用。

Oeko-Tex Standard 100 是世界上最权威的、影响最广的生态纺织品标签。截止到 2002 年底为止，共有 30 000 多张 Oeko-Tex 证书,在全世界超过 70 个的国家颁发,计上百万种纺织产品获得 Oeko-Tex Standard 100 认证标签标示的权利。截至 2006 年 6 月底,中国共有 695 家企业通过 Oeko-Tex Standard 100 标准认证(其中纺织会员企业约 110 家),证书共计发放 742 张。

二、Oeko-Tex Standard 100 主要考核项目和有毒物质的来源

1. pH 值

人体皮肤的表面呈弱酸性,以有利于防止病菌的侵入。因此,直接与皮肤接触的纺织品

的 pH 值呈弱酸性和中性之间，将不会引起皮肤的搔痒，不会破坏皮肤表面的弱酸性环境。

2. 甲醛

甲醛是一种有毒物质，对生物细胞的原生质有害。它可与生物体内的蛋白质结合，改变蛋白质结构，并将其凝固。含有甲醛的纺织品在穿着使用过程中会逐渐释放出游离甲醛，通过人体呼吸道，以及与皮肤接触，对呼吸道黏膜和皮肤产生强烈的刺激，引发呼吸道炎症和皮肤炎，长期作用将导致肠胃炎、肝炎、手指和趾甲发痛。另外，甲醛对眼睛也有强烈的刺激，当大气中的甲醛浓度达到 4.00 mg/kg 时，人的眼睛就会感到不适。经临床证明，甲醛是多种过敏症的显著诱发物，也可能诱发癌症。织物中的甲醛主要来自于织物的后整理过程。如：用作纤维素纤维织物防皱抗缩整理的交联剂；在棉织品的直接染料或活性染料染色中，为提高湿摩擦色牢度，用含有甲醛的阴离子树脂进行整理。

3. 重金属

使用金属络合染料是纺织品中重金属的重要来源，而天然植物纤维在生长加工过程中亦可能从土壤或空气中吸收重金属；此外，在染料加工和纺织品印染加工过程中也可能带入一部分重金属。重金属对人体的累积毒性是相当严重的。重金属一旦为人体所吸收，则会倾向累积于人体的骨骼和器官中，当重金属累积到某一程度时，就会对人体健康造成一定的危害。这种情况对儿童更为严重，因为儿童对重金属的吸收能力远高于成人。Oeko-Tex Standard 100 中对重金属的含量规定等同于饮用水的规定。

4. 氯化苯酚(PCP /TeCP) 和 OPP

五氯苯酚(PCP)是纺织品、皮革制品和木材、木浆采用的传统的防霉防腐剂。动物试验证明 PCP 是一种毒性物质，对人体具有致畸和致癌性。PCP 十分稳定，自然降解过程漫长，对环境有害，因而在纺织品和皮革制品中受到严格控制。2，3，5，6-四氯苯酚(TeCP)是 PCP 合成过程中的副产物，对人体和环境同样有害。邻苯基苯酚(OPP)多用于织物的印花加工的浆料中，是 Oeko-Tex Standard 100 在 2001 年新增加的测试项目。

5. 杀虫剂/除草剂

天然植物纤维(如棉)的栽种过程中会用到多种农药，如各种杀虫剂、除草剂、落叶剂、杀菌剂等。棉花种植中使用农药是必须的，如果对病虫害和杂草不加控制，将严重影响纤维的产量和质量。曾经有一个统计，如果美国所有的棉花种植都禁用农药，将使全美国的棉花产量下降 73%。显然，这是无法想象的。在棉花生长过程中使用的农药，有一部分会被纤维吸收。虽然在纺织品加工过程中，绝大部分被吸收的农药能够被除去，但仍有部分农药会残留在最终产品上。这些农药对人体的毒性强弱不一，而且与其残留量有关，其中有一些极易经皮肤为人体所吸收，对人体有相当的毒性。如果对织物进行充分的煮练，能够有效去除织物中残余的杀虫剂/除草剂等有害物质。

6. 有机锡化合物 (四丁基锡 TBT/二丁基锡 DBT)

有机锡化合物能够破坏人体的免疫系统和荷尔蒙系统，具有相当的毒性。Oeko-Tex Standard 100 在 2000 年将其增加为新的测试项目。有机锡化合物在纺织品生产过程中主要用作防腐剂和增塑剂。

7. 禁用偶氮染料

研究表明，部分偶氮染料在一定的条件下会还原出某些对人体或动物有致癌作用的芳香胺。纺织品/服装使用含致癌芳香胺的偶氮染料之后，在与人体的长期接触中，染料可能被皮肤吸收，并在人体内扩散。这些染料在人体的正常代谢所发生的生化反应条件下，可能发生还原反应而分解出致癌芳香胺，并经过人体的活化作用改变DNA的结构，引起人体病变和诱发癌症。目前市场上流通的合成染料品种约有2 000种，其中约70%的合成染料是以偶氮化学为基础的，而涉嫌可还原出致癌芳香胺的染料品种(包括某些颜料和非偶氮染料)约为210种。此外，某些染料从化学结构上看不存在致癌芳香胺，但由于在合成过程中中间体的参与或杂质和副产物的分离不完善，仍可被检测出存在致癌芳香胺，从而使最终产品无法通过检测。

Oeko-Tex Standard 100公布以后，德国、荷兰、奥地利都依照Oeko-Tex标准颁布法令，禁用偶氮染料。欧盟消费品法令对偶氮染料的使用也有控制。国内对于纺织品的生态要求的了解和概念，最早就来自德国政府颁布的消费品法令。

8. 致敏染料

对涤纶、锦纶、醋酯纤维进行染色时，需用到分散染料。某些分散染料被证明具有致敏作用。目前，Oeko-Tex Standard 100中规定的不可以使用的致敏染料共20种。

9. 氯苯和氯甲苯

载体染色工艺是聚酯纤维纯纺及其混纺产品常用的染色工艺。聚酯纤维由于其超分子结构相当严密，且链段上无活性基团，因此，常压下染色时常采用载体染色。某些廉价的含氯芳香族化合物，如三氯苯、二氯甲苯，是高效的染色载体。在染色过程中加入载体，可使纤维结构膨化，有利于染料的渗透。但研究表明，这些含氯芳香族化合物对环境是有害的，对人体有潜在的致畸和致癌性。现在，大多数工厂已经采用高温高压染色来代替载体染色工艺。

10. 色牢度

Oeko-Tex Standard 100将色牢度作为测试项目，是从生态纺织品的角度，考虑到纺织品的色牢度如果不良，则其中的染料分子、重金属离子等都有可能通过皮肤为人体吸收，从而危害人体的健康。Oeko-Tex standard 100控制的色牢度项目包括耐水、耐干/湿摩擦和耐酸/碱牢度。另外，对第一级别的产品，须检测耐唾液色牢度。

思考题

1. 什么是纺织品的色牢度？日常生活中有哪些能体现染色牢度的现象？
2. 染色牢度的测试标准有哪些？在使用过程中如何选择？
3. 常见的需要测试的染色牢度有哪些？不同种类的织物，对染色牢度的测试有什么不同的要求？
4. 印花面料在测试色牢度时，需要注意些什么？
5. 结合日常生活中的体会，说说哪些织物容易起皱，哪些织物不易起皱？
6. 什么是折皱回复性？如何表示织物抗皱性能的好坏？
7. 结合日常生活中的体会，说说哪些织物易缩水，哪些织物不易缩水？是否所有的织物都需要进行缩水率测试？
8. 结合日常生活中的体会，说说哪些织物更易起毛起球，哪些织物易勾丝？
9. 什么是拒水整理？拒水整理与防水整理有什么区别？
10. 什么是阻燃整理？结合日常生活中的观察和体会，说说哪些地方需要用到阻燃整理后的纺织品？

11. 结合日常生活中的观察和体会，说说哪些织物容易起静电？为什么？

12. 评价织物抗静电性能好坏的指标有哪些？

13. 纺织品为何要进行柔软整理？在染整加工中柔软处理通常可在哪一步进行？

14. 什么是断裂强力？什么是顶破强力？在染整加工过程中哪些环节会影响织物的强力？

15. 什么是生态纺织品？国际上有关生态纺织品的标准有哪些？

16. 如何测试纺织品水萃取液的 pH 值？

17. 如何测试纺织品中的甲醛含量？

18. 印染加工中，哪些环节或哪些助剂容易引入甲醛？试举例说明。

综合项目 1

纺织面料识别综合训练

学习目标

能综合运用所学知识对所给定的未知面料进行分析，完整表述出纺织面料的规格和纺织面料品种类别，初步核算纺织面料的成本。

实施内容

1. 鉴别出纺织面料成分。
2. 判断纺织面料的经、纬向，在纺织面料上用箭头标出。
3. 分析纺织面料的经、纬密度。
4. 测定纺织面料所用纱线的细度。
5. 测定纺织面料的门幅、质量等。
6. 完整表述纺织面料的规格。
7. 确定纺织面料的品种类别。
8. 初步核算纺织面料的成本。

实施过程

1. 将全班学生进行分组，四人为一组。
2. 下发任务书和检测样品。
3. 按要求完成各项指标的检测和计算。
4. 完成综合检测报告，打印上交。
5. 完成项目报告 PPT，以小组为单位进行汇报。
6. 教师进行点评，总结完成情况，记录综合考评结果。

综合项目 2

纺织面料检测综合训练

学习目标

能综合运用所学知识对所给定的未知面料进行综合检验，能根据所给面料的特点和用途，选择和确定所需检测的项目，并根据测试方法，使用相关测试仪器进行检测，对检测结果进行正确的评定和分析。

实施内容

1. 根据所给面料选择和确定检测项目。
2. 根据要求选用检测标准。
3. 查阅资料确定检测方法。
4. 根据检测项目和检测方法选用各类检测仪器。
5. 熟练操作相关检测仪器。
6. 对检测结果进行正确的评定和分析。

实施过程

1. 将全班学生进行分组，四人为一组。
2. 下发任务书和检测样品。
3. 按要求完成检测项目。
4. 完成综合检测报告(检测报告参考格式附后)，打印上交。
5. 完成项目报告PPT，以小组为单位进行汇报。
6. 教师进行点评，总结完成情况，记录综合考评结果。

纺织面料综合检测报告

一、检验项目(介绍所选测试项目的相关内容)

1. 缩水率
2. 耐洗色牢度
3. pH 值

……

二、检验结果

表 1　纺织面料检验报告

检验日期：

<table>
<tr><td>面料名称</td><td colspan="5"></td></tr>
<tr><td>贴样</td><td colspan="5"></td></tr>
<tr><td>序号</td><td>检验项目</td><td>单位</td><td>技术要求</td><td>检验结果</td><td>评价</td></tr>
<tr><td>1</td><td></td><td></td><td></td><td></td><td></td></tr>
<tr><td>2</td><td></td><td></td><td></td><td></td><td></td></tr>
<tr><td>3</td><td></td><td></td><td></td><td></td><td></td></tr>
<tr><td>…</td><td></td><td></td><td></td><td></td><td></td></tr>
<tr><td>…</td><td></td><td></td><td></td><td></td><td></td></tr>
<tr><td>综合评价</td><td colspan="3"></td><td>检验员</td><td>×××</td></tr>
</table>

三、测试方法(注明检测标准，附测试样)

1. 缩水率检测
2. 耐洗色牢度检测
3. pH 值检测

……

参考文献

1. 侯翠芳，林建萍，姜凤琴. 织物组织分析与应用[M]. 北京：中国纺织出版社，2010.
2. 徐蕴燕，仲岑然. 织物性能与检测[M]. 北京：中国纺织出版社，2007.
3. 邓沁兰. 纺织面料[M]. 北京：中国纺织出版社，2008.
4. 蔡苏英. 染整技术实验[M]. 北京：中国纺织出版社，2005.
5. 杨乐芳，张宏亭，李建萍. 纺织材料性能与检测技术[M]. 上海：东华大学出版社，2010.
6. 李汝勤，宋钧才. 纤维和纺织品测试技术[M]. 上海：东华大学出版社，2009.
7. 陈葵阳，高亚宁. 纺织纤维与面料分析[M]. 上海：东华大学出版社，2012.
8. 严瑛，高亚宁. 纺织材料检测实训教程[M]. 上海：东华大学出版社，2012.
9. 万融，邢声远. 服用纺织品质量分析与检测[M]. 北京：中国纺织出版社，2006.
10. 缪秋菊，蒋秀翔. 织物结构与应用[M]. 上海：东华大学出版社，2007.
11. 杨晓红. 测色配色应用技术[M]. 北京：中国纺织出版社，2010.
12. FZ/T 01093《机织物结构分析方法 织物中拆下纱线线密度的测定》.
13. GB/T 3921《纺织品　色牢度试验　耐皂洗色牢度》.
14. GB/T 8427《纺织品　色牢度试验　耐人造光色牢度：氙弧》.
15. GB/T 4802.1《纺织品　织物起毛起球性能的测定 圆轨迹法》.
16. GB/T 4802.2《纺织品　织物起毛起球性能的测定 马丁代尔法》.
17. GB/T 4802.3《纺织品　织物起毛起球性能的测定 起球箱法》.
18. GB/T 4802.4《纺织品　织物起毛起球性能的测定 随机翻滚法》.
19. GB/T 21196《纺织品　马丁代尔法织物耐磨性的测定》.
20. GB/T 11047《纺织品　织物勾丝性能评定 钉锤法》.
21. GB/T 12704.1《纺织品　织物透湿性试验方法 吸湿法》.
22. GB/T 12704.2《纺织品　织物透湿性试验方法 蒸发法》.
23. GB/T 11048《纺织品　生理舒适性 稳态条件下热阻和湿阻的测定》.
24. GB/T 7573《纺织品　水萃取液 pH 值的测定》.
25. GB 18401《国家纺织产品基本安全技术规范》.